EDA 技术与应用
——基于 Quartus II 和 VHDL

刘昌华　编著

北京航空航天大学出版社

内 容 简 介

本书从教学和工程应用的角度出发,以培养实际工程设计能力为目的,介绍了 EDA 技术的基本概念、可编程逻辑器件、硬件描述语言,以及 Quartus II 9.0、SOPC Builder、Nios II 等 EDA 开发工具的基本使用方法和技巧,最后介绍了常用逻辑单元电路的 VHDL 编程技术,并通过大量设计实例详细地介绍了基于 EDA 技术的层次化设计方法,重点介绍了可以综合为硬件电路的语法结构、语句与建模方法。书中列举的设计实例都经由 Quartus II 9.0 工具编译通过,并在 DE2 - 70 开发平台和 GW48EDA 实验系统上通过了硬件测试,可直接使用。

本书可作为高等院校电子、通信、自动化及计算机等专业 EDA 应用技术的教学用书,也可用于大学高年级本科生、研究生教学及电子设计工程师技术培训,也可作为 EDA 技术爱好者的参考用书。

图书在版编目(CIP)数据

EDA 技术与应用:基于 Quartus II 和 VHDL / 刘昌华编著. -- 北京:北京航空航天大学出版社,2012.8

ISBN 978 - 7 - 5124 - 0820 - 3

Ⅰ. ①E… Ⅱ. ①刘… Ⅲ. ①电子电路—电路设计—计算机辅助设计 Ⅳ. ①TN702

中国版本图书馆 CIP 数据核字(2012)第 098930 号

EDA 技术与应用——基于 Quartus II 和 VHDL

刘昌华 编著

责任编辑 刘 星

*

北京航空航天大学出版社出版发行

北京市海淀区学院路 37 号(邮编 100191) http://www.buaapress.com.cn
发行部电话:(010)82317024 传真:(010)82328026
读者信箱:emsbook@gmail.com 邮购电话:(010)82316936
涿州市新华印刷有限公司印装 各地书店经销

*

开本:710×1 000 1/16 印张:21.5 字数:458 千字
2012 年 8 月第 1 版 2012 年 8 月第 1 次印刷 印数:4 000 册
ISBN 978 - 7 - 5124 - 0820 - 3 定价:45.00 元

前　言

现代电子产品正在以前所未有的革新速度,向功能多样化、体积最小化、功耗最低化的方向迅速发展。它与传统电子产品在设计上的显著区别之一就是大量使用大规模可编程逻辑器件,以提高产品性能、缩小产品体积、降低产品价格;另一区别就是广泛使用计算机技术,以提高电子设计自动化程度、缩短开发周期、提高产品竞争力。EDA 技术正是为适应现代电子产品设计要求,吸引多学科最新成果而形成的一门新技术。

在全面推进素质教育的形势下,为培养出面向 21 世纪的高素质大学生,现代高等学校的重点任务将是把学生的"潜力"转化为"能力",培养学生的创新意识。因此,数字电路的研究和实现方法应随之发生变化,从而促使数字电路的实验方法和实验手段进行不断的更新、完善和开拓。基于 EDA 软件来进行数字电路的设计、模拟和调试,这种硬件软化的实验方法具有容易设计、容易修改和容易实现等优点,可有效提高实验效率。对于 EDA 软件的学习,只需要提供一个环境和一本指导书,剩下的就是学生自己的事了。因此,如何提供一本好的 EDA 技术指导书和教学参考资料正是作者编写此书的目的。

本书的特点是以数字电路和系统设计为主线,结合丰富的实例按照由浅入深的学习规律,循序渐进,逐步引入相关 EDA 技术和工具,通俗易懂,重点突出。本书适合作为 EDA 技术、数字逻辑基础设计、课程设计、大学生科研训练和电子设计大赛的教材和指导书,也可用于大学高年级本科生、研究生教学及电子设计工程师技术培训,同时可供从事数字电路和系统设计的电子工程师参考。

本书共分为 6 章。第 1 章介绍了 EDA 技术的发展,EDA 设计流程及其涉及的领域与发展趋势,互联网上的 EDA 资源;第 2 章介绍了 PROM、PLA、PAL、GAL、CPLD、FPGA 等各种可编程逻辑器件的电路结构、工作原理、使用方法和可编程逻辑器件的未来发展方向;第 3 章介绍了 Quartus II 设计流程和设计方法,重点介绍了原理图输入文本输入设计流程,定制元件工具 MegaWizard 管理器的使用,Signal-Tap II Logic Analyzer(逻辑分析仪)的使用,并给出了相关的习题与实验供读者练习以加深理解;第 4 章以实例形式介绍了 VHDL 语言基础知识与设计方法;第 5 章介绍了 Nios II 处理器系统的基本结构,SOPC 技术的基本概念,Nios II 软核处理器,Avalon 总线架构以及图形化 SOPC 工具 SOPC Builder;第 6 章通过 VHDL 实现的设计实例,进一步介绍了 EDA 技术在组合逻辑、时序逻辑、状态机设计和存储器设计方面的应用,并给出了相关习题与设计型和研究型实验供读者练习以加深理解。

本书的思路是作者在多年从事"EDA 技术"课程教学及 EDA 工程实践基础上摸索出来的,也是湖北省教育厅教学研究项目"网络应用型创新人才自主探究式培养模式的研究与实践(2009265)"和武汉工业学院校立重点教研项目(XZ2009004)的研究成果之一。

本书由刘昌华主编,参与编写工作的还有李军锋、蒋丽华、李诗高、丰洪才、张红武、夏详胜、马杰等老师。研究生助教丁国栋、王刚、程亚丽、任秀卿等也参加了代码验证、部分章节及 PPT 课件的编写工作。在编写本书的过程中,参考了许多同行专家的专著和文章,武汉工业学院 Altera 公司 EDA / SOPC 联合实验室和武汉工业学院数学与计算机学院"嵌入式技术"研究组的全体老师均提出了许多珍贵意见,并给予了大力支持和鼓励,也得到了相关 EDA 实验系统供应商的大力支持和配合,在此一并表示感谢。

由于作者水平有限,书中难免会有许多不足和错误,敬请各位专家批评指正。有关本书相关问题请通过网站 http://szlj. whpu. edu. cn 或电子邮件 liuch@ whpu. edu. cn 与作者联系。

刘昌华

2012 年 4 月于武汉

本书还配有教学课件。需要用于教学的教师,请与北京航空航天大学出版社联系。

通信地址:北京海淀区学院路 37 号北京航空航天大学出版社嵌入式系统事业部

邮　编:100191

电　话:010-82317035

传　真:010-82328026

E-mail:emsbook@gmail.com

目　录

3

第1章

EDA 概述

本章导读

本章主要介绍 EDA 技术及其发展,硬件描述语言 HDL,EDA 技术的层次化设计方法与流程,EDA 软件,IP 核以及互联网上的 EDA 资源。

学习目标

通过对本章内容的学习,学生应该能够做到:
- 了解:EDA 技术的主要内容,EDA 工具各模块的主要功能
- 理解:EDA 技术的层次化设计方法与流程
- 应用:掌握 EDA 技术的设计流程

1.1 EDA 技术及其发展

二十世纪后半期,随着集成电路和计算机的不断发展,电子技术面临着严峻的挑战。由于电子技术发展周期不断缩短,专用集成电路 ASIC(Application Specific Interated Circuit)的设计面临着难度不断提高与设计周期不断缩短的矛盾。为了解决这个问题,要求我们必须采用新的设计方法和使用高层次的设计工具。在此情况下,EDA(Electronic Design Automation,电子设计自动化)技术应运而生。

1.1.1 EDA 技术的发展历程

EDA 技术是以计算机为工作平台,以 EDA 软件工具为开发环境,以硬件描述语言为设计语言,以可编程逻辑器件为实验载体,以 ASIC、SoC(System on Chip)芯片为目标器件,以数字系统设计为应用方向的电子产品自动化设计过程。

随着现代半导体的精密加工技术发展到深亚微米($0.18\sim0.35\ \mu m$)阶段,基于大规模或超大规模集成电路技术的定制或半定制 ASIC 器件大量涌现并获得广泛的应用,使整个电子技术与产品的面貌发生了深刻的变化,极大地推动了社会信息化的

发展进程。而支撑这一发展进程的主要基础之一，就是 EDA 技术。

EDA 技术在硬件方面融合了大规模集成电路制造技术、IC 版图设计技术、ASIC 测试和封装技术、CPLD/FPGA 技术等；在计算机辅助工程方面融合了计算机辅助设计 CAD、计算机辅助制造 CAM、计算机辅助测试 CAT 技术及多种计算机语言的设计概念；而在现代电子学方面则容纳了更多的内容，如数字电路设计理论、数字信号处理技术、系统建模和优化技术等。因此，EDA 技术为现代数字系统理论和设计的表达与应用提供了可能性，它已不是某一学科的分支，而是一门综合性学科。EDA 技术打破了计算机软件与硬件间的壁垒，使计算机的软件技术与硬件实现、设计效率和产品性能互相融合，它代表了数字电子设计技术和应用技术的发展方向。

EDA 技术伴随着计算机、集成电路、电子系统设计的发展，经历了三个发展阶段。

1. CAD(Computer Aided Design)阶段

20 世纪 70 年代发展起来的 CAD 阶段是 EDA 技术发展的早期阶段。这一阶段在集成电路制作方面，MOS 工艺得到广泛应用。可编程逻辑技术及其器件已经问世，计算机作为一种运算工具已在科研领域得到广泛应用。人们借助于计算机，在计算机上进行电路图的输入、存储及 PCB 版图设计，从而使人们摆脱了用手工进行电子设计时的大量繁难、重复、单调的计算与绘图工作，并逐步取代人工进行电子系统的设计、分析与仿真。

2. CAE(Computer Aided Engineering)阶段

计算机辅助工程(CAE)，是在 CAD 工具逐步完善的基础上发展起来的，在 20 世纪 80 年代开始应用。此时，集成电路设计技术进入了 CMOS(互补场效应管)时代，复杂可编程逻辑器件已进入商业应用，相应的辅助设计软件也已投入使用。

在这一阶段，人们已将各种电子线路设计工具(如电路图输入、编译与链接、逻辑模拟、仿真分析、版图自动生成及各种单元库)都集成在一个 CAE 系统中，以实现电子系统或芯片从原理图输入到版图设计输出的全程设计自动化。利用现代的 CAE 系统，设计人员在进行系统设计的时候，已可以把反映系统互连线路对系统性能的影响因素，如板级电磁兼容、板级引线走向等影响物理设计的制约条件，一并考虑进去，使电子系统的设计与开发工作更贴近产品实际，更加自动化、更加方便和稳定可靠。

3. EDA(Electronics Design Automation)阶段

20 世纪 90 年代后期，出现了以硬件描述语言、系统级仿真和综合技术为特征的 EDA 技术。随着硬件描述语言 HDL 的标准化得到进一步的确立，计算机辅助工程、辅助分析、辅助设计在电子技术领域获得更加广泛的应用，与此同时，电子技术在通信、计算机及家电产品生产中的市场和技术需求，极大地推动了全新的电子自动化技术的应用和发展。在这一阶段，电路设计者只需要完成对系统功能的描述，就可以由计算机软件进行系列处理，最后得到设计结果，并且修改设计如同修改软件一样方便,利用 EDA 工具可以极大地提高设计效率。

这时的 EDA 工具不仅具有电子系统设计的能力,而且能提供独立于工艺和厂家的系统级设计能力,具有高级抽象的设计构思手段。因此,可以说 20 世纪 90 年代 EDA 技术是电子电路设计的革命。

1.1.2　EDA 技术的主要内容

EDA 技术涉及面广,内容丰富,从教学和实用的角度看,主要有以下四个方面内容:一是大规模可编程逻辑器件;二是硬件描述语言;三是软件开发工具;四是实验开发系统。大规模可编程逻辑器件是利用 EDA 技术进行电子系统设计的载体;硬件描述语言是利用 EDA 技术进行电子系统设计的主要表达手段;软件开发工具是利用 EDA 技术进行电子系统设计的智能化、自动化设计工具;实验开发系统是利用 EDA 技术进行电子系统设计的下载工具及硬件验证工具。利用 EDA 技术进行数字系统设计,具有以下一些特点。

① 全程自动化:用软件方式设计的系统到硬件的转换,是由开发软件自动完成的。

② 工具集成化:具有开放式的设计环境,这种环境也称为框架结构(Framework),它在 EDA 系统中负责协调设计过程和管理设计数据,实现数据与工具的双向流动。它的优点是可以将不同公司的软件工具集成到统一的计算机平台上,使之成为一个完整的 EDA 系统。

③ 操作智能化:使设计人员不必学习许多深入的专业知识,也可免除许多推导运算即可获得优化的设计成果。

④ 执行并行化:由于多种工具采用了统一的数据库,使得一个软件的执行结果马上可被另一个软件所使用,使得原来要串行的设计步骤变成了同时并行过程,也称为"同时工程(Concurrent Engineering)"。

⑤ 成果规范化:都采用硬件描述语言,它是 EDA 系统的一种设计输入模式,可以支持从数字系统级到门级的多层次的硬件描述。

1.1.3　EDA 技术的发展趋势

EDA 技术在进入 21 世纪后,得到了更大的发展,突出表现在以下几个方面:

① 使电子设计成果以自主知识产权的方式得以明确表达和确认成为可能。

② 使仿真和设计两方面支持标准硬件描述语言,功能强大的 EDA 软件不断推出。

③ 电子技术全方位纳入 EDA 领域,除了日益成熟的数字技术外,传统的电路系统设计建模理念也发生了重大的变化,如软件无线电技术的崛起,模拟电路系统硬件描述语言的表达和设计的标准化,系统可编程模拟器件的出现,数字信号处理和图像处理的全硬件实现方案的普遍接受,软、硬件技术的进一步融合等。

④ EDA 使得电子领域各学科的界限更加模糊,更加互为包容:模拟与数字、软

件与硬件、系统与器件、专用集成电路 ASIC 与 FPGA、行为与结构等的界限更加模糊,更加互为包容。

⑤ 更大规模的 FPGA 和 CPLD(Complex Programmable Logic Device)器件的不断推出。

⑥ 基于 EDA 工具的 ASIC 设计标准单元已涵盖大规模电子系统及 IP 核模块。

⑦ 软件 IP 核在电子行业的产业领域、技术领域和设计应用领域得到进一步确认。

⑧ 单片电子系统(system on a circuit)高效、低成本设计技术的成熟。

总之,随着系统开发对 EDA 技术的目标器件的各种性能要求的提高,ASIC 和 FPGA 将更大程度上相互融合。这是因为虽然标准逻辑器件 ASIC 芯片尺寸小、功能强大、功耗低,但设计复杂,并且有批量生产要求;可编程逻辑器件开发费用低,能在现场进行编程,但却体积大、功能有限,而且功耗较高。因此,FPGA 和 ASIC 正在走到一起,互相融合,取长补短。由于一些 ASIC 制造商提供具有可编程逻辑的标准单元,可编程器件制造商重新对标准逻辑单元发生兴趣,而有些公司采取两头并进的方法,从而使市场开始发生变化,在 FPGA 和 ASIC 之间正在诞生一种"杂交"产品,以满足成本和上市速度的要求。例如将可编程逻辑器件嵌入标准单元。

现今也在进行将 ASIC 嵌入可编程逻辑单元的工作。目前,许多 PLD 公司开始为 ASIC 提供 FPGA 内核,PLD 厂商与 ASIC 制造商结盟,为 SoC 设计提供嵌入式 FPGA 模块,使未来的 ASIC 供应商有机会更快地进入市场,利用嵌入式内核获得更长的市场生命期。传统 ASIC 和 FPGA 之间的界限正变得模糊。系统级芯片不仅集成 RAM 和微处理器,也集成 FPGA,整个 EDA 和 IC 设计工业都朝这个方向发展。

1.2 硬件描述语言

硬件描述语言 HDL(Hardware Description Language)是硬件设计人员和电子设计自动化工具(EDA)之间的界面。其主要目的是用来编写设计文件,建立电子系统行为级的仿真模型,即利用计算机的巨大运算能力对用 HDL 建模的复杂数字逻辑进行仿真,然后再自动综合以生成符合要求且在电路结构上可以实现的数字逻辑网表(Netlist)。根据网表和某种工艺自动生成具体电路,然后生成该工艺条件下具体电路的延时模型,经仿真验证无误后用于制造 ASIC 芯片或写入 FPGA 器件中。

在 EDA 技术领域中,把用 HDL 语言建立的数字模型称为软核(Soft Core),把用 HDL 建模和综合后生成的网表称为固核(Hard Core),对这些模块的重复利用缩短了开发时间、提高了产品开发率、提高了设计效率。

随着 PC 平台上 EDA 工具的发展,PC 平台上的 HDL 仿真综合性能已相当优越,这就为大规模普及这种新技术铺平了道路。随着电子系统向集成化、大规模、高速度的方向发展,HDL 语言将成为电子系统硬件设计人员必须掌握的语言。

1.2.1　硬件描述语言的起源

硬件描述语言种类很多,有的从 PASCAL 发展而来,也有一些从 C 语言发展而来。有些 HDL 成为 IEEE 标准,但大部分是本企业标准。在 HDL 形成发展之前,已有了许多程序设计语言,如汇编、C、PASCAL、FORTRAN、PROLOG 等。这些语言运行在不同硬件平台、不同的操作环境中,它们适合于描述过程和算法,不适合作硬件描述。CAD 的出现,使人们可以利用计算机进行建筑、服装等行业的辅助设计,而电子辅助设计也同步发展起来。在利用 EDA 工具进行电子设计时,用逻辑图、分立电子元件来设计越来越复杂的电子系统已不适应。任何一种 EDA 工具,都需要一种硬件描述语言来作为 EDA 工具的工作语言。这些众多的 EDA 工具软件开发者,各自推出了自己的 HDL 语言。在我国比较有影响的硬件描述语言有:ABEL - HDL 语言、Verilog HDL 语言、AHDL 语言和 VHDL 语言,表 1 - 1 给出了常见 HDL 语言的主要特点和常用 EDA 平台列表。

表 1 - 1　常见 HDL 语言的主要特点和常用 EDA 平台列表

HDL 语言	主要特点	常用 EDA 平台	适用范围
ABEL - HDL	早期的硬件描述语言,支持逻辑电路的逻辑方程、真值表和状态图	Lattice:PDS,DATAIO;Synario Xilinx:FOUNDATIONWEBPACK	PAL、GAL、CPLD
Verilog HDL	基于 C 语言的 HDL,易学易用	Altera:MAX+plus II/Quartus II Xilinx:FOUNDATION,ISE Mode Technology:Model/sim	ASIC,IP Core 适合于 RTL 级和门级细节
AHDL	一种模块化的高级语言,是 Altera 公司发明的 HDL,适于描述复杂的组合逻辑、组运算、状态机、真值表和参数化逻辑	Altera:MAX+plus II/Quartus II	Altera 公司的 CPLD/FPGA
VHDL	源于美国国防部提出的超高速集成电路计划,是 ASIC/PLD 设计的标准化硬件描述语言	Altera:MAX+plus II/Quartus II Xilinx:FOUNDATION, Mode Technology:Model/sim	全部,适合行为级,RTL 级和门级
System C	基于 C/C++的 HDL,解决了硬件和软件设计长期分家的局面,能在系统级、门级、RTL 级各个层次上进入硬件的模型设计和软件概念设计,能用共同的语言设计硬件和软件	C,C++,Matlab	系统级/算法级和功能级设计

Verilog HDL 语言是在 1983 年由 GDA(GateWay Design Automation)公司开发的,1989 年 CDS(Cadence Design System)公司收购了 GDA 公司,Verilog HDL 语言成为 CDS 公司的私有财产,1990 年 CDS 公司公开了 Verilog HDL 语言,成立了 OVI(Open Verilog Internation)组织来负责的 Verilog HDL。IEEE 于 1995 年制定了 Verilog HDL 的 IEEE 标准,即 Verilog HDL 1364—1995。Verilog HDL 的增强版本于 2001 年批准为 IEEE 标准,即 Verilog HDL 1364—2001。Verilog HDL 最初是想用来做数字电路仿真和验证的,后来添加了逻辑电路综合能力。

VHDL(Very high speed integrated Hardware Description Language)语言是超高速集成电路硬件描述语言,在 20 世纪 80 年代后期由美国国防部开发的,并于 1987 年 12 月由 IEEE 标准化(定为 IEEE 1076—1987 标准),之后 IEEE 又对 87 版本进行了修订,于 1993 年推出了较为完善的 93 版本(被定为 ANSI/IEEE 1076—1993 标准),使 VHDL 的功能更强大,使用更方便,2008 年又推出了 IEEE 1076—2008 标准。

1.2.2　HDL 语言的特征

HDL 语言既包含一些高级程序设计语言的结构形式,同时也兼顾描述硬件线路连接的具体构件,通过使用结构级或行为级描述可以在不同的抽象层次描述设计语言,采用自顶向下的数字电路设计方法,主要包括三个领域五个抽象层次,如表 1-2 所列。

表 1-2　HDL 抽象层次描述表

抽象层次	行为领域	结构领域	物理领域
系统级	性能描述	部件及它们之间的逻辑连接方式	芯片、模块、电路板和物理划分的子系统
算法级	I/O 应答算法级	硬件模块数据结构	部件之间的物理连接、电路板底盘等
寄存器传输级	并行操作、寄存器传输、状态表	算术运算部件、多路选择器、寄存器总线、微定序器、微存储器	芯片、宏单元
逻辑域	用布尔方程叙述	门电路、触发器、锁存器	标准单元布局图
电路级	微分方程表达	晶体管、电阻、电容、电感元件	晶体管布局图

HDL 语言是并发的,即具有在同一时刻执行多任务的能力。一般来讲,编程语言是非并行的,但在实际硬件中许多操作都是在同一时刻发生的,所以 HDL 语言具有并发的特征。HDL 语言还有时序的概念,在硬件电路中从输入到输出总是有延时存在的,为描述这些特征,HDL 语言需要建立时序的概念。因此,使用 HDL 除了可以描述硬件电路的功能外,还可以描述其时序要求。

目前,最主要的硬件描述语言是 VHDL 和 Verilog HDL,均为 IEEE 的技术标准。两种语言的差别并不大,它们的描述能力也是类似的,掌握其中一种语言以后,可以通过短期的学习,较快地学会另一种语言。如果是 ASIC 设计人员,则应掌握 Verilog,因为在 IC 设计领域,90% 以上的公司都采用 Verilog 进行设计。对于 CPLD/FPGA 设计者而言,两种语言可以自由选择。目前,VHDL 已经成为世界上各家 EDA 工具和集成电路厂商普遍认同和共同推广的标准化硬件描述语言。1995 年,我国国家技术监督局制定的《CAD 通用技术规范》推荐 VHDL 作为我国电子设计自动化硬件描述语言的国家标准,本书将选择 VHDL 语言作为 EDA 设计的电路综合语言。

1.3 EDA 技术的层次化设计方法与流程

EDA 技术的出现使数字系统的分析与设计方法发生了根本的变化,采用的基本设计方法主要有三种:直接设计、自顶向下(Top‒to‒Down)设计、自底向上(Bottom‒to‒Up)设计。直接设计就是将设计看成一个整体,将其设计成为一个单电路模块,它适合小型简单的设计,而一些功能较复杂的大型数字系统设计适合自顶向下或自底向上的设计方法。自顶向下的设计方法就是从设计的总体要求入手,自顶向下地将设计划分为不同的功能子模块,每个模块完成特定的功能。这种设计方法首先确定顶层模块的设计,再进行子模块的详细设计,而在子模块的设计中可以调用库中已有的模块或设计过程中保留下来的实例。自底向上的设计方法与自顶向下的设计方法恰恰相反。

1.3.1 EDA 技术的层次化设计方法

在 EDA 设计中往往采用层次化的设计方法,分模块、分层次地进行设计描述。描述系统总功能的设计为顶层设计,描述系统中较小单元的设计为底层设计。整个设计过程可理解为从硬件的顶层抽象描述向最底层结构描述的一系列转换过程,直到最后得到可实现的硬件单元描述为止。层次化设计方法比较自由,既可采用自顶向下的设计也可采用自底向上的设计,可在任何层次使用原理图输入和硬件描述语言 HDL 设计。

1. 自底向上设计方法

自底向上设计方法的中心思想是:对整个系统进行测试与分析,各个功能模块连成一个完整的系统,逻辑单元组成各个独立的功能模块,基本门构成各个组合与时序逻辑单元。

自底向上设计方法的特点:从底层逻辑库中直接调用逻辑门单元;符合硬件工程

师传统的设计习惯;在进行底层设计时缺乏对整个电子系统总体性能的把握;在整个系统完成后,要进行修改较为困难,设计周期较长;随着设计规模与系统复杂度的提高,这种方法的缺点更突出。

传统的数字系统的设计方法一般都是自底向上的,即首先确定构成系统的最底层的电路模块或元件的结构和功能,然后根据主系统的功能要求,将它们组成更大的功能模块,使它们的结构和功能满足高层系统的要求,依此类推,直至完成整个目标系统的 EDA 设计。

例如,对于一般数字系统的设计,采用自底向上的设计方法,必须首先决定使用的器件类别,如 74 系列的器件、某种 RAM 和 ROM、某类 CPU 以及某些专用功能芯片等,然后是构成多个功能模块,如数据采集、信号处理、数据交换和接口模块等,直至最后利用它们完成整个系统的设计。

2. 自顶向下设计方法

自顶向下设计方法的中心思想是:系统层是一个包含输入/输出的顶层模块,并用系统级、行为描述加以表达,同时完成整个系统的模拟和性能分析;整个系统进一步由各个功能模块组成,每个模块由更细化的行为描述加以表达;由 EDA 综合工具完成到工艺库的映射。

自顶向下设计方法的特点:结合模拟手段,可以从开始就掌握实现目标系统的性能状况;随着设计层次向下进行,系统的性能参数将进一步得到细化与确认;可以根据需要及时调整相关的参数,从而保证了设计结果的正确性,缩短了设计周期;当规模越大时,这种方法的优越性越明显;必须依赖 EDA 设计工具的支持及昂贵的基础投入;逻辑综合及以后的设计过程的实现,均需要精确的工艺库的支持。

现代数字系统的设计方法一般都采用自顶向下的层次化设计方法,即从整个系统的整体要求出发,自上而下地逐步将系统设计内容细化,把整个系统分割为若干功能模块,最后完成整个系统的设计。系统设计自顶向下大致可分为三个层次:

① 系统层,用概念、数学和框图进行推理和论证,形成总体方案。

② 电路层,进行电路分析、设计、仿真和优化,把框图与实际的约束条件及可测性条件结合,实行测试和模拟(仿真)相结合的科学实验研究方法,产生直到门级的电路图。

③ 物理层,真正实现电路的工具。同一的电路可以有多种不同的方法实现它。物理层包括 PCB、IC、PLD 或 FPGA、混合电路集成以及微组装电路的设计等。

在电子设计领域,自顶向下的层次化设计方法,只有在 EDA 技术得到快速发展和成熟应用的今天才成为可能,自顶向下的层次化设计方法的有效应用必须基于功能强大的 EDA 工具,具备集系统描述、行为描述和结构描述功能为一体的硬件描述语言 HDL,先进的 ASIC 制造工艺以及 CPLD/FPGA 开发技术。当今,自顶向下的层次化设计方法已经是 EDA 技术的首选设计方法,是 CPLD/FPGA 开发的主要设计手段。

1.3.2　EDA 技术的设计流程

利用 EDA 技术进行数字系统的设计,其大部分工作是在 EDA 软件平台上完成的。EDA 设计流程包含设计准备、设计输入、设计处理、设计效验和器件编程,以及相应的功能仿真、时序仿真、器件测试。

1. 设计准备

设计准备是指设计者按照"自顶向下"概念驱动式的设计方法,依据设计目标确定系统所要完成的功能及复杂程度,器件资源的利用、成本等工作,如方案论证、系统设计和器件选择等。

2. 设计输入

设计输入是由设计者对器件所实现的数字系统的逻辑功能进行描述,主要有原理图输入、真值表输入、状态机输入、波形输入、硬件描述语言输入法等。对于初学者,推荐使用原理图输入法和硬件描述语言输入法。

(1) 原理图输入法

原理图输入法是基于传统的硬件电路设计思想,把数字逻辑系统用逻辑原理图来表示的输入方法,即在 EDA 软件的图形编辑界面上绘制能完成特定功能的电路原理图,使用逻辑器件(即元件符号)和连线等来描述设计。原理图描述要求设计工具提供必要的元件库和逻辑宏单元库,如与门、非门、或门、触发器以及各种含 74 系列器件功能的宏功能块和用户自定义设计的宏功能块。

原理图编辑绘制完成后,原理图编辑器将对输入的图形文件进行编排之后再将其编译,以适用于 EDA 设计后续流程中所需的低层数据文件。

用原理图输入法的优点是显而易见的:首先,设计者进行数字逻辑系统设计时不需要增加新的相关知识,如 HDL;第二,该方法与 Protel 作图相似,设计过程形象直观,适用于初学者和教学;第三,对于较小的数字逻辑电路,其结构与实际电路十分接近,设计者易于把握电路全局;第四,由于设计方式属于直接设计,相当于底层电路布局,因此易于控制逻辑资源的消耗,节省集成面积。

然而,使用原理图输入法的缺点同样十分明显:第一,电路描述能力有限,只能描述中、小型系统,一旦用于描述大规模电路,往往难以快速有效地完成;第二,设计文件主要是电路原理图,如果设计的硬件电路规模较大,从电路原理图来了解电路的逻辑功能是非常困难的,而且文件管理庞大且复杂,大量的电路原理图将给设计人员阅读和修改硬件设计带来很大的不便;第三,由于图形设计方式并没有得到标准化,不同 EDA 软件中图形处理工具对图形的设计规则、存档格式和图形编译方式都不同,因此兼容性差,性能优秀的电路模块移植和再利用很困难;第四,由于原理图中已确定了设计系统的基本电路结构和元件,留给综合器和适配器的优化选择空间已十分有限,因此难以实现设计者所希望的面积、速度及不同风格的优化,这显然偏离了 EDA 的本质涵义,无法实现真实意义上的自顶向下的设计方案。

（2）HDL 文本输入法

硬件描述语言 HDL 是用文本形式描述设计，常用的语言有 VHDL 和 Verilog HDL。这种方式与传统的计算机软件语言编辑输入基本一致，就是将使用了某种硬件描述语言的电路设计文本进行编辑输入。可以说，应用 HDL 的文本输入方法克服了上述原理图输入法存在的所有弊端，为 EDA 技术的应用和发展打开了一个广阔的天地。

在一定条件下，常混合使用这两种方法。目前，有些 EDA 工具（如 Quartus II）可以把图形的直观与 HDL 的优势结合起来。如状态图输入的编辑方式，即用图形化状态机输入工具，用图形的方式表示状态图，当填好时钟信号名、状态转换条件、状态机类型等要素后，就可以自动生成 VHDL 或 Verilog HDL 程序。在原理图输入方式中，连接用 HDL 描述的各个电路模块，直观地表示系统总体框架，再用 EDA 工具生成相应的 VHDL/Verilog HDL 程序。总之，HDL 文本输入设计是最基本、最有效和通用的输入设计方法。

3. 设计处理

设计处理是 EDA 设计流程中的中心环节。在该阶段，编译软件将对设计输入文件进行逻辑优化、综合，并利用一片或多片 CPLD/FPGA 器件自动进行适配，最后产生编程用的数据文件。该环节主要包含设计编译、逻辑综合优化、适配和布局、生成编程文件。

（1）设计编译

设计输入完成后，立即进行设计编译，EDA 编译器首先从工程设计文件间的层次结构描述中提取信息，包含每个低层次文件中的错误信息，如原理图中信号线有无漏接，信号有无多重来源，文本输入文件中的关键字错误或其他语法错误，并及时标出错误的位置，供设计者排除纠正，然后进行设计规则检查，检查设计有无超出器件资源或规定的限制，并将给出编译报告。

（2）逻辑综合优化

所谓综合（Synthesis）就是把抽象的实体结合成单个或统一的实体。设计文件编译过程中，逻辑综合就是把设计抽象层次中的一种表示转化为另一种表示的过程。实际上，编译设计文件过程中的每一步都可称为一个综合环节。设计过程通常从高层次的行为描述开始，以最低层次的结构描述结束，每一个综合步骤都是上一层次的转换，它们分别是：

① 从自然语言转换到 HDL 语言算法表示，即自然语言综合；

② 从算法表示转换到寄存器传输级（Register Transport Level，RTL），从行为域到结构域的综合，即行为综合；

③ RTL 级表示转换到逻辑门（包括触发器）的表示，即逻辑综合；

④ 从逻辑门表示转换到版图表示（ASIC 设计），或转换到 FPGA 的配置网表文件，可称为版图综合或结构综合。有了版图信息就可以把芯片生产出来了。有了对

应的配置文件,就可以使对应的 FPGA 变成具有专门功能的电路器件。

一般来说,综合仅对应于 HDL。利用 HDL 综合器对设计进行编译综合是十分重要的一步,因为综合过程将把软件设计的 HDL 描述与硬件结构联系起来,是将软件转化为硬件电路的关键,是文字描述与硬件实现的一座桥梁。综合就是将电路的高级语言转换成低级语言,可与 CPLD/FPGA 的基本结构相对应的网表文件或程序。

在综合之后,HDL 综合器一般都可以生成一种或多种格式的网表文件,如 EDIF、VHDL、Verilog 等标准格式,在这种网表文件中用各种格式描述电路的结构。如在 VHDL 网表文件中采用 VHDL 的语法,用结构描述的风格重新解释综合后的电路结构。

整个综合过程就是将设计者在 EDA 平台上编辑输入的 HDL 文本、原理图或状态图描述,依据给定的硬件结构组件和约束控制条件进行编译、优化、转换和综合,最终获得门级电路甚至更底层的电路描述网表文件。由此可见,综合器工作前,必须给定最后实现的硬件结构参数,它的功能就是将软件描述与给定的硬件结构用某种网表文件的方式对应起来,成为相互对应的映射关系。

（3）适配和布局

适配器也称结构综合器,它的功能是将由综合器产生的网表文件,配置于指定的目标器件中,使之产生最终的下载文件,如 JEDEC、JAM 格式的文件。适配器所选定的目标器件必须属于原综合器指定的目标器件系列。通常,EDA 软件中的综合器可由专业的第三方 EDA 公司提供,而适配器必须由 CPLD/FPGA 供应商提供,因为适配器的适配对象直接与器件的结构细节相对应。

逻辑综合通过后,必须利用适配器将综合后的网表文件,针对某一具体的目标器件进行逻辑映射操作,其中包括底层器件配置、逻辑分割、逻辑优化、逻辑布局、布线操作。

适配和布局工作是在设计检验通过后,由 EDA 软件自动完成的,它以最优的方式对逻辑元件进行逻辑综合和布局,并准确实现元件间的互连,同时 EDA 软件会生成相应的报告文件。

（4）生成编程文件

适配和布局完成后,可以利用适配所产生的仿真文件作精确的时序仿真,同时产生可用于编程使用的数据文件。对于 CPLD 来说,是产生熔丝图文件,即 JEDEC 文件;对于 FPGA 来说,则生成流数据文件 BG(Bit-stream Generation)。

4. 设计效验

设计效验过程是对所设计的电路进行检查,以验证所设计的电路是否满足指标要求。验证的方法有三种:模拟(又称仿真)、规则检查和形式验证。规则检查是分析电路设计结果中各种数据的关系是否符合设计规则。形式验证是利用理论证明的方法来验证设计结果的正确性。由于系统的设计过程是分若干层次进行的,对于每个层次都有设计验证过程对设计结果进行检查。模拟方法是目前最常用的设计验证法，它是从电路的描述抽象出模型，然后将外部激励信号或数据施加于此模型，通过观测此模型的响应来判断该电路是否实现了预期的功能。

模型检验是数字系统 EDA 设计的重要工具，整个设计中近 80% 的时间是在做仿真，设计效验过程包括功能模拟（Compile）和时序模拟（Simulate）。功能模拟是在设计输入完成以后，选择具体器件编译以前进行的逻辑功能验证；时序模拟是在选择具体器件进行编译以后，进行时序关系仿真。

（1）功能模拟

功能模拟是直接对 HDL、原理图描述或其他描述形式的逻辑功能进行测试模拟，以了解其实现的功能是否满足原设计要求的过程，对所设计的电路及输入的原理图进行编译，检查原理图中各逻辑门或各模块的输入、输出是否有矛盾；扇入、扇出是否合理；各单元模块有无未加处理的输入、输出信号端，仿真过程不涉及任何具体器件的硬件特性。

（2）时序模拟

时序模拟是通过设计输入波形（Wave Editor），进行仿真校验。通过仿真校验结果，设计者可对存在的设计错误进行修正。值得一提的是，一个层次化设计中最底层的图元或模块，必须首先进行仿真模拟，当其工作正确以后，再进行高一层次模块的仿真模拟，直到最后完成系统设计任务。仿真模拟的结果就可以给出正确的输出波形。

（3）定时分析

定时分析（Timing Analyzer）不同于功能模拟和时序模拟，它只考虑所有可能发生的信号路径的延时，对设计的时序性能进行分析，并与时序要求对比，以保证电路在时序上的正确性。而功能模拟和时序模拟是以特定的输入信号来控制模拟过程，因而只能检查特定输入信号的传输路径延时。定时分析可以分析时序电路的性能（延时、最小时钟周期、最高的电路工作频率），计算从输入引脚到触发器、锁存器和异步 RAM 的信号输入所需要的最少时间和保持时间。

5. 器件下载

把适配后生成的下载数据文件，通过编程电缆或编程器向 CPLD 或 FPGA 进行下载，以便进行硬件调试和验证。编程是指将实现的数字系统中已编译数据放到具体的可编程器件中。对于 CPLD 来说，是将熔丝图文件（即 JEDEC 文件）下载到 CPLD 器件中去；对于 FPGA 来说，是将生成流数据文件 BG 配置到 FPGA 中。

器件编程需要一定的条件，如编程电压、编程时序、编程算法等。普通 CPLD 和 OPT FPGA 需要专用的编程器完成器件的编程工作。基于 SRAM 的 FPGA 可由 EPROM 或其他存储器进行配置。在系统可编程器件（ispPLD）用计算机通过一条编程电缆现场对器件编程，无需专用编程器。

通常，将对 CPLD 的下载称为编程（Program），对 FPGA 中的 SRAM 进行直接下载的方式称为配置（Configure），但对 OTP FPGA 的下载和对 FPGA 的专用配置 ROM 的下载仍称为编程。

6. 设计电路硬件调试——实验验证过程

实验验证是将已编程的器件与它的相关器件、接口相连，以验证可编程器件所实现的逻辑功能是否满足整个系统的要求。最后是将含有载入了设计的 FPGA 或 CPLD 的硬件系统进行统一测试，以便最终验证设计项目在目标系统上的实际工作情况，以排除错误，改进设计。实验验证可以在 EDA 硬件实验开发平台上进行，如本书所采用的 Altera DE2 - 70 开发系统。

1.4 EDA 工具软件简介

EDA 工具软件在 EDA 技术应用中占据极其重要的地位，EDA 的核心是利用计算机实现电路设计的自动化，因此，基于计算机环境下的 EDA 工具软件的支持是必不可少的。

EDA 工具软件品种繁多，目前在我国得到应用的有：PSPICE、OrCAD、PCAD、Protel、Viewlogic、Mentor、Graphics、Synopsys、Cadence、MicroSim、Edison、Tina 等。这些软件功能都很强，一般都能应用于几个方面，大部分软件都可以进行电路设计与仿真，PCB 自动布局布线，可输出多种网表文件（Netlist），与其他厂商的软件共享数据等。按它们的主要功能与应用领域，可分为电子电路设计工具、仿真工具、PCB 设计软件、IC 设计软件、PLD 设计工具及其他 EDA 软件，IC 设计和 PLD 设计代表当今电子技术的发展水平。其中 Altera 公司 PLD 设计软件 Quartus II 是本书所使用的 EDA 工具软件。

目前世界上具有代表性的 PLD 生产厂家有 Altera、Xilinx 和 Lattice 公司。一些小型化、简单的 PLD 设计工具主要由生产器件的厂家提供，而一些功能强大、大型化的 PLD 设计工具是由软件公司和生产器件的厂家合作开发。

1.4.1 MAX＋plus II

Altera 的 MAX＋plus II 开发系统是一种全集成化的可编程逻辑设计环境，能满足所有这些要求。MAX＋plus II 是 CPLD/FPGA 应用软件中比较典型的一种工具，目前其最高版本为 10.2，它所提供的灵活性和高效性是无可比拟的，其丰富的图形界面，辅之以完整的、可即时访问的在线文档，使设计人员能够轻松愉快地掌握和使用 MAX＋plus II 10.2 软件。

（1）与结构无关的开放性特点

MAX＋plus II Compiler（编译程序）是 MAX＋plus II 系统的核心。它支持 Altera 的 Classic、MAX 3000、MAX 7000、MAX 9000、FLEX 6000 和 FLEX 8000、

FLEX10K、ACEX1K 可编程逻辑器件系列,提供工业界中唯一"真正与结构无关的可编程逻辑设计环境"。该编译程序(或称编译器)还提供强有力的逻辑综合最小化功能,使设计者比较容易将其设计集成到器件中,设计者还可以添加自己定义的宏功能模块,以减轻设计的工作量,缩短开发周期。

(2)多平台

MAX+plus II 可在基于 486、奔腾之 PC 的 Microsoft Windows、Windows NT 或 Windows XP 上运行,也可以在 Sun SPARC 工作站、HP 9000 系列 700/800 工作站、IBM RISC SSYSTEM/6000 和 DEC Alpha AXP 工作站的 X Windows 下运行。

(3)全集成化

MAX+plus II 的设计输入、处理与校验功能一起提供了全集成化的一套可编程逻辑开发工具,可以加快动态调试,缩短开发周期。

(4)模块组合式工具软件

设计者可从各种设计输入、设计处理和设计校验选项中进行选择,从而使设计环境用户化。需要时,还可保留初始的工具投入,并增添新性能。由于 MAX+plus II 支持各种器件系列,设计者不必学习新工具即可支持新结构。

(5)硬件描述语言(HDL)

MAX+plus II 支持各种 HD 设计输入选项,包括 VHDL、Verilog HDL 和 Altera 自己的硬件描述语言 AHDL。

(6)开放的界面

Altera 的工作与 EDA 厂家联系紧密,MAX+plus II 可与其他工业标准 EDA 设计输入、综合与校验工具链接。它与 CAE 工具的接口,符合 EDIF 200 和 209、参数化模块库(LPM)、Verilog、VHDL 及其他标准。设计者可以使用 Altera 或标准 EDA 设计输入工具去建立逻辑设计;使用 MAX+plus II Compiler 编译程序对 Altera 器件设计进行编译;并使用 Altera 或其他 EDA 校验工具进行器件或板级仿真。目前,MAX+plus II 支持与 Synopsys、Viewlogic、Mentor Graphics、Cadence、Exemplar、Data I/O、Intergraph、Minc、OrCAD 等公司提供的工具接口,利用 MAX+plus II 提供的设计环境和设计工具,能高效灵活地设计各种数字逻辑电路。

1.4.2　Quartus II

Altera 公司 2009 年推出的 Quartus II 9.1 是功能最强、兼容性最好的 EDA 工具软件,它完全取代 Max+plus II 10.2。软件提供完善的用户界面设计方式;支持 Altera 的 IP 核,包含 LPM/MegaFunction 宏功能模块库;包含 SignalTap II、Chip Editor 和 RTL View 等设计辅助工具,集成了 SOPC 和 HardCopy ASIC 设计工具;通过 DSP Builder 工具与 Matlab/Simulink 相结合,可以方便实现各种 DSP 应用;支持第三方 EDA 开发工具。其快速重新编译新特性使 Quartus II 9.1 软件能够进一步缩短设计编译时间,而且还支持 Altera 最新发布的 Cyclone IV FPGA 。其 Nios

II 软件开发工具开始支持 Eclipse,OS 支持 Linux SUSE 10,提高了软件开发效率。其具有开放性、与结构无关、多平台、完全集成化、丰富的设计库、模块化工具、支持各种 HDL 的特点,有多种高级编程语言接口,易学易用。

Quartus II 设计软件目前最新版本为 Quartus II 软件 11.1,在 CPLD、FPGA 和 HardCopy ASIC 设计方面,业界性能和效能最好的软件之一。这一新版软件扩展了 Altera 28 - nm FPGA 支持,包括对 Arria V 和 Cyclone V FPGA 的编译支持,还增强了对 Stratix V FPGA 的支持。Quartus II 软件 11.1 版增加了支持 Altera 系统级调试工具——系统控制台。系统控制台提高了调试的抽象级,能够与 Altera Signal-Tap II 嵌入式逻辑分析器等底层调试工具协同工作,从而大幅度缩短验证时间。这种可配置的交互式系统控制台工具包含在 Quartus II 软件 11.1 版中,满足多种系统调试需求。通过系统控制台,设计人员可以分析并解释数据,监视系统在真实条件下的性能。基于 TCL,设计人员使用系统控制台可以在高级编程环境中迅速构建验证脚本,或者定制图形用户界面,支持 Qsys(Qsys 是下一代 SOPC Builder 工具)系统复杂的仪表测试和验证解决方案。这一工具用于设计的仿真、实验测试和开发阶段,只需要很少的资源,减少硬件编译步骤,提高设计人员的效能。

1.4.3 其他仿真软件

1. ModelSim 仿真软件

ModelSim 仿真软件是 Model 公司开发的一种快速方便的 HDL 仿真器,支持 VHDL 和 Verilog HDL 的编辑、编译和仿真。ModelSim 有一系列产品,它可以在 Unix 和 Windows 平台上工作,目前主要分为 ModelSimSE 、ModelSimVHDL、ModelSimLNI、ModelSimPLUS。Altera 公司也有 OEM 版的 ModelSim(ModelSim - Altera 6.5e)。

2. Xilinx 公司的 ISE 开发设计软件

赛灵思公司(Xilinx, Inc)2007 推出业界应用最广泛的集成软件环境(ISE)设计套件的最新版本 ISE 9.1i。新版本专门为满足业界当前面临的主要设计挑战而优化,这些挑战包括时序收敛、设计人员生产力和设计功耗。除了运行速度提高 2.5 倍以外,ISE 9.1i 还新采用了 SmartCompile 技术,因而可在确保设计中未变更部分实施结果的同时,将硬件实现的速度再提高多达 6 倍。同时,ISE 9.1i 还优化了其最新 65 nm Virtex - 5 平台独特的 ExpressFabric 技术,可提供比竞争对手的解决方案平均高出 30% 的性能指标。对于功耗敏感的应用,ISE 9.1i 还可将动态功耗平均降低 10%。

3. Lattice Diamond

Lattice Diamond 包括来自 Synopsys 公司的适用于莱迪思(Lattice)的 Synplify Pro,可用于所有 FPGA 系列;以及莱迪思综合引擎(LSE),可用于 MachXO2 和 MachXO 器件系列。Lattice Diamond Windows 版还包括来自 Aldec 公司的 Active -

HDL 莱迪思版,适用于混合语言仿真支持。

设计软件提供了最先进的设计和实现工具,专门针对成本敏感、低功耗的莱迪思 FPGA 架构进行了优化。Diamond 是 ispLEVER 软件的下一代替代产品,具有设计探索、易于使用、改进的设计流程,以及许多其他的增强功能。新的和增强的功能使得用户能够更快、更方便地完成设计,并获得比以往更好的结果。

4. 综合工具

在综合工具方面,有 Synopsys 的 FPGA Express;Cadence 的 Synphty;Mentor 的 Leonardo 这三家的 FPGA 综合软件垄断了市场。

NativeLink 是实现 Quartus II 与第三方 EDA 软件接口的工具(该工具需要 License 授权方可使用)。目前 Quartus II 软件包并不直接集成第三方 EDA 软件,而仅集成与这些 EDA 工具的软件接口,如 NativeLink 即可实现与 Quartus II 软件的无缝链接,通过 NativeLink,双方在后台进行参数与命令交互,而设计者完全不用关心 NativeLink 的操作细节,NativeLink 提供给设计者的是具有良好互动性的用户界面。简单来说,NativeLink 包含外部文件和 API 程序,前者是指 WYSIWYG(What You See Is What You Get,所见即所得)的网表文件、交叉指引文件及时序文件。

SOPC Builder 软件配合 Quartus II,为设计者提供了一个标准化的 SOPC 图形设计环境,利用它可以完成集成 CPU 的 FPGA 芯片的开发工作,SOPC Builder 允许选择和自定义系统模块的各个组件和接口。

DSP Builder 是 Quartus II 与 Matlab/Simulink 的接口,它是一个图形化的 DSP 开发工具,利用 IP 核在 Matlab 中快速完成数字信号处理的仿真和最终 FPGA 实现。DSP Builder 允许系统、算法和硬件设计者共享公共开发平台。

Software Builder 和 Nios II IDE 是 Quartus II 内嵌的软件开发环境,用以将软件源代码转换为配置 Exalibur 单元的 Flash 格式文件或无源格式文件。

1.5　IP 核

现代人的生活已经离不开芯片,手机、电脑、电视、数码相机等使我们的生活能够正常运转而又变得丰富多彩的"日用品"与离不开芯片息息相关。将不同芯片的功能全部集成于 SoC(系统级芯片)中,是目前 EDA 技术发展的一个重要方向,而 SoC 设计的关键技术就是 IP 核。

IP 核(Intellectual Property core)就是知识产权模块,美国 Dataquest 咨询公司将半导体产业的 IP 定义为用于 ASIC 或 CPLD/FPGA 中预先设计好的电路功能模块,是一段具有特定电路功能的硬件描述语言程序,该程序与集成电路工艺无关,可以移植到不同的半导体工艺中去生产集成电路芯片。

IP 核可以在不同的硬件描述级实现,由此产生了三类 IP 内核:软核、固核和硬核。这种分类主要依据产品交付的方式，而这三种 IP 核实现方法也各具特色。

1. IP 软核

IP 软核是用 VHDL、Verilog 等硬件描述语言描述的功能块，但是并不涉及用什么具体电路元件实现这些功能。软 IP 通常是以硬件描述语言 HDL 源文件的形式出现，应用开发过程与普通的 HDL 设计也十分相似，具有很大的灵活性，只是所需的软硬件开发环境比较昂贵。借助 EDA 综合工具可以与其他外部逻辑电路合成一体，根据不同的半导体工艺，设计成具有不同功能的器件，软 IP 的设计周期短，设计投入少。

软 IP 是以综合形式交付的，因而必须在目标工艺中实现，并由系统设计者验证。其优点是源代码灵活，可重定目标于多种制作工艺，在新功能级中重新配置。

2. IP 硬核

IP 硬核是提供设计阶段的最终阶段产品：掩模。提供已经过完全布局布线的网表形式，这种硬核既具有可预见性，同时还可以针对特定工艺或购买商进行功耗和尺寸上的优化。尽管硬核由于缺乏灵活性而可移植性差，但由于无须提供寄存器转移级（RTL）文件，因而更易于实现 IP 保护。硬 IP 最大的优点是确保性能，如速度、功耗等。然而，硬 IP 难以转移到新工艺或集成到新结构中，是不可重配置的。

3. IP 固核

固核则是软核和硬核的折衷。大多数应用于 FPGA 的 IP 内核均为软核，软核有助于用户调节参数并增强可复用性。软核通常以加密形式提供，这样实际的 RTL 对用户是不可见的，但布局和布线灵活。在这些加密的软核中，如果对内核进行了参数化，那么用户就可通过头文件或图形用户接口（GUI）方便地对参数进行操作。对于那些对时序要求严格的内核（如 PCI 接口内核），可预布线特定信号或分配特定的布线资源，以满足时序要求。这些内核可归类为固核，由于内核是预先设计的代码模块，因此这有可能影响包含该内核的整体设计。由于内核的建立（setup）、保持时间和握手信号都可能是固定的，因此设计其他电路时都必须考虑与该内核进行正确的接口。如果内核具有固定布局或部分固定的布局，那么这还将影响其他电路的布局。

我国于 2002 年成立了"信息产业部集成电路 IP 核标准工作组"，负责制定我国 IP 核技术标准，后来又成立了"信息产业部软件与集成电路促进中心"和"上海硅知识产权交易中心"，由哈工大承担的课题"集成电路 IP 核技术标准研究"是"十五"国家重大科技专项之一。该课题通过对国际上 IP 组织制定的标准进行深入研究，从国内产业需求出发，规划出了现阶段 IP 标准体系。该体系包括四大类标准：IP 核交付使用文档规范/标准、IP 核复用设计标准、IP 核质量评估标准和 IP 核知识产权保护标准。这四大类标准可以解决目前 IP 设计企业的基本需求。

1.6 互联网上的 EDA 资源

http://www.fpga.com.cn 是笔者经常访问的一个关于 EDA 技术的专业 FPGA 设计中文网站。该网站涉及 CPLD/FPGA 的各个方面,栏目有 HDL 语言、Modelsim、Altera 论坛、Altera 动态、Xilinx 论坛、Xilinx 动态、Lattice 论坛、Lattice 动态、参考书籍、设计交流、FPGA 设计、IC 设计、应用设计、资源供享、网友交流和 EDA 专业论坛等。其他相关常用的网址有:

① Altera 公司中文官方网站:http://www.altera.com.cn。

② Xilinx 公司官方网站:http://www.xilinx.com。

③ Lattice 公司官方网站:http://www.latticesemi.com.cn。

④ 友晶公司官方网站:http://www.terasic.com.cn/cn。

⑤ 美国康乃尔大 EDA 课程:http://people.ece.cornell.edu/land/courses/ece5760。

⑥ 美国哥伦比亚大学 EDA 课程:http://www1.cs.columbia.edu/～sedwards/classes/2009/4840/index.html。

⑦ 电子系统设计网站:http://www.ed-china.com。

⑧ OpenCore 公司网站:http://www.mentor.com,该网站属硬件开发类型,提供免费的 IP 核下载及相关源代码,是硬件爱好者交流经验的好地方。

⑨ Accelera 网站:http://www.accellera.org,是 OVI(Open Verilog International)和 VI(VHDL International)组织在 2000 年成立的官方网站,该网站主要提供有关硬件描述语言的最新信息、标准和设计方法。

🅔 本章小结

现代电子产品正在以前所未有的革新速度,向功能多样化、体积最小化、功耗最低化的方向迅速发展。它与传统电子产品在设计上的显著区别之一就是大量使用大规模可编程逻辑器件,以提高产品性能,缩小产品体积,降低产品价格;另一区别就是广泛使用计算机技术,以提高电子设计自动化程度,缩短开发周期,提高产品竞争力。EDA 技术正是为适应现代电子产品设计要求,吸引多学科最新成果而形成的一门新技术。

EDA 技术已有近 40 年的发展历程,经历了三个阶段:20 世纪 70 年代的计算机辅助设计(CAD)阶段,人们借助于计算机进行电路图的输入、存储及 PCB 版图设计;20 世纪 80 年代的计算机辅助工程(CAE)阶段,CAE 除了有纯粹的图形绘制功能外,又增加了电路功能设计和结构设计,并通过电气连接网络表将两者结合起来,实现了工程设计;20 世纪 90 年代的电子电路设计自动化(EDA)阶段。

EDA 技术包括大规模可编程逻辑器件、硬件描述语言、软件开发工具、实验开发系统等方面内容。国际上流行的硬件描述语言有 Verilog HDL 语言和 VHDL 语言。EDA 技术的出现使数字系统的分析与设计方法发生了根本的变化,采用的基本设计方法主要有三种:直接设计、自顶向下(Top - to - Down)设计、自底向上(Bottom - to - Up)设计。在 EDA 设计中往往采用层次化的设计方法,分模块、分层次地进行设计描述。描述系统总功能的设计为顶层设计,描述系统中较小单元的设计为底层设计。利用 EDA 技术进行系统的设计的大部分工作是在 EDA 软件平台上完成的,EDA 设计流程包含设计准备、设计输入、设计处理、设计效验和器件编程,以及相应的功能仿真、时序仿真、器件测试。

EDA 设计工具介绍了 Altera 公司 PLD 设计软件 MAX＋plus II/Quartus II 的特点、基本功能、支持器件、系统配置、可与其配合使用的 EDA 工具和互联网上的 EDA 资源。

掌握 EDA 的基本概念和设计方法是本章的重点。

思考与练习

1-1 简述 EDA 技术的发展历程。

1-2 EDA 技术主要内容是什么?

1-3 在 EDA 技术中"Top - to - Down"自顶向下的设计方法的意义何在? 如何理解"顶"的含义?

1-4 FPGA/CPLD 在 ASIC 设计中有什么用处?

1-5 EDA 的基本工具有哪些?

1-6 什么是 HDL? 目前被 IEEE 采纳的 HDL 有哪些?

1-7 VHDL 有哪些特点?

1-8 Verilog HDL 语言有哪些特点?

1-9 列表比较 VHDL 与 Verilog HDL 语言的优缺点。

1-10 简述 Quartus II 9.1 的特点、基本功能、支持的器件、系统配置、支持的操作系统、可与其配合使用的 EDA 工具?

第2章

可编程逻辑器件

本章导读

本章主要介绍可编程逻辑器件的发展历程及特点,可编程逻辑器件的分类,PLD基本原理,CPLD 和 FPGA 的基本结构及 Altera 公司的典型 CPLD/FPGA 器件性能与使用方法。

学习目标

通过对本章内容的学习,学生应该能够做到:
- 了解:可编程逻辑器件 PLD 发展历程及特点
- 理解:PLD 基本原理,CPLD 和 FPGA 的基本结构
- 应用:掌握 Altera 公司的典型 CPLD/FPGA 器件性能与使用方法

2.1 可编程逻辑器件的发展历程及特点

2.1.1 可编程逻辑器件的发展历程

数字电子领域中常用的逻辑器件有三种:标准逻辑器件(standard chip)、定制逻辑器件(custom chip)和可编程逻辑器件 PLD(Programmable Logic Device)。标准逻辑器件是具有标准逻辑功能的通用 SSI、MSI 集成电路,例如 TTL 工艺的 54/74系列和随后发展起来的 CMOS 工艺的 CD 4000 系列中的各种基本逻辑门、触发器、选择器分配器、计数器、寄存器等。定制逻辑器件是由制造厂按用户提出的逻辑要求专门设计和制造的,这一类芯片是专为特殊应用所生成,也称专用集成电路 ASIC,适合在大批量定型生产的产品中使用,常见的有存储器、CPU 等。可编程逻辑器件PLD 是近几年才发展起来的一种新型集成电路,是当前数字系统设计的主要硬件基础。该器件内含可由用户配置的电路,可在更大范围内实现不同的逻辑电路,这些器件具有通用化的结构,包括一个可编程的开关集合,允许用户以多种方式修改芯片的

内部电路,设计者可通过适当选择开关的配置来实现在特定应用中所需的功能。

最早的可编程逻辑器件是 1970 年出现的 PROM,它由全译码的"与"阵列和可编程的"或"阵列组成,其阵列规模大、速度低,主要用作存储器;20 世纪 70 年代中期出现 PLA(Programmable Logic Array,可编程逻辑阵列),它由可编程的"与"阵列和可编程的"或"阵列组成,由于其编程复杂,开发起来有一定难度;20 世纪 70 年代末,推出 PAL(Programmable Logic Array,可编程阵列逻辑),它由可编程的"与"阵列和固定的"或"阵列组成,采用熔丝编程方式,双极性工艺制造,器件的工作速度很高,由于它的结构种类很多,设计灵活,因而成为第一个普遍使用的可编程逻辑器件;20 世纪 80 年代初,Lattice 公司发明了 GAL(Generic Array Logic,可编程通用阵列逻辑)器件,采用输出逻辑宏单元(OLMC)的形式和 EECMOS 工艺,具有可擦除、可重复编程、数据可长期保存和可重新组合结构等特点,GAL 产品构件性能比 PAL 产品性能更优越,因而在 20 世纪 70 年代得到广泛使用。

GAL 和 PAL 同属低密度的简单 PLD,规模小,难以实现复杂的逻辑功能。从 20 世纪 80 年代末开始,随着集成电路工艺水平的不断提高,PLD 突破了传统的单一结构,向着高密度、高速度、低功耗以及结构体系更灵活的方向发展,相继出现了各种不同结构的高密度 PLD。

20 世纪 90 年代以后,高密度 PLD 在生产工艺、器件编程和测试技术等方面都有了飞速发展。例如 CPLD 的集成度一般可达数千甚至上万门。Altera 公司推出的 EPM9560,其密度达 12 000 个可用门,包含多达 50 个宏单元,216 个用户 I/O 引脚,并能提供 15 ns 的脚至脚延时,16 位计数的最高频率为 118 MHz。目前 CPLD 的集成度最多可达 25 万个等效门,最高速度已达 180 MHz。FPGA 的延时可以小于 3 ns。目前世界各著名半导体公司,如 Altera、Xilinx、Lattice 等,均可提供不同类型的 CPLD/FPGA 产品,新的 PLD 产品不断面世。

2.1.2 可编程逻辑器件的特点

可编程逻辑器件的出现,对传统采用标准逻辑器件(门、触发器和 MSI 电路)设计数字系统产生了很大变化。采用 PLD 设计数字系统有以下特点。

(1) 减小系统体积

由于 PLD 具有相当高的密度,用一片 PLD 可以实观一个数字系统或子系统,整个系统的规模明显减小,从而使制成的设备体积小、重量轻。

(2) 增强了逻辑设计的灵活性

在系统的研制阶段,由于设计错误或任务的变更而修改设计的事情经常发生。使用不可编程逻辑器件时,修改设计是很麻烦的事。使用 PLD 器件后情况就不一样了,由于 PLD 器件引脚灵活,不受标准逻辑器件功能的限制,而且可擦除、可编程,只要通过适当编程,便能使 PLD 完成指定的逻辑功能。在系统完成定型之前,都可以对 PLD 的逻辑功能进行修改后重新编程,这给系统设计提供了极大的灵活性。

（3）提高了系统的处理速度和可靠性

由于 PLD 的延迟时间很小，一般从输入引脚到输出引脚的延迟时间仅几个纳秒，这就使 PLD 构成的系统具有更高的运行速度。同时，由于用 PLD 设计系统减少了芯片和印制板的数量，也减少了相互间的连线，从而增强了系统的抗干扰能力，提高了系统的可靠性。

（4）缩短了设计周期，降低了系统成本

由于 PLD 是用"编程"代替了标准逻辑器件的组装，开发工具先进，自动化程度高，在对 PLD 的逻辑功能进行修改时，也无需重新布线和更换印制板，从而大大缩短了一个系统的设计周期，加快了产品投放市场的速度，增强了产品的竞争力。同时，由于大大节省工作量，也有效地降低了成本。

（5）系统具有加密功能

某些 PLD 器件本身就具有加密功能，设计者在设计时只要选中加密项，PLD 就被加密从而使器件的逻辑功能无法被读出，有效地防止设计内容被抄袭，使器件具有保密性。

（6）有越来越多的知识产权（IP）核心库的支持

用户可利用这些预定义和预测试的软件 IP 模块在可编程逻辑器件内迅速实现系统功能。IP 核包括复杂的 DSP 算法、存储器控制器、总线接口和成熟的软核微处理器等。此类 IP 核为客户节约了大量的时间和费用。

2.2　可编程逻辑器件分类

随着微电子技术的发展，可编程逻辑器件的品种越来越多，型号越来越复杂。每种器件都有各自的特征和共同点，根据不同的分类标准，主要有以下几种类别。

2.2.1　按集成度分

按芯片内包含的基本逻辑门数量来区分不同的 PLD，一般可分两大类。

1. 低密度可编程逻辑器件

低密度可编程逻辑器件的结构具有的共性是：内部含有的逻辑门数量少，一般含几十门至 1 000 门等效逻辑门；基本结构均建立在两级"与-或"门电路的基础上；输出电路是由可编程定义的输出逻辑宏单元。低密度可编程逻辑器件主要包含一些早期出现的 PLD，如 PROM、PLA、PAL、GAL 等。

2. 高密度可编程逻辑器件

（1）CPLD（Complex PLD，复杂 PLD）

CPLD 是 EPLD 的改进产品，产生于 20 世纪 80 年代末期，CPLD 的内部至少含有：可编程逻辑宏单元、可编程 I/O （输入/输出）单元、可编程内部连线。这种结构特点,也是高密度可编程逻辑器件的共同特点。CPLD 是一种基于乘积项的可编程结构的器件。部分 CPLD 器件内还设有 RAM、FIFO 存储器,以满足存取数据的应用要求。

还有部分 CPLD 器件具有 ISP(In System Programmable,在系统可编程)能力。具有 ISP 能力的器件,当安装到电路板上后,可对其进行在系统编程。在系统编程时,器件的输入、输出引脚暂时被关闭,编程结束后,恢复正常状态。

(2) FPGA(Field Programmable Gate Array,现场可编程门阵列)

FPGA 是 20 世纪 90 年代发展起来的。这种器件的密度已超 25 104 门水平,内部门延时小于 3 ns。这种器件具有的另一个突出的特点是:现场编程。所谓现场编程,就是在 FPGA 工作的现场(地方),可不通过计算机,就能把存于 FPGA 外的 ROM 中的编程数据加载给 FPGA。也就是说,通过简单的设备就能改变 FPGA 中的编程数据,从而改变 FPGA 执行的逻辑功能。FPGA 内的编程数据是存于 FPGA 内的 RAM 上的,一旦掉电,存于 RAM 上的编程数据就会流失,来电后,就要在工作现场重新给 FPGA 输入编程数据,以使 FPGA 恢复正常工作。当前 CPLD 和 FPGA 是高密度可编程逻辑器件的主流产品。

2.2.2 按编程特性分

可编程逻辑器件的功能信息是通过对器件编程存储到可编程逻辑器件内部的。PLD 编程技术有两大类:一类是一次性编程,另一类是可多次编程。

1. 一次性编程 OTP(One Time Programmable) PLD

一次性编程的器件采用非熔丝(Anti-Fuse)开关,即用一种称为可编程低阻电路元件 PLICE 作为可编程的开关元件,它由一种特殊介质构成,位于层连线的交叉点上,形似印制板上的一个通孔,其直径仅为 1.2 μm。在未编程时,PLICE 呈现大于 100 MΩ 的高阻,当 8 V 电压加上之后,该介质击穿,接通电阻小于 1 kΩ,等效于开关接通。这类 PLD 的集成度、工作频率和可靠性都较高。缺点是只允许编程一次,编程后不能修改。

2. 可多次编程 PLD

可多次编程的 PLD 是利用场效应晶体管作为开关元件,这些开关的通、断受本器件内的存储器控制。控制开关元件的存储器存储着编程的信息,通过改写该存储器的内容便可实现多次编程,可分为如下几种类型。

(1) EPROM

这类器件外壳上有一个石英窗利用紫外光将编程信息擦除,电可编程,但编程电压较高,可在编程器上对器件多次编程。

(2) E^{2}PROM

这类器件用电擦除可编程只读存储器 E^{2}PROM 存储编程信息,需要在编程器上对 E^{2}PROM 进行改写来实现编程。因为采用电可擦除,所以速度较 EPROM 快。

E^2RPOM 以字为单位来进行改写,它不仅具有 RAM 的功能,还具有非易失性的特点,可以重复擦写。目前大多数 E^2PROM 内部具有升压电路,只需要单电源供电便能实现读/写擦除等任务。

(3) 在系统编程 ISP(In - System Programmability) PLD

这类器件内的 E^2PROM 或闪速存储器 Flash 用来存储编程信息。这种器件内有产生编程电压的电源泵,因而,不需要在编程器上编程,可直接对装在印制板上的器件进行编程。目前,基于乘积项的 CPLD 基本上都是基于 E^2PROM 和 Flash 工艺制造的,上电即可工作,不需要外挂 ROM。

(4) 在线可重配置 ICR(In - Circuit Reconfiguration) 器件

这类器件用静态随机存取存储器 SRAM 存储编程信息,不需要在编程器上编程,直接在印制板上对器件编程,SRAM 为易失性元件,一旦掉电,被存储的数据便会丢失,其速度是最快的,因此也非常昂贵。FPGA 一般都采用这样的结构,编程信息存于外挂的 EPROM、E^2PROM 或系统的软、硬盘上,系统工作之前,将存在器件外部的编程信息输入到器件内的 SRAM,再开始工作。

2.2.3 按结构分

前面提到的可编程逻辑器件基本上都是从"与-或"阵列和"门"阵列发展而来的,所以可编程逻辑器件从结构上可分两大类。

① 乘积项结构器件:其基本结构是"与-或"阵列。大部分简单的 PLD 和 CPLD 都属于此类。如 Altera 的 Max 7000 系列和 Max 3000 系列(E^2PROM 工艺)、Xilinx 公司的 XC9500 系列(Flash 工艺)和 Lattice 的 ISP 器件(E^2PROM 工艺)。

② 查找表结构器件:其基本结构是简单的查找表(LookUpTable,LUT),通过查找表构成阵列形式。通常有 4 输入、5 输入甚至 6 输入的查找表,FPGA 都属于这个范畴,不过目前有一些 CPLD 也开始采用这种结构,如 Lattice 的 XO 系列、Altera 的 Max II 系列、Xilinx 的 CoolRunner II 系列。

2.3 简单 PLD

简单 PLD 主要指早期的可编程逻辑器件,它们是可编程只读存储器 PROM、可编程逻辑阵列 PLA、可编程阵列逻辑 PAL、通用阵列逻辑 GAL。它是由"与"阵列和"或"阵列组成,能够以积之和的形式实现布尔逻辑函数。因为任何一个组合逻辑都可以用"与-或"表达式来描述,所以简单 PLD 能够完成大量的组合逻辑功能,并且具有较高的速度和较好的性能。

2.3.1 PLD 中阵列的表示方法

目前使用的可编程逻辑器件基本上都是由输入缓冲、"与"阵列、"或"阵列和输出结构四部分组成,其基本结构如图 2 - 1 所示。其中"与"阵列和"或"阵列是核心,"与"阵列用来产生乘积项,"或"阵列用来产生乘积项之和形式的函数。输入缓冲可以产生输入变量的原变量和反变量,输出结构可以是组合电路输出、时序电路输出或是可编程输出结构,输出信号还可通过内部通道反馈到输入端。

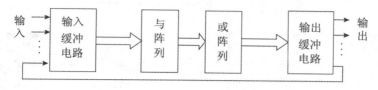

图 2 - 1　PLD 简单基本结构图

　　大部分简单 PLD 器件的主体是"与"阵列和"或"阵列,根据这两个阵列的可编程性,简单 PLD 器件又分为三种:"与"阵列固定型,"或"阵列可编程型;"与"、"或"阵列都可编程型;"与"阵列可编程,"或"阵列固定型。PLD 器件的电路逻辑图表示方式与传统标准逻辑器件的逻辑图表示方式既有相同、相似的部分,亦有其独特的表示方式。

　　其输入缓冲器的逻辑图如图 2 - 2 所示,它的两个输出 B 和 C 分别是其输入的原码和反码。三输入"与"门的两种表示法如图 2 - 3 所示,在 PLD 表示法中,A、B、C 称为三个输入项,"与"门的输出 ABC 称为乘积项。

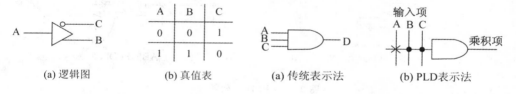

(a) 逻辑图　　　　(b) 真值表　　　　(a) 传统表示法　　(b) PLD 表示法

图 2 - 2　输入缓冲器　　　　图 2 - 3　"与"门的两种表示法

　　PLD 的连接方式如图 2 - 4 所示。图(a)实点连接表示固定连接;可编程连接用交叉点上的"×"表示,如图(b)所示,即交叉点是可以编程的,编程后交叉点或呈固定连接或呈不连接;若交叉点上无"×"符号和实点,如图(c)所示,则表示不能进行连接,即此点在编程前表示不能进行连接的点,在编程后表示不连接的点。

(a) 固定连接　　　　(b) 可编程连接　　　　(c) 固定不连接

图 2 - 4　PLD 的连接方式

　　二输入"或"门的两种表示方法如图 2 - 5 所示。

　　用上述 PLD 器件的逻辑电路图符构成的 PLD 阵列图如图 2 - 6 和图 2 - 7 所示。阵列图是用以描述 PLD 内部元件逻辑连接关系的一种特殊逻辑电路。

(a) "或"门的标准逻辑符号　　　　　(b) "或"门的PLD表示法

图 2－5　"或"门的两种表示法

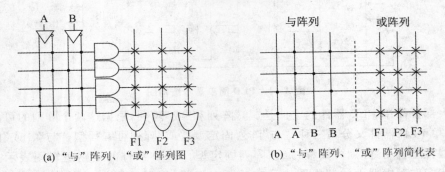

(a) "与"阵列、"或"阵列图　　　　(b) "与"阵列、"或"阵列简化表

图 2－6　PLD 阵列图(1)

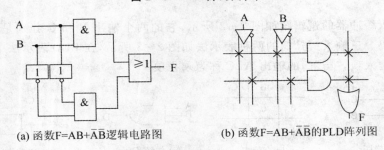

(a) 函数F=AB+$\overline{A}\overline{B}$逻辑电路图　　　　(b) 函数F=AB+$\overline{A}\overline{B}$的PLD阵列图

图 2－7　PLD 阵列图(2)

2.3.2　PROM

　　PROM 最初是作为计算机存储器设计和使用的,它具有 PLD 器件的功能是后来才发现的。根据其物理结构和制造工艺的不同,PROM 可分为三类:固定俺膜式PROM,其中又分双极型和 MOS 型两种;双极型 PROM,又包括熔丝型和结破坏型;MOS 型 PROM,又分 UVCMOS 工艺的 EPROM 和 E^2CMOS 工艺的 E^2PROM。固定掩膜式 PROM 只能用于特定场合,灵活性较差,使其应用受到很大限制,因此,我们只介绍后两种。

　　(1) 熔丝型 PROM

　　熔丝型 PROM 的基本单元是发射极连有一段镍铬熔丝的三极管,这些基本单元组成了 PROM 的存储矩阵。在正常工作电流下,这些熔丝不会烧断,当通过几倍于工作电流的编程电流时,熔丝就会立即熔断。在存储矩阵中熔丝被熔断的单元,当被选中时构不成回路,因而没有电流,表示存储信息"0";熔丝被保留的存储单元,当被选中时形成回路,三极管导通,有回路电流,表示存储信息"1"。因此,熔丝型 PROM 在出厂时,其存储矩阵中的信息应该是全为"1"。

（2）结破坏型 PROM

结破坏型 PROM 与熔丝型 PROM 的主要区别是存储单元的结构。结破坏型 PROM 的存储单元是一对背靠背连接的二极管。对原始的存储单元来说,两个二极管在正常工作状态都不导通,没有电流流过,相当于存储信息为"0"。当写入（或改写）时,对要写入"1"的存储单元,使用恒流源产生的 $100 \sim 150$ mA 的电流,通过二极管,把反接的一只击穿短路,只剩下正向连接的一只,这就表示写入了"1";对于要写入"0"的单元只要不加电流即可。

（3）EPROM 器件

上述两种 PROM 的编程（即写入）是一次性的。如果在编程过程中出错,或者经过实践后需对其中的内容作修改时,就只能再换一片新的 PROM 重编。为解决这一问题,可擦除可编程的只读存储器 EPROM 应运而生,并获得广泛应用。图 2-8 是一个 4×2 的 PROM 结构示意图。PROM 的地址线 A1、A0 是"与"阵列的 2 个输入变量,经不可编程的"与"阵列产生 A1、A0 的 4 个最小项（乘积项）。从图中可以看出,这种结构的

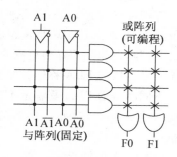

图 2-8　PROM 结构示意图

PLD 器件"或"阵列是可编程的,而"与"阵列固定且为全译码形式。即当输入端数为 n 时,"与"阵列中有 2n 个"与"门。因此,对每一种可能的输入组合,均可得到一组相应的最小项输出。随着输入端的增加,"与"阵列的规模会急剧增加。PROM 一般用于组合电路的设计。

2.3.3　PLA 器件

PLA 是一种"与-或"阵列结构的 PLD 器件。因而不管多么复杂的逻辑设计问题,只要能化为"与-或"两种逻辑函数,就都可以用 PLA 实现。当然,也可以把 PLA 视为单纯的"与-或"逻辑器件,通过串联或树状连接的方法来实现逻辑设计问题,但效率极低,达不到使用 PLA 本来的目的。所以,在使用 PLA 进行逻辑设计时,通常是先根据给定的设计要求,系统地列出真值表或"与-或"形式的逻辑方程,再把它们直接转换成已经格式化了的形式,与电路结构相对应的 PLA 映象。

（1）PLA 结构

在 PLA 中,"与"阵列和"或"阵列都是可编程的。图 2-9 是一个二输入/二输出的 PLA 结构示意图,灵活地实现各种逻辑功能。PLA 的内部结构提供了在可编程逻辑器件中最高的灵活性。因为"与"阵列可编程,它不需要包含输入信号的每个组合,只需要通过编程产生函数所需的乘积项,所以在 PROM 中由于输入信号增加

而使器件规模增大的问题能在 PLA 中克服,从而有效地提高了芯片的利用率。PLA 的基本结构是"与"、"或"两级阵列,而且这两级阵列都是可编程的。

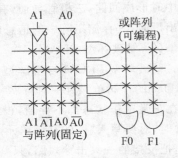

图 2-9　PLA 结构示意图

（2）PLA 的种类

按编程的方式划分,PLA 有掩膜式和现场可编程两种。掩膜式 PLA 的映象是由器件生产厂家用掩膜工艺做到 PLA 器件中去的,因而它仅适用于需要大量同类映象的 PLA 芯片和速度要求特别高的场合。

现场可编程的 PLA(简称 FPLA),可由用户在使用现场用编程工具将所需要的映象写入 PLA 芯片中。根据逻辑功能的不同,FPLA 又分为组合型和时序型两种。只由"与"阵列和"或"阵列组成的 PLA 称为组合型 PLA。内部含有带反馈的触发器或输出寄存器的 PLA 称作时序型 PLA。

不同型号的 PLA 其容量不尽相同。PLA 的容量通常用其输入端数、乘积项数和输出端数的乘积表示。例如:容量为 $14 \times 48 \times 8$ 的 PLA 共有 14 个输入端、48 个乘积项和 8 个输出端。

（3）PLA 的特点

PLA 的"与"阵列和"或"阵列都可编程,所以比只有一个阵列可编程的 PLD 更具有灵活性,特别是当输出函数很相似(即输出项很多,但要求独立的乘积项不多)的时候,可以充分利用 PLA 乘积项共享的性能使设计得到简化。

PLA 的"与"阵列不是全译码方式,因此,对于相同的输入端来说,PLA"与"阵列的规模要比 PROM 小,因而其速度比 PROM 快。

另外,有的 PLA 内部含有触发器,可以直接实现时序逻辑设计。而 PROM 中不含触发器,用 PROM 进行时序逻辑设计时需要外接触发器。但是,由于缺少高质量的开发软件和编程器,器件本身的价格又较贵,因此,PLA 未能象 PAL 和 GAL 那样得到广泛应用。

2.3.4　PAL 器件

PAL 器件的基本结构是"与"阵列可编程,而"或"阵列固定,如图 2-10 所示,这种结构可满足多数逻辑设计的需要,而且有较高的工作速度,编程算法也得到简化。图 2-10 是一个二输入/二输出的 PAL 结构示意图,其"与"阵列可编程,"或"阵列不可编程,在这种结构中,每个输出是若干个乘积项之和,其中乘积项的数目是固定的,这种结构对于大多数逻辑函数是很有效的,因为大多数逻辑函数可以化简为若干乘积项之和,即"与-或"表达式。

PAL 的品种和规格很多,使用者可以从中选择出合适的芯片。PAL 编程容易,开发工具先进,价格便宜,通用性强。使系统的性能价格比优化,但是,PAL 的输出结构是固定的,不能编程,芯片选定以后其输出结构也就选定了,不够灵活,给器件的选择带来一定困难。另外,相当一部分 PAL 是双极型工艺制造的,不能重复编程,一旦出错就无法挽回。通用阵列逻辑 GAL 能较好地弥补 PAL 从器件的上述缺陷。

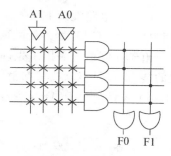

图 2 - 10 PAL 结构示意图

2.3.5 GAL 器件

1985 年,Lattice 公司以 E^2PROM 为基础,开发了第一款 GAL,即 GAL16V8。GAL 的基本结构与 PAL 一样,也是"与"阵列可编程,"或"阵列固定。GAL 和 PAL 结构上的不同之处在于,PAL 的输出结构是固定的,而 GAL 的输出结构可由用户来定义。GAL 之所以有用户可定义的输出结构,是因为它的每一个输出端都集成着一个输出逻辑宏单元 OLMC(Output Logic Macro Cell)。图 2 - 11 是 GAL16V8 结构

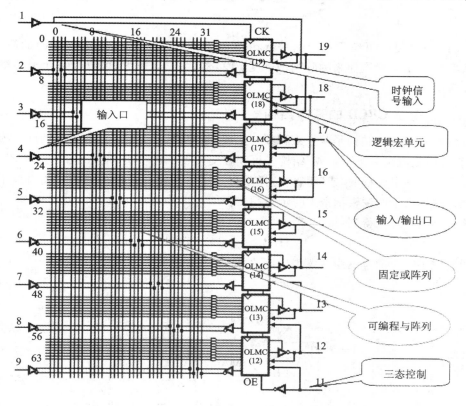

图 2 - 11 GAL 结构示意图

示意图。由于在电路设计上引入了 OLMC,从而大大增强了 GAL 在结构上的灵活性,使用少数几种 GAL 器件就能取代几乎所有的 PAL,为使用者选择器件提供了很大方便。由于在制造上采用了先进的 E^2CMOS 工艺,便 GAL 器件具有可擦除、可重复编程的能力,而且擦除改写都很快,编程次数高达 100 甚至上万次。为便于学习,表 2-1 给出 4 种简单 PLD 器件的结构比较。

表 2-1 4 种 PLD 器件的结构比较表

器 件	"与"阵列	"或"阵列	输 出
PROM	固定	可编程	三态,OC
PLA	可编程	可编程	三态,OC,可熔极性
PAL	可编程	固定	三态,寄存器,反馈,I/O
GAL	可编程	固定	用户自定义

2.4 CPLD

CPLD 是复杂可编程逻辑器件(Complex Programmable Logic Device)的简称,是从 PAL、GAL 发展而来的阵列型密度 PLD 器件,它规模大,可以代替几十甚至上百片通用 IC。

2.4.1 传统 CPLD 的基本结构

传统 CPLD 的结构是基于乘积项"与-或"结构的,图 2-12 就是所谓的乘积项结构,它实际上就是一个"与-或"结构。可编程交叉点一旦导通,即实现了"与"逻辑,后面带有一个固定编程的"或"逻辑,这样就形成了一个组合逻辑。图 2-13 为采用乘积项结构来表示的逻辑函数 f 的示意图。图 2-13 中每一个叉(×)表示相连(可编程熔丝导通),可以得到:

$$f = f1 + f2 = AC\overline{D} + BC\overline{D}$$

从而实现了一个简单的组合逻辑电路。

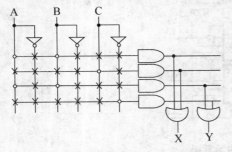

图 2-12 乘积项的基本表示方式

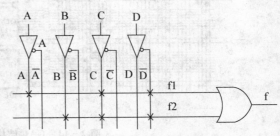

图 2-13 乘积项结构示意图

图 2-14 为一个真实(MAX 7000S 系列器件)CPLD 乘积项结构图,该结构中主要包括逻辑阵列块 LAB(Logic Array Block)、宏单元(macrocells)、扩展乘积项 EPT (Expander Product Terms)、可编程连线阵列 PIA(Programmable Interconnect Array)和 I/O 控制块 IOC(I/O Control blocks)。图 2-14 中每 16 个宏单元组成一个逻辑阵列块,可编程连线负责信号的传递,连接所有的宏单元,I/O 控制块负责输入/输出的电气特性控制,比如设定集电极开路输出、摆率控制、三态输出等;全局时钟(global clock)INPUTGCLK1、带高电平使能的全局时钟 INPUTOC2GCLK2、使能信号 INPUT/OE1 和清零信号 INPUT/GCLRn,通过 PIA 及专用连线与 CPLD 中的每个宏单元相连,这些信号到每个宏单元的延时最短并且相同。

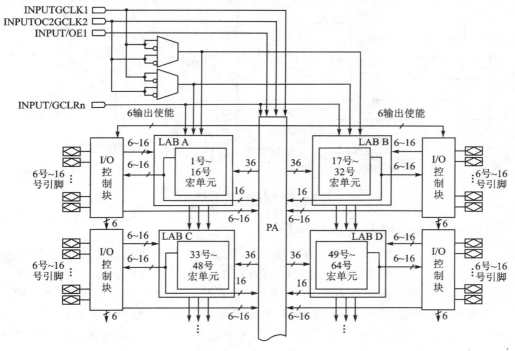

图 2-14 传统 CPLD 的内部结构

宏单元是 CPLD 的基本结构,用来实现各种具体的逻辑功能,宏单元由逻辑阵列、乘积项选择矩阵和可编程触发器构成,其结构如图 2-15 所示。图 2-15 中左边的逻辑阵列是一个"与-或"阵列,连线阵列 PIA 的每一个交点都是一个可编程熔丝,如果导通就实现"与"逻辑,其后的乘积项选择矩阵是一个"或"阵列,两者一起完成组合逻辑。每个宏单元提供 5 个乘积项。通过乘积项选择矩阵实现这 5 个乘积项的逻辑函数,或者使这 5 个乘积项作为宏单元的触发器的辅助输入(清除、置位、时钟和时钟使能)。每个宏单元的一个乘积项还可以反馈到逻辑阵列。宏单元中的可编程触发器可以被单独编程为 D、T、JK 或 RS 触发器,可编程触发器还可以被旁路掉,使信号直接输出给 PIA 或 I/O 引脚,用以实现纯组合逻辑方式工作。

大部分的 CPLD 采用基于乘积项的 PLD 结构,如 Altera 公司的 MAX 系列,Xilinx 公司的 XC9500 和 CoolRunner 系列,Lattice 公司的 ispMACH4K 系列等。这些系列产品的大体结构都比较相似,基本上采用的都是 180～300 nm 的工艺技术,I/O 数量较少,采用 TQFP 封装较多,静态电流比较大,多采用两种供电电压,即 5 V 和 3.3 V。

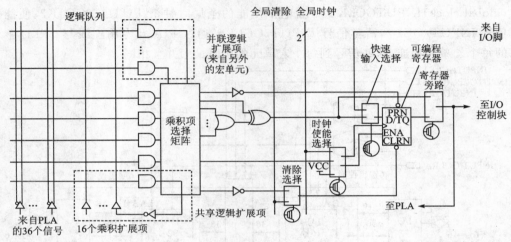

图 2-15   CPLD 宏单元结构图

2.4.2   最新 CPLD 的基本结构

随着科技的发展,电子线路越来越复杂,PCB 的集成度越来越高,以前采用分立元件就可以实现的一些功能不得不集成到 CPLD 中来;另外一方面,科技的发展带来了许多对 CPLD 新的功能需求,传统 CPLD 的发展遇到了瓶颈——现有的 CPLD 硬件结构既不能满足设计的速度要求,也满足不了设计的逻辑要求。这样不得不要求 CPLD 从硬件上进行变革,而最好的参考就是 FPGA,它不仅内嵌的逻辑数量巨大,而且实现的速度比传统 CPLD 提高了几个数量级。

进入 21 世纪后,电子技术的发展使得 CPLD 和 FPGA 之间的界限越来越模糊。随着 Lattice、Altera 和 Xilinx 三大公司在这方面的不断发展,相继推出了 XO 系列(Lattice 公司)、Max II 系列(Altera 公司)和 CoolRunner II 系列(Xilinx 公司)等新产品。与传统的 CPLD 相比,这一代的 CPLD 在工艺技术上普遍采用 130～180 nm 的技术,结合了传统 CPLD 非易失和瞬间接通的特性,同时创新性地应用了原本只用于 FPGA 的查找表结构,突破了传统宏单元器件的成本和功耗限制。这些 CPLD 较传统 CPLD 而言,不仅功耗降低了,而且逻辑单元数(也就是等价的宏单元数)也大大增加了,工作速度也大有提高。从封装的角度来看,最新的 CPLD 结构有着许多种不同的封装形式,包括 TQFP 和 BGA 封装等。最新的 CPLD 还对传统的 I/O

引脚进行了优化,面向通用的低密度逻辑应用。设计人员甚至可以用这些 CPLD 来替代低密度的 FPGA、ASSP 和标准逻辑器件等。限于篇幅,各公司最新 CPLD 产品信息可参考各公司官网上的相关产品白皮书。

2.5　FPGA

FPGA 是基于查找表结构的 PLD 器件,由简单的查找表组成可编程逻辑门,再构成阵列形式,通常包含 3 类可编程资源:可编程逻辑块、可编程 I/O 块、可编程内连线。可编程逻辑块排列成阵列,可编程内连线围绕逻辑块。FPGA 通过对内连线编程,将逻辑块有效组合起来,实现用户要求的特定功能。

现场可编程逻辑门阵列 FPGA,与 PAL、GAL 从器件相比,它的优点是可以实时地对外加或内置的 RAM 或 EPROM 编程,实时地改变器件功能,实现现场可编程(基于 EPROM 型)或在线重配置(基于 RAM 型),是科学实验、样机研制、小批量产品生产的最佳选择器件。

2.5.1　传统 FPGA 的基本结构

FPGA 在结构上包含三类可编程资源:可编程逻辑功能块(CLB Configurable Logic Block),可编程 I/O 块(IOB I/O Block)和可编程内部互连(IR Interconnect Resource)。如图 2-16 所示,可编程逻辑功能块是实现用户功能的基本单元,它们通常排列成一个阵列,散布于整个芯片;可编程 I/O 块完成芯片上逻辑与外部封装脚的接口,常围绕着阵列于芯片四周;可编程内部互连包括各种长度的线段和编程连

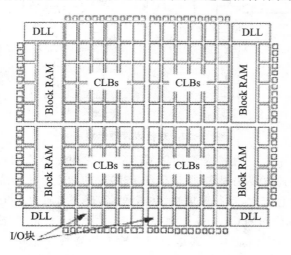

图 2-16　FPGA 的基本结构

接开关,它们将各个可编程逻辑块或 I/O 块连接起来,构成特定功能的电路。不同厂家生产的 FPGA 在可编程逻辑块的规模、内部互连线的结构和采用的可编程元件上存在较大的差异。较常用的是 Xilinx 和 Altera 公司的 FPGA 器件。

查找表型 FPGA 的可编程逻辑功能块是查找表 LUT(Look - Up - Table),由查找表构成函数发生器,通过查找表来实现逻辑函数。LUT 本质上就是一个 RAM,N 个输入项的逻辑函数可以由一个 2N 位容量的 RAM 实现,函数值存放在 RAM 中,RAM 的地址线起输入线的作用,地址即输入变量值,RAM 输出为逻辑函数值,由连线开关实现与其他功能块的连接。

目前查找表型 FPGA 产品有 Altera 的 FLEX 10、Cyclone、Cyclone II 系列,Xilinx 的 Spartan、Virtex 系列等。这些产品中多使用 4 输入的 LUT,所以每一个 LUT 可以看成一个有 4 位地址线的 16×1 存储器。如图 2 - 17 所示,用查找表实现 Q= AC·NOT(D) +BC·NOT(D),这个存储器里面存储了所有可能的结果,然后由输入来选择哪个结果应该输出。用户通过原理图或者 HDL 语言来描述一个逻辑电路时,CPLD/FPGA 的综合软件和布局布线软件会自动计算逻辑电路中所有可能的结果,并且把结果事先写入 RAM。这样对输入信号进行逻辑运算就相当于输入一个地址进行查表,找出并输出地址对应的内容。

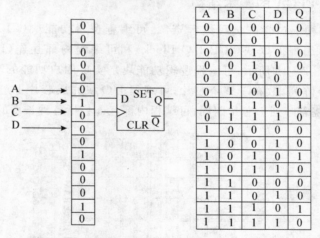

图 2 - 17　查找表逻辑示意图

传统的 FPGA 由于采用的是不同于 CPLD 的乘积项结构的查找表结构,RAM 的速度比与非门的速度要快很多,所以传统 FPGA 的速度会比传统 CPLD 的速度快很多。而且它们的容量大,运行速度快,集成度高,I/O 引脚多,I/O 电平复杂,IP 丰富。不论是 Altera 公司的 Cyclone 系列、Lattice 公司的 XP 系列,或是 Xilinx 公司的 Spartan 3 系列产品,它们基本上都是采用 4 输入的查找表结构。下面以 Altera 的 Cyclone 系列 FPGA 芯片为例来说明传统的 FPGA 的结构特点。

逻辑单元 LE 是 Cyclone 系列 FPGA 芯片的最小单元。如图 2 - 18 所示,每个

LE 含有一个 4 输入的查找表 LUT、一个可编程的具有同步使能的触发器、进位链和级联链。LUT 是一种函数发生器,它能快速计算 4 个变量的任意函数。每个 LE 可驱动局部以及快速通道的互连。

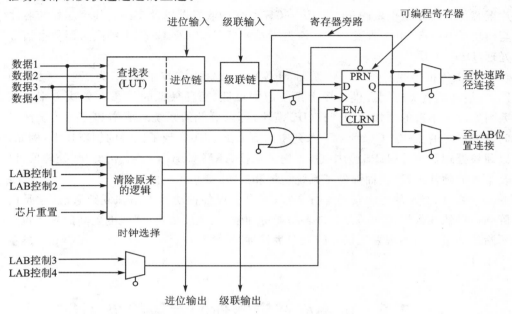

图 2 - 18　Cyclone 系列器件的 LE

LE 中的可编程触发器可设置成 D、T、JK 或 RS 触发器。该触发器的时钟、清除和置位控制信号可由专用的输入引脚、通用 I/O 引脚或任何内部逻辑驱动。对于纯组合逻辑,可将该触发器旁路,LUT 的输出直接驱动 LE 的输出。

由于 LUT 主要适合用 SRAM 工艺生成,因此目前大部分 FPGA 都是基于 SRAM 工艺,而基于 SRAM 工艺的芯片在掉电后信息就会丢失,必须外加一片专用的配置芯片,上电时由该专用配置芯片把数据加载到 FPGA 中,FPGA 才可以正常工作。

2.5.2　最新 FPGA 的基本结构

目前 FPGA 设计已经进入了 28～90 nm 工艺设计阶段,人们对速度和性能的要求不断提高,特别是最近新的协议层出不穷,许多协议的速度已经接近甚至超过 10 GHz,如 PCI E3.0 等,这就要求在传统 FPGA 的硬件结构上进行一系列变革。

一方面,针对传统 FPGA 安全性差的特点,许多 FPGA 嵌入了 Flash;另一方面,针对速度的提高和容量的增大,FPGA 开始寻求使用与传统 4 输入的查找表相比更快的 6 输入的查找表构成 FPGA 的基本逻辑单元,通过采用 6 输入的查找表可以在提高逻辑密度的同时提高运行的速度。例如,2004 年 Altera 公司在 Stratix II 和 Stratix II GX 型 FPGA 中引入了自适应逻辑模块(ALM)体系结构,采用了高性能

8 输入分段式查找表（LUT）来替代 4 输入 LUT，这也是 Altera 目前最新的高端 FPGA 所采用的结构；2010 年 Altera 公司推出了 Stratix V 的 FPGA，在所有 28 nm FPGA 中实现了最大带宽和最高系统集成度，非常灵活，器件系列包括兼容背板，芯片至芯片和芯片至模块的 14.1 Gb/s(GS 和 GX)收发器以及支持芯片至芯片和芯片至模块的 28.05 Gb/s 收发器，950K 逻辑单元(LE)，以及 3 926 个精度可调数字信号处理(DSP)模块。

2011 年推出的 Cyclone V 系列 FPGA 基于 28 nm 技术设计，为工业、无线、固网、广播和消费类应用提供市场上系统成本最低、功耗最低的 FPGA 解决方案。该系列集成了丰富的硬核知识产权(IP)模块，可以更低的系统总成本和更短的设计时间完成更多的工作。Cyclone V 系列中的 SoC FPGA 实现了独特的创新技术，例如，以硬核处理器系统(HPS)为中心，采用了双核 ARM Cortex - A9 MPCore 处理器，以及丰富的硬件外设，从而降低了系统功耗和成本，减小了电路板面积。

总之，FPGA 的逻辑资源十分丰富，可以实现各种功能电路和复杂系统，它是门阵列市场快速发展的一部分。许多功能更加强大、速度更快、集成度更高的芯片也在不断的问世。为实现系统设计的进一步目标"系统芯片(SoC,System on Chip)"准备了条件。

2.6 可编程逻辑器件的发展趋势

可编程逻辑器件正处于高速发展的阶段。新型的 FPGA/CPLD 规模越来越大，成本越来越低。高性价比使可编程逻辑器件在硬件设计领域扮演着日益重要的角色。低端 CPLD 已经逐步取代了 74 系列等传统的数字元件，高端的 FPGA 也在不断地夺取 ASIC 的市场份额，特别是目前大规模 FPGA 多数支持可编程片上系统(SOPC)，与 CPU 或 DSP Core 的有机结合使 FPGA 替代传统的硬件电路设计手段，逐步升华为系统级实现工具。

下一代可编程逻辑器件硬件上的发展趋势可总结如下：最先进的 ASIC 生产工艺将被更广泛地应用于以 FPGA 为代表的可编程逻辑器件；越来越多的高端 FPGA 产品将包含 DSP 或 CPU 等处理器内核，从而 FPGA 将由传统的硬件设计手段逐步过渡为系统级设计平台；FPGA 将包含功能越来越丰富的硬核(Hard IP Core)，与传统 ASIC 进一步融合，并通过结构化 ASIC 技术加快占领部分 ASIC 市场；低成本 FPGA 的密度越来越高，价格越来越合理，将成为 FPGA 发展的中坚力量。这 4 个发展趋势可简称为先进工艺、处理器内核、硬核与结构化 ASIC、低成本器件。

2.6.1 先进工艺

FPGA 本身是一款 IC 产品。从最早的可编程阵列逻辑 PAL 和通用阵列逻辑

GAL 发展到复杂可编程逻辑器件 CPLD,直至今日可以完成超大规模的复杂组合逻辑与时序逻辑的现场可编程逻辑器件 FPGA,只用了短短的几十年时间。一方面可编程逻辑器件的应用场合越来越广泛,设计者对 FPGA 等可编程逻辑器件提出了更苛刻的要求,希望 CPLD/FPGA 的封装越来越小,速度越来越快,器件密度越来越高,有丰富的可编程单元可供使用,并要求基础功能强大的 ASIC 硬核,以便实现复杂系统的单片解决方案。另一方面,CPLD、FPGA 等可编程逻辑器件的可观利润又要求生产商不断降低器件成本,从而在激烈的市场竞争中立于不败之地。这一切就要求可编程器件生产商不断将最新、最尖端的 IC 设计方法与制造工艺运用于 CPLD/FPGA 的新产品中。

在工艺上第一个显著的进步是 90 nm CMOS 芯片加工工艺被越来越广泛地应用于 FPGA 产品中。目前比较成熟的 CMOS 加工工艺为 0.35 μm、0.25 μm、0.18 μm、0.13 μm 等,90 nm、65 nm、60 nm、40 nm 生产工艺是在 18 年前提出的 IC 工艺,与以往工艺尺寸相比,90 nm 工艺面临着几个方面的挑战:工艺复杂度;因漏电电流(leakage current)而造成的功耗扩散(power dissipation);器件密度;噪声干扰;可靠性;时钟频率;可生产性。

直到 2004 年,90 nm 工艺才逐步成熟并大规模应用,目前如 Intel、AMD、Fujitsu、UMC、TSMC、LSI Logic、NEC、TI 和 Toshiba 等代工厂都宣称成功掌握了 90 nm 制造技术。对于 FPGA 而言,采用 90 nm 等先进 IC 加工工艺意味着如下 3 方面进步。

①器件密度提高。90 nm CMOS 工艺与目前采用的 0.13 μm 工艺相比,在相同的晶元尺寸(die size)上可以多集成近 1 倍的晶体管,为制造超大规模 FPGA 提供了技术可能。目前市场上最大的 FPGA 已经包含超过 110K 个 4 输入 LUT 和 Register,其等效系统门超过一千万门。而且随着工艺的不断发展,会出现规模更加庞大的 FPGA,在这类超大规模 FPGA 上可以完成复杂系统的设计,强有力地支持了 FPGA 的系统级应用。

②工作频率提高。90 nm 工艺因电子的跃迁距离变短而在一定程度上使 FPGA 的工作频率更高。结合目前的许多其他 IC 设计技术,如低介电常数(low K dielectric)和全铜层(copper metal)等工艺,使 FPGA 的工作频率提升 30% 以上。Altera、Lattice 和 Xilinx 这 3 家主流可编程器件生产商都采用了上述先进设计工艺,某些高端 FPGA 的最高工作频率可达到 500 MHz。高的工作频率,配合高速 I/O,使 FPGA 除了能适应传统的数字系统设计需求,也适用于高速数字系统设计,为 FPGA 在高速领域中取代传统 ASIC 提供技术上的支持。

③器件价格降低。采用 90 nm 工艺的 FPGA 在对等系统门条件下比传统 130 nm 工艺 FPGA 的 die size 要小得多。而 die size 是 FPGA 生产成本的决定性因素,所以可以大胆地预测,随着 90 nm 工艺的成熟,在保证良品率的前提下,FPGA 的生产成本将大幅度降低,因而在激烈的市场竞争条件下,未来 FPGA 的价格会越

来越低廉,未来 FPGA 再也不是高端数字系统的专宠,FPGA 设计技术将渗透到数字逻辑电路的高、中、低各个领域。

三大器件制造商在自己的新型器件上都逐步采用了 90 nm、low K dielectric 和 copper metal 等制造工艺,Altera 目前已经采用这些先进工艺的 FPGA 器件族是 Stratix II;Lattice 目前已经采用这些先进工艺的 FPGA 器件族是 SC;Xilinx 目前已经采用这些先进工艺的 FPGA 器件族是 Spartan 3。

2.6.2　处理器内核

电路设计主要有偏硬和偏软两种应用。偏硬的应用即数字逻辑硬件电路,其特点是要求信号实时或高速处理,处理调度相对简单,前面已经提到 CPLD/FPGA 已经逐步取代传统数字逻辑硬件电路,成为偏硬部分的主要设计手段;偏软的应用即数字逻辑运算电路,其特点是电路处理速度要求相对较低,允许一定的延时,但是处理调度相对复杂,其主要设计手段是 CPU 或者 DSP。偏硬电路的核心特点是实时性要求高,偏软电路的核心特点是调度复杂。

偏硬和偏软的两种电路是可以互通的,比如目前有一些高速 DSP,其工作频率达到千兆级,高速的运算速度使其延时与传统硬件并行处理方式可以比拟。而在 FPGA 内部也可以用 Register 和 LUT 实现微处理器以完成比较复杂的调度运算,但是将消耗很多的逻辑资源。所以目前有一个市场趋势,即 FPGA 和 DSP(或 CPU)互相抢夺应用领域,如在第 3 代移动通信(3G)领域有 3 种解决方案,分别为纯 ASIC 或 FPGA,FPGA(或 ASIC)加 DSP,纯 DSP。其实究竟选择哪种系统方案的关键是看系统灵活性、实时性等指标的要求。

FPGA 和 DSP(或 CPU)等处理器既有竞争的一面,也有互相融合的一面。比如目前很多高端 FPGA 产品都集成了 DSP 或 CPU 的运算 Block,如 Altera 的 Stratix/Stratix GX/Stratix II 系列 FPGA 集成了 DSP Core,配合通用逻辑资源可以实现 Nios 等微处理器功能,另外 Altera 还与 ARM 公司积极合作,在其 FPGA 上实现双核 ARM Cortex - A9 MPCore 处理器的功能,Altera 的 SOPC 设计工具为 DSP Builder、SOPC Builder 及 Qsys;Lattice 的 ECP 系列 FPGA 中的 DSP Block 和 Altera Stratix 系列 FPGA 内嵌 DSP Block 结构基本一致,其功能也十分相似,Lattice 的 DSP 设计工具是 Matlab 的 Simulink;Xilinx 的 Virtex 2/Virtex 2 Pro 系列 FPGA 中集成了 PowerPC 450 的 CPU Core,可以实现如 PowerPC、Micro Blaze 等处理器 Core,Xilinx Virtex 4 系列器件族同时集成了 DSP Block 和 PowerPC Block,Xilinx 的 SOPC 开发工具是 EDK 和 Platform Studio,另外 Xilinx 的低成本 FPGA Spartan 3 系列器件族虽然没有集成 DSP 或 CPU Block,但是却内嵌了大量高速乘法器的 Hard Core。需要注意的是,Altera、Xilinx 都是在其高端 FPGA 器件内嵌 DSP/CPU Block,只有 Lattice 另辟蹊径,在其低成本 FPGA 上内嵌了 DSP Block,这两种不同目标市场的 FPGA 内嵌 DSP/CPU 解决方案为用户提供了更贴切的选择。

必须强调的是,这类内嵌在 FPGA 之中的 DSP 或 CPU 处理模块的硬件,主要由一些加、乘、快速进位链、Pipelining 和 Mux 等结构组成,加上用逻辑资源和 RAM 块实现的软核部分,就组成了功能较强大的软计算中心。但是由于其并不具备传统 DSP 和 CPU 的各种译码机制、复杂的通信总线、灵活的中断和调度机制等硬件结构,所以还不是真正意义上的 DSP 或 CPU。如果要实现完整的 Nios II、ARM、PowerPC 和 Micro Blaze 等处理器 Core,还需要消耗大量的 FPGA 逻辑资源。在应用这类 DSP 或 CPU Block 时应该注意其结构特点,扬长避短,注意选择合适的应用场合。这种 DSP 或 CPU Block 比较适合实现 FIR 滤波器、编码解码、FFT(快速傅立叶变换)等运算。对于某些应用,通过在 FPGA 内部实现多个 DSP 或 CPU 运算单元并行运算,其工作效率可以达到传统 DSP 和 CPU 的几百倍。

FPGA 内部嵌入 CPU 或 DSP 等处理器,使 FPGA 在一定程度上具备了实现软硬件联合系统的能力,FPGA 正逐步成为 SoC 的高效设计平台。

2.6.3　硬核与结构化 ASIC

高端 FPGA 的另一个重要特点是集成了功能丰富的 Hard IP Core(硬知识产权核)。这些 Hard IP Core 一般完成高速、复杂的设计标准。通过这些 Hard IP Core,FPGA 正在逐步进入一些过去只有 ASIC 才能完成的设计领域。

FPGA 一般采用同步时钟设计,ASIC 有时采用异步逻辑设计;FPGA 一般采用全局时钟驱动,ASIC 一般采用门控时钟树驱动;FPGA 一般采用时序驱动方式在各级专用布线资源上灵活布线,而 ASIC 一旦设计完成后,其布线固定。正是因为这些显著区别,ASIC 设计与 FPGA 设计相比有以下优势:

① 功耗更低。ASIC 由于其门控时钟结构和异步电路设计方式,功耗非常低。这点对于一些简单设计并不明显,但是对于大规模器件和复杂设计就变得十分重要。目前有些网络处理器 ASIC 的功耗在数十瓦特以上,如果用超大规模 FPGA 完成这类 FPGA 设计,其功耗将不可思议。

② 能完成高速设计。ASIC 适用的设计频率范围比 FPGA 广泛得多。目前 FPGA 宣称的最快频率不过 500 MHz,而对于大规模器件,资源利用率高一些的设计想达到 250 MHz 都是非常困难的。而很多数字 ASIC 的工作频率在 10 GHz 以上。

③ 设计密度大。由于 FPGA 的底层硬件结构一致,在实现用户设计时会有大量单元不能充分利用,所以 FPGA 的设计效率并不高。与 ASIC 相比,FPGA 的等效系统门和 ASIC 门的设计效率比约为 1:10。

ASIC 与 FPGA 相比的这 3 个显著优势将传统 FPGA 排除在很多高速、复杂、高功耗设计领域之外。但 FPGA 与 ASIC 相比的优点又十分明显,其优点如下:

① FPGA 比 ASIC 设计周期短。FPGA 的设计流程比 ASIC 简化许多,而且 FPGA 可以重复开发,其设计与调试周期比传统 ASIC 设计显著缩短。

② FPGA 比 ASIC 开发成本低。ASIC 的 NRE(Non - Recurring Engineering)

费用非常高,而且一旦 NRE 失败,必须耗巨资重新设计。加之 ASIC 开发周期长,人力成本激增,所以 FPGA 的开发成本与 ASIC 相比不可同日而语。

③ FPGA 比 ASIC 设计灵活。因为 FPGA 易于修改,可重复编程,所以 FPGA 更适用于那些不断演进的标准。

如何能使 FPGA 和 ASIC 两者扬长避短,互相融合呢? 解决方法有两种思路:一是在 FPGA 中内嵌 ASIC 模块,以完成高速、大功耗、复杂的设计部分,而对于其他低速、低功耗、相对简单的电路则由传统的 FPGA 逻辑资源完成,这种思路体现了 FP-GA 向 ASIC 的融合;另一种思路是在 ASIC 中集成部分可编程的灵活配置资源,或者继承成熟的 FPGA 设计,将之转换为 ASIC,这种思路是 ASIC 向 FPGA 的融合,被称为结构化 ASIC。

FPGA 内嵌 Hard IP Core 大大扩展了 FPGA 的应用范围,降低了设计者的设计难度,缩短了开发周期。比如在前面 FPGA 结构中提到的,在越来越多的高端 FP-GA 器件内部集成了 SERDES 的 Hard IP Core,如 Altera 的 Stratix GX 器件族内部集成了 3.1875G SERDES;Xilinx 的对应器件族是 Virtex II Pro 和 Virtex II ProX;Lattice 器件的专用 HardCore 的比重更大。有两类器件族支持 SERDES 功能,分别是 Lattice 高端 SC 系列 FPGA 和现场可编程系统芯片 FPSC。另外很多针对通信领域的高端 FPGA 中还集成了许多支持 SONET/SDH、3G、PCI 和 ATCA 等多种标准的应用单元,以及 QDR/DDR 控制器等通用典型硬件单元。

结构化 ASIC 的形式多种多样。与 FPGA 相关的形式主要有两种:一种是如 Altera 的 HardCopy 和 Xilinx 的 EasyPath 的设计方法,另一种是如 Lattice 的 MA-CO 的设计方法。前者的基本思路是:对于某个成熟的 FPGA 设计,将其中没有使用的时钟资源、布线资源、专用 Hard IP Core、Block RAM 等资源简化或者省略,使 FPGA 成为满足设计需求的最小配置,从而降低了芯片面积,简化了芯片设计,节约了生产成本。后者的基本思路是:将成熟的 Soft IP Core 转换为 ASIC 的 Hard IP Core,在 FPGA 的某些层专门划分出空白的 ASIC 区域,称作 MACO,调试完成后,将设计中所用到的 Soft IP Core 对应的 Hard IP Core 适配到 MACO 块中,从而减少了通用逻辑资源的消耗,则可以选取规模较小的 FPGA 完成较复杂的高速设计。

总之,市场趋势是 FPGA 设计与 ASIC 设计技术进一步融合,FPGA 通过 Hard IP Core 和结构化 ASIC 之路加快占领传统 ASIC 市场份额。

2.6.4 低成本器件

低成本是 FPGA 发展的另一个主要趋势。FPGA/CPLD 因其价格昂贵,以前仅应用在高端数字逻辑电路,特别是一些通信领域。但是高端应用毕竟曲高和寡,CPLD/FPGA 器件商发现最大的市场份额存在于中低端市场,于是推出低成本的 CPLD 和 FPGA。CPLD 目前发展已经日趋成熟,其价格也逐步合理,从 16 个 MC (宏单元)到 512 个 MC 的 CPLD 价格从十几块人民币到几十块人民币不等。目前竞争最激烈的是低端 FPGA 市场。

低端 FPGA 简化掉了高端 FPGA 的许多专用和高性能电路,器件密度一般从几千个 LE(1 个 LUT4＋1 个 Register)到数万个 LE,器件的内嵌 Block RAM 一般较少,器件 I/O 仅支持最通用的一些电路标准,器件 PLL 或 DLL 的适用范围较低,器件工作频率较低。但是这些低端 FPGA 器件已经能够满足决大多数市场需求。Altera 的低端 FPGA 主要有 5 个系列,传统的 Cyclone 系列,改进后的低成本、高性能 Cyclone II、Cyclone III、Cyclone IV、Cyclone V 系列,以及 Max II 系列(虽 Max II 的市场定位是针对 CPLD 市场,但是因其结构仍然为 4 输入 LUT 和寄存器结构,所以其本质是规模非常小的 FPGA);Lattice 的低端 FPGA 主要有 3 个系列,EC 系列、ECP 系列(低成本 FPGA 加上 DSP Block)、XP 系列(SRAM 加 Flash 工艺,内嵌程序存储空间);Xilinx 的低端 FPGA 主要有 3 个系列,传统的 Spartan 系列(Spartan、Spartan XL 等),Spartan 2 系列(包括 Spartan 2E 器件族等),以及最新推出的 Spartan 3 系列。目前低端市场的竞争非常激烈,随着低成本器件的不断推陈出新,FPGA 将渗透到数字电路的各个领域,特别是工业、无线、固网、广播和消费类应用等领域。电路设计将逐步走向归一化,一般数字逻辑系统将由 CPU、DSP、CPLD/FPGA 等主要器件构成。

本章小结

可编程逻辑器件 PLD(Programmable Logic Device)是目前数字系统设计的主要硬件基础,简单 PLD 主要指早期的可编程逻辑器件,它们是可编程只读存储器 PROM、可编程逻辑阵列 PLA、可编程阵列逻辑 PAL、通用阵列逻辑 GAL。CPLD 是由 GAL 发展而来,是基于乘积项结构的 PLD 器件,可以看作是对原始可编程逻辑器件的扩充。FPGA 是基于查找表结构的 PLD 器件,由简单的查找表组成可编程逻辑门,再构成阵列形式,功能由逻辑结构的配置数据决定。本章主要内容有:

① 可编程逻辑器件的发展历程及特点。20 世纪 70 年代中期出现 PLA(Programmable Logic Array,可编程逻辑阵列),它由可编程的"与"阵列和可编程的"或"阵列组成;20 世纪 70 年代末,推出 PAL(Programmable Logic Array,可编程阵列逻辑),它由可编程的"与"阵列和固定的"或"阵列组成;20 世纪 80 年代初,Lattice 公司发明了 GAL,采用输出逻辑宏单元(OLMC)的形式和 E^2CMOS 工艺,具有可擦除、可重复编程,数据可长期保存和可重新组合结构等特点;20 世纪 90 年代以后,随着工艺的发展,CPLD/FPGA 便应运而生。

② 可编程逻辑器件分类。按集成度 PLD 可分为低密度可编程逻辑器件和高密度可编程逻辑器件;按编程特性 PLD 可分为一次性编程 OTP(One Time Programmable) PLD 和可多次编程 PLD;可编程逻辑器件从结构上可分为乘积项结构器件和查找表结构器件。

③ 介绍了简单 PLD 原理和结构。简单 PLD 原理主要指早期的可编程逻辑器件,它们是可编程只读存储器 PROM、可编程逻辑阵列 PLA、可编程阵列逻辑 PAL、通用阵列逻辑 GAL。

④ 介绍了 CPLD 及其乘积项结构的原理和主要 CPLD 器件电路结构。介绍了 FPGA 及其查找表结构的原理和主要 FPGA 器件。

⑤ 最后介绍了下一代可编程逻辑器件硬件上的四大发展趋势:先进工艺、处理器内核、硬核与结构化 ASIC、低成本器件。随着设计的复杂度越来越高,设计工艺也越来越先进,CPLD/FPGA 的硬件结构也在不断向前发展,CPLD/FPGA 之间也在不断融合。另外,不同厂商的 CPLD/FPGA 的硬件结构也有不同,在具体设计时需要找到相关的文档进行了解。

思考与练习

2-1　试述 PROM、EPROM 和 E^2PROM 的特点。

2-2　用 EPROM 实现下列多输出函数,画出阵列图。

(1) F1$=\overline{B}\,\overline{C}\,\overline{D}+\overline{A}\,BC+A\,\overline{BC}+\overline{A}BD+ABD$;

(2) F2$=B\,\overline{D}+A\,BD+\overline{AC}\,\overline{D}+\overline{A}\,B\,\overline{D}+A\,\overline{BC}\,\overline{D}$;

2-3　用适当规模的 EPROM 设计 2 位二进制乘法器,输入乘数和被乘数分别为 A[1..0] 和 B[1..0],输出为 4 位二制数 C[3..0],并说明所用 EPROM 的容量。

2-4　试用 EPROM 设计一个 3 位二进制数乘方电路。

2-5　用 ROM 实现下列代码转换器:

(1) 二进制码至 2421 码;

(2) 循环码至余 3 码;

(3) 6 位二进制码至 8421 码。

2-6　试用 EPROM 设计一个字符发生器,发生的字符为 H。

2-7　用 GALL6V8 实现题 2-2 的多输出函数。

2-8　试设计一个用 PAL 实现的比较器,用来比较两个 2 位二进数 A1A0 和 B1B0 时,当 A1A0＞B1B0 时 Y1＝1;当 A1A0＝B1B0 时,Y2＝1;当 A1A0＜B1B0 时,Y3＝1。

2-9　用适当的 PAL 器件设计一个 3 位二进制数乘方电路。

2-10　GAL 和 PAL 有哪些异同之处?各有哪些特点?

2-11　PLD 按照集成度、结构和编程工艺分别可以分为哪几类?

2-12　传统 CPLD 的基本结构有哪些主要特点?

2-13　传统 FPGA 的基本结构有哪些主要特点?

2-14　什么是乘积项结构?什么是查找表结构?

第3章

Quartus II 开发系统

本章导读

　　本章通过 8 个实例详细介绍了 Quartus II 设计流程和设计方法,重点介绍了原理图输入、文本输入设计流程,定制元件工具 MegaWizard 管理器的使用,SignalTap II Logic Analyzer(逻辑分析仪) 的使用,最后给出了 5 个基本实验供读者练习。

学习目标

　　通过对本章内容的学习,学生应该能够做到:
- 了解:Quartus II 9.0 的特点
- 理解:Quartus II 设计流程
- 应用:掌握基于原理图输入的 Quartus II 设计,基于文本输入的 Quartus II 设计,可定制宏功能模块的 Quartus II 设计,嵌入式逻辑分析仪的使用方法

3.1　Quartus II 简介

　　Altera 的 Quartus II 是业内领先的 PLD 设计软件,具有全面的开发环境,实现无与伦比的性能表现。也是 Altera 公司继 MAX＋plus II 之后,开发的一种针对其公司生产的 CPLD/FPGA 系列器件的设计、仿真、编程的工具软件。本章以 Quartus II 9.0 为例,介绍 Quartus II 9.0 软件的特点和使用方法,及其在数字系统设计中的应用。

3.1.1　Quartus II 9.0 的特点

　　Quartus II 9.0 是 Altera 公司 2009 年推出的新一代 PLD 开发集成环境,可在多种平台运行,具有开放性、与结构无关、多平台、完全集成化、丰富的设计库、模块化工具、支持各种 HDL、易学易用等特点。

　　Quartus II 9.0 是功能最强、兼容性最好的 EDA 工具软件,它完全取代 Max＋

plus II 10.2。软件提供完善的用户界面设计方式；支持 Altera 的 IP 核，包含 LPM/
MegaFunction 宏功能模块库；包含 SignalTap II、Chip Editor 和 RTL View 等设计
辅助工具，集成了 SOPC 和 HardCopy ASIC 设计工具；通过 DSP Builder 工具与
Matlab/Simulink 相结合，可以方便实现各种 DSP 应用；支持第三方 EDA 开发工具。
其快速重新编译新特性使 Quartus II 9.0 软件能够进一步缩短设计编译时间，而且
还支持 Altera 最新发布的 Cyclone IV FPGA 。其 Nios II 软件开发工具开始支持
Eclipse，OS 支持 Linux SUSE 10，提高了软件开发效率。

3.1.2　Quartus II 系统安装许可与技术支持

要使用 Altera 提供的软件，需要设置并获取 Altera 订购许可。Altera 提供多种
类型的软件订购。客户在购买选定开发工具包时，将收到用于 PC 的 Quartus II 软
件免费版本，并获得有关该软件许可的指令。如果没有有效的许可文件，应请求新的
许可文件；然而，还可以选择 30 天试用版，用以评估 Quartus II 软件，但它没有编程
文件支持。要使用 30 天试用版，在启动 Quartus II 软件后，请选择 Enable 30 - day
evaluationperiod 选项。30 天试用期结束后，客户必须取得有效的许可文件才能使
用该软件。

Quartus II 软件分为 Quartus II 订购版软件和 Quartus II 网络版软件。

Quartus II 网络版是 Quartus II 软件的免费入门级版本，支持选定器件。可以
从 Altera 网站 www. altera. com 获取 Quartus II 网络版软件，或从设计软件入门套
件 CD 光盘上直接安装。Quartus II 订购版软件目前最高版本为 Quartus II 11.1。
本书采用的是 Quartus II 9.0。

以下给出获取 Quartus II 软件许可的基本步骤：

① 启动 Quartus II 软件后，如果软件检测不到有效的 ASCII 文本许可文件 li-
cense. dat，将出现含 Request updated license file from the web 选项的提示信息。此
选项显示 Altera 网站的"许可"部分，它允许请求许可文件。如果想稍后请求许可文
件，可以进入 Altera 网站 www. altera. com/licensing 的"许可"部分。

② 选择相应许可类型的链接。

③ 指定请求的信息。

④ 通过电子邮件收到许可文件之后，将其保存至系统的一个目录中。

⑤ 如有必要，可以修改许可文件。

⑥ 为系统设置和配置 FLEXlm 许可管理器、服务器。

如果启动 Quartus II 软件，但尚未指定许可文件位置，将出现 Specifyvalid li-
cense file 选项。此选项显示 Options 对话框（Tools 菜单）的 License Setup 选项卡。
还可以在 Windows NT、Windows 2000 或 Windows XP 的系统控制面板中或 UNIX
和 Linux 工作站的. cshrc 文件中指定许可文件。

3.1.3 Quartus Ⅱ 设计流程

Quartus Ⅱ 软件拥有 FPGA 和 CPLD 设计的所有阶段的解决方案。Quartus Ⅱ 软件允许在设计流程的每个阶段使用 Quartus Ⅱ 图形用户界面、EDA 工具界面或命令行界面。Quartus Ⅱ 设计的流程图如图 3-1 所示,可以使用 Quartus Ⅱ 软件完成设计流程的所有阶段。其设计流程主要包含设计输入、综合、布局布线、仿真、时序分析、仿真、编程和配置。

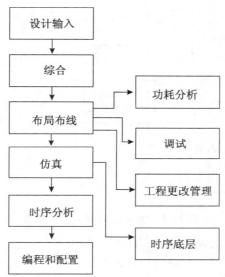

图 3-1　Quartus Ⅱ 设计的流程

1. 设计输入〔Design Entry〕

Quartus Ⅱ 软件的工程由所有设计文件和与设计有关的设置组成。设计者可以使用 Quartus Ⅱ Block Editor、Text Editor、MegaWizard Plug-In Manager（Tools 菜单）和 EDA 设计输入工具,建立包括 Altera 宏功能模块、参数化模块库（LPM）函数和知识产权（IP）函数在内的设计。可以使用 Settings 对话框（Assignments 菜单）和 Assignment Editor 设定初始设计约束条件。图 3-2 给出了 Quartus Ⅱ 常见的设计输入流程。

（1）块编辑器（Block Editor）

块编辑器主要用于原理图的形式输入和编辑图形设计信息。Quartus Ⅱ Block Editor 读取并编辑原理图设计文件和 MAX+plus Ⅱ 图形设计文件。可以在 Quartus Ⅱ 软件中打开图形设计文件,并将其另存为原理图设计文件。

每个原理图设计文件包含块和符号,这些块和符号代表设计中的逻辑,Block Editor 将每个流程图、原理图或符号代表的设计逻辑融合到工程中。可以用原理图设计文件中的块建立新设计文件,可以在修改块和符号时更新设计文件,也可以在原

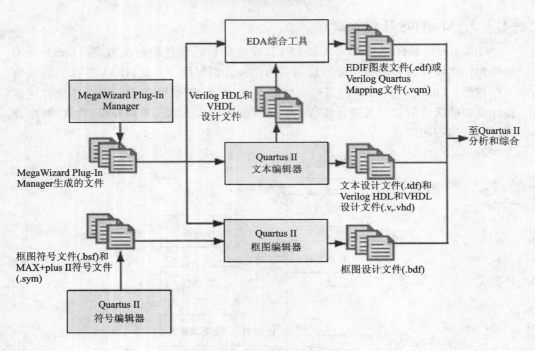

图 3 - 2   Quartus II 设计输入流程

理图设计文件的基础上生成块符号文件（.bsf）和 HDL 文件，还可以在编译之前分析原理图设计文件是否出错。块编辑器还提供有助于设计者在原理图设计文件中连接块和基本单元（包括总线和节点连接以及信号名称映射）的一组工具。可以更改块编辑器的显示选项，如更改导向线和网格间距、橡皮带式生成线、颜色和屏幕元素、缩放以及不同的块和基本单元属性。块编辑器的以下功能，可以帮助设计者在 Quartus II 软件中建立原理图设计。

① 对 Altera 提供的宏功能模块进行实例化。MegaWizard Plug - In Manager（Tools 菜单）用于建立或修改包含宏功能模块自定义变量的设计文件。这些自定义宏功能模块变量是基于 Altera 提供的包括 LPM 函数在内的宏功能模块。宏功能模块以原理图文件中的符号块表示。

② 插入块和基本单元符号。流程图使用称为块的矩形符号代表设计实体，以及相应的已分配信号，在从上到下的设计中很有用。块是用代表相应信号流程的管道连接起来的。可以将流程图专用于工程的设计，也可以将流程图与图形单元相结合。Quartus II 软件提供可在块编辑器中使用的各种逻辑功能符号，包括基本单元、参数化模块库（LPM）函数和其他宏功能模块。

③ 从块或原理图设计中建立文件。若要层次化设计工程，可以在块编辑器中使用 Create/Update 命令（File 菜单），从原理图设计文件中的块开始，建立其他原理图设计文件、AHDL 包含文件、Verilog HDL 和 VHDL 设计文件以及 Quartus II 块符

号文件。还可以从原理图设计文件本身建立 Verilog 设计文件、VHDL 设计文件和块符号文件。

（2）符号编辑器（Symbol Editor）

符号编辑器用于查看和编辑代表宏功能、宏功能模块、基本单元或设计文件的预定义符号，每个 Symbol Editor 文件代表一个符号。对于每个符号文件，均可以从包含 Altera 宏功能模块和 LPM 函数的库中选择。可以自定义这些块符号文件，然后将这些符号添加到使用 Block Editor 建立的原理图中。Symbol Editor 用于读取并编辑符号文件（.sym），并将它们转存为块符号文件。

（3）文本编辑器（Text Editor）

Quartus Ⅱ Text Editor 是一个灵活的工具，用于以 AHDL、VHDL 和 Verilog HDL 语言以及 Tcl 脚本语言输入文本型设计。还可以使用 Text Editor 输入、编辑和查看其他 ASCII 文本文件，包括 Quartus Ⅱ 软件或由 Quartus Ⅱ 软件建立的文本文件。可以用 Text Editor 将任何 AHDL 语句，或节段模板、Tcl 命令，或任何支持 VHDL 或 Verilog HDL 构造模板插入当前文件中。AHDL、VHDL 和 Verilog HDL 模板为输入 HDL 语法提供了一个简便的方法，可以提高设计输入的速度和准确度。

Verilog 设计文件和 VHDL 设计文件可以包含 Quartus Ⅱ 支持的语法语义的任意组合。它们还可以包含 Altera 提供的逻辑功能，包括基本单元和宏功能模块，以及用户自定义的逻辑功能。在文本编辑器中，使用 Create/Update 命令（File 菜单）从当前的 Verilog HDL 或 VHDL 设计文件建立框图符号文件，然后将其合并到框图设计文件中。同样，可以建立代表 Verilog HDL 或 VHDL 设计文件的 AHDL 包含文件，并将其合并到文本设计文件中或另一个 Verilog HDL 或 VHDL 设计文件中。

（4）配置编辑器（Assignment Editor）

建立工程和设计之后，可以使用 Quartus Ⅱ 软件中的 Settings 对话框、Assignment Editor 和 Floorplan Editor 指定初始设计的约束条件。例如，引脚分配、器件选项、逻辑选项和时序约束条件。

Quartus Ⅱ 软件还提供 Compiler Settings 向导（Assignments 菜单）和定时设置向导（Assignments 菜单），协助用户指定初始设计的约束条件。

Assignment Editor 是用于在 Quartus Ⅱ 软件中建立和编辑分配的界面。分配用在设计中为逻辑指定各种选项和设置，包括位置、I/O 标准、时序、逻辑选项、参数、仿真和引脚分配。使用 Assignment Editor 可以选择分配类别。使用 Quartus Ⅱ Node Finder 选择要分配的特定节点和实体。使用它们可显示有关特定分配的信息，添加、编辑或删除选定节点的分配，还可以向分配添加备注，可以查看出现分配的设置和配置文件。

使用 Settings 对话框（Assignments 菜单）可以进行编译器、仿真器和软件构件设置、时序设置以及修改工程设置。总之，使用 Settings 对话框可以执行以下类型的任务。

① 修改工程设置：在工程中添加和删除文件，指定自定义用户库、工具集目录、EDA 工具设置、默认逻辑选项和参数设置。

② 指定 HDL 设置：Verilog HDL 和 VHD 语言版本以及库映射文件（. lmf）。

③ 指定时序设置：为工程设置默认频率，或定义各时钟的设置、延时要求和路径切割选项，以及时序分析报告选项。

④ 指定编译器设置：引脚分配（通过 Assign Pins 对话框）、器件选项（封装、引脚计数、速度等级）、迁移器件、编译器注意项、模式、布局布线和综合选项、SignalTap II 设置、Design Assistant 设置和网表优化选项。

⑤ 指定仿真器设置：仿真注意事项、仿真模式（功能或时序）以及时间和波形文件选项。

⑥ 指定软件构建设置：处理器体系结构和软件工具集、编译器、汇编器和链接器设置。

⑦ 指定 HardCopy 时序设置：HardCopy 时序选项并生成 HardCopy 文件。

（5）其他 EDA 设计输入工具

设计者还可选用 SOPC Builder 或 DSP Builder 产生系统级的设计，选用 Software Builder 产生 Excalibur 器件处理器或 Nios II 嵌入式处理器的软件或编程文件。表 3-1 中列出 Quartus II 软件的设计文件类型。

表 3-1 Quartus II 软件支持的设计文件类型

类型	描述	扩展名
框图设计文件	使用 Quartus II 框图编辑器建立的原理图设计文件	. bdf
EDIF 输入文件	使用任何标准 EDIF 网表编写程序生成的 200 版 EDIF 网表文件	. edf；. edif
图形设计文件	使用 MAX+plus II Graphic Editor 建立的原理图设计文件	. gdf
文本设计文件	以 Altera 硬件描述语言（AHDL）编写的设计文件	. tdf
Verilog 设计文件	包含使用 Verilog HDL 定义的设计逻辑的设计文件	. v；. vlg；. verilog
VHDL 设计文件	包含使用 VHDL 定义的设计逻辑的设计文件	. vh；vhd；. vhdl
波形设计文件	建立和编辑用于波形或文本格式仿真的输入向量，描述设计中的逻辑行为	. vwf
逻辑分析仪文件	SignalTap II 逻辑分析仪文件，记录设计的内部信号波形	. stp
编译文件	编译结果文件. sof，下载到 FPGA 上可执行；. pof 用于修改 FPGA 加电启动项	. sof；. pof
接口文件	SOPC Builder 对 Nios II IDE 的接口文件，用于生成 system. h	. ptf
配置文件	SOPC Builder 配置文件，记录 SOPC 系统中的各器件配置信息	. sopc
路径文件	SOPC 路径指定文件，用于记录自定义 SOPC 模块的路径	. qif

2. 综合(Synthesis)

Quartus II 软件的全程编译包含综合(Analysis & Synthesis)过程,也可以单独启动综合过程。Quartus II 软件还允许在不运行内置综合器的情况下进行 Analysis & Elaboration。可以使用 Compiler 的 Quartus II Analysis & Synthesis 模块分析设计文件和建立工程数据库。Analysis & Synthesis 使用 Quartus II 内置综合器综合 Verilog 设计文件(.v)或 VHDL 设计文件(.vhd)。也可以使用其他 EDA 综合工具综合 Verilog HDL 或 VHDL 设计文件,然后再生成可以与 Quartus II 软件配合使用的 EDIF 网表文件(.edf)或 VQM 文件(.vqm)。

① 设计助手(Design Assistant)依据设计规则,检查设计的可靠性。

② 通过 RTL Viewer 可以查看设计的原理图、工程项目的层次结构列表,列出整个设计网表(Netlist)的实例、基本单元、引脚和网络。通过 State Machine Viewer 输入和生成状态机。

③ 通过 Technology Map Viewer 提供设计的底级和基元级专用技术原理表征。

④ 增量综合(Incremental Synthesis)是自顶向下渐进式编译流程的组成部分,可以将设计中的实体指定为设计分区,在此基础上逐渐进行 Analysis & Synthesis,而不会影响工程的其他内容。

⑤ 大多数 Verilog HDL 和 VHDL 设计,将在 Quartus II 内置综合器和其他 EDA 综合工具中正确地编译。如果设计项目要在第三方 EDA 工具中例化 Altera 宏功能模块、参数化模块库(LPM)功能或者知识产权(IP)宏功能模块,则需要使用空体文件或者 black - box 文件。但是,在为 Quartus II 内置综合器例化宏功能模块时,可以不使用 black - box 文件,而直接例化宏功能模块。

⑥ 当设计者创建自己的 Verilog HDL 和 VHDL 设计时,应该将它们添加到工程中。使用 File 菜单下的 New Project Wizard 命令或使用 Settings 对话框的 Files 页建立工程时,可以添加设计文件;如果设计者在 Quartus II Text Editor 中编辑文件或保存文件时,系统将提示将其添加至当前工程中。在将文件添加至工程中时,应该希望按内置综合器处理这些文件的顺序来添加。另外,如果在使用 VHDL 设计时,设计者可以在 Files 页的 Properties 对话框中为设计指定 VHDL 库。如果不指定 VHDL 库,Analysis & Synthesis 会将 VHDL 实体编译入 work 库。

3. 布局布线(Fitter)

布局布线的输入文件是综合后的网表文件,Quartus II Fitter 即 PowerFit Fitter,执行布局布线功能,在 Quartus II 软件中可参考 fitting 选项。Fitter 使用由 Analysis & Synthesis 建立的数据库,将工程的逻辑和时序要求与器件的可用资源相匹配。它将每个逻辑功能分配给最好的逻辑单元位置,进行布线和时序分析,并选择相应的互连路径和引脚分配。图 3 - 3 中给出了布局布线设计流程。

Quartus II 软件提供数个工具来帮助分析编译和布局布线的结果。Message 窗口和 Report 窗口提供布局布线结果信息。时序逼近布局图和 Chip Editor 还允许查

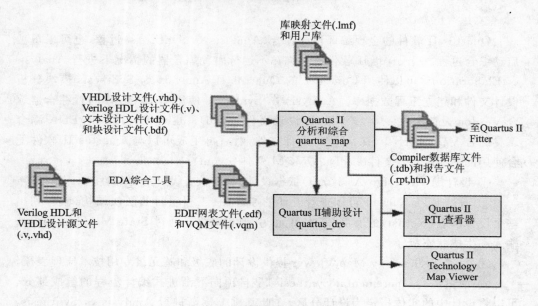

图 3-3 布局布线设计流程

看布局布线结果和进行必要的调整。此外,Design Assistant 可以帮助设计者根据一组设计规则检查设计的可靠性。完整的增量编译使用以前的编译结果,以节省编译时间。

4. 仿真(Simulation)

仿真分为功能(Functional)仿真、时序(Timing)仿真及采用 Fast Timing 模型进行的时序仿真。功能仿真用以测试设计的逻辑功能,时序仿真在目标器件中测试设计的逻辑功能和最坏情况下的时序,采用 Fast Timing 模型进行时序仿真时,可在最快的器件速率等级上仿真尽可能快的时序条件。

(1) 功能仿真流程

① 选择 Processing→Simulator Tool 菜单项,在 Simulation mode 中选择 Functional。

② 在 Simulation input 中指定矢量波形源文件和 Simulation period。

③ 单击 Generate Functional Simulation Netlist,生成不包含时序信息的功能仿真。

④ 单击 Start 命令启动功能仿真。

(2) 时序仿真流程

① 选择 Processing→Simulator Tool 菜单项,在 Simulation mode 中选择 Timing。

② 在 Simulation input 中指定矢量波形源文件和 Simulation period。

③ 单击 Start 命令启动时序仿真。

Quartus II 软件可通过 NativeLink 功能使时序仿真与 EDA 仿真工具完美集成。NativeLink 功能允许 Quartus II 软件将信息传递给 EDA 仿真工具,从 Quartus II 软件将信息传递给 EDA 仿真工具,并具有从 Quartus II 软件中启动 EDA 仿真工具的功能。

Altera 为包含 Altera 特定组件的设计提供功能仿真库,并为在 Quartus II 软件中编译的设计提供基于最下层单元的仿真库。可以使用这些库在 Quartus II 软件支持的 EDA 仿真工具中,对含有 Altera 特定组件的任何设计进行功能或时序仿真。此外,Altera ModelSim－Altera 软件中的仿真提供编译前功能与时序仿真库。Altera 为使用 Altera 宏功能模块以及标准参数化模块(LPM)功能库的设计提供功能仿真库。Altera 还为 ModelSim 软件中的仿真提供了 altera_mf 预编译的版本和 220model 库。表 3－2 给出了与 EDA 仿真工具配合使用的功能仿真库。对于 VHDL 设计,Altera 为具有 Altera 特定的参数化功能的设计提供 VHDL 组件申明文件,有关信息请参阅表 3－3。

表 3－2 功能仿真库

库名称	描 述
220model.v;220model.vhd;220model_87.vhd	LPM 功能的仿真模型(220 版)
220pack.vhd	220model.vhd 的 VHDL 组件声明
altera_mf.v;altera_mf.vhd altera_mf_87.vhd;altera_mf_components.vhd	Altera 特定宏功能模块的仿真模型和 VHDL 组件声明
sgate.v;sgate.vhd;sgate_pack.vhd	用于 Altera 特定的宏功能模块和知识产权功能的仿真模型

表 3－3 更多信息

相关信息	参 见
时序仿真库	《Quartus II Help》中的"Altera Postrouting Libraries"
功能仿真库	《Quartus II Help》中的"Altera Functional Simulation Libraries"
使用 ModelSim 或 ModelSim－Altera 软件进行仿真	Altera 网站上的 Quartus II 手册的第 3 卷第 1 章"Mentor Graphics ModelSim Support"
使用 VCS 软件进行仿真	Altera 网站上的 Quartus II 手册的第 3 卷第 2 章"Synopsys VCS Support"
使用 NC－Sim 软件进行仿真	Altera 网站上的 Quartus II 手册的第 3 卷第 3 章"Cadence NC－Sim Support"

5. 时序分析(Timing Analyzer)

Quartus II 的时序分析工具对所设计的所有路径延时进行分析,并与时序要求进行对比,以保证电路在时序上的正确性。Quartus II 9.0 提供了两个时序分析工具,一个是 Classic Timing Analyzer,另一个是 TimeQuest Timing Analyzer。

Timing Analyzer 是 Quartus II 默认的时序分析工具,可用于分析设计中的所有逻辑,并有助于指导 Fitter 达到设计中的时序要求。时序分析前首先要指定时序要求,使用 Settings 对话框的 Timing Analysis Settings 页面设置时序要求。指定工程的全局范围的时序分配后,通过完全编译,单独运行 Classic Timing Analyzer 来进行时序分析。如果未指定时序要求的设置,Classic Timing Analyzer 将使用默认的设置进行时序分析。默认情况下,Timing Analyzer 作为全编译的一部分自动运行,它分析和报告时序信息,例如,每个输入寄存器的建立时间(t_{SU})、保持时间(t_H)、时钟至输出延时和最小时钟至输出延时(t_{CO})、引脚至引脚延时和最小引脚至引脚延时(t_{PD})、最大时钟频率(f_{MAX})以及设计的其他时序特性。也可以使用快速时序模型执行时序分析,它报告最佳情况下的时序结果,来验证信号离开芯片的时钟至焊点延时。图 3-4 给出了经典时序分析流程。

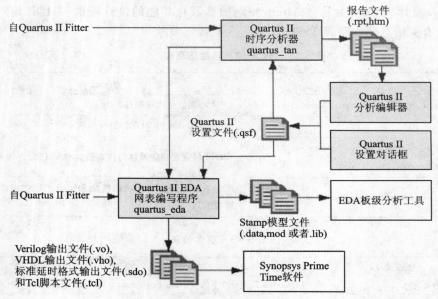

图 3-4 时序分析流程

TimeQuest Timing Analyzer 是新一代 ASIC 功能时序分析仪,支持业界标准的 Synopsys 设计约束(SDC)格式。TimeQuest 时序分析仪帮助用户建立、管理、分析复杂的时序约束,迅速完成高级时序验证,提供了快速的按需交互式数据报告,设计者只需对关键通路进行更详细的时序分析,其具体使用流程可参照文献[10]。

6. 时序逼近

Quartus II 软件提供集成的时序逼近流程,通过控制设计的综合和布局布线达到时序目标,对复杂的设计进行更快的时序逼近,以减少优化迭代次数并自动平衡多个设计约束。在综合之后及布局布线期间,可以使用时序逼近布局图(Time Closure Floorplan)分析设计并进行分配,使用时序优化顾问(Timing Optimization Advisor)

查看 Quartus II 对优化设计时序的建议,还可以使用 LogicLock 区域分配和 Design Space Explore 进一步优化设计。

使用时序逼近布局图查看 Fitter 生成的逻辑布局图、用户分配、LogicLock 区域分配以及设计的布线信息,可以使用这些信息在设计中识别关键路径,进行时序分配、位置分配和 LogicLock 区域分配,达到时序逼近。

时序优化顾问可以在以最大频率、建立时间、时钟至输出延时和传播延时等几个方面对设计的时序优化提出建议。打开一个工程后,通过选择 Advisor 命令(Tools 菜单)查看时序优化顾问。如果还没有编译工程,则时序优化顾问只为时序优化提供一般建议;如果工程已编译完毕,则时序优化顾问能根据工程信息和当前设置,提供特定的时序建议。

Quartus II 软件的网表优化选项可用于在综合及布局布线期间进一步优化设计。在 Settings 对话框的 Compilation Process settings 选项中选择 Physical Synthesis Optimizations 页面来指定综合和物理综合的网表优化选项。增量编译(Incremental Compilation)也可以用来实现时序逼近。

7. 编程和配置(Programming & Configuration)

使用 Quartus II 软件成功编译项目工程之后,就可以对 Altera 器件进行编程或配置。Quartus II Compiler 的 Assembler 模块生成编程文件,Quartus II Programmer 可以用它与 Altera 编程硬件一起对器件进行编程或配置,还可以使用 Quartus II Programmer 的独立版本对器件进行编程和配置。Assembler 自动将 Fitter 的器件、逻辑单元和引脚分配转换为该器件的编程图像,这些图像以目标器件的一个或多个 Programmer 对象文件(.pof)或 SRAM 对象文件(.sof)的形式存在。可以在包括 Assembler 模块的 Quartus II 软件中启动全程编译,也可以单独运行,还可以指示 Assembler 或 Programmer 通过以下方法以其他格式生成编程文件。

① Device & Pin Options 对话框可以从 Settings 对话框(如图 3-5 所示)的 Device 页进入,允许指定所选编程文件的格式。例如,十六进制(Intel 格式)输出文件(.hexout)、表格文本文件(.ttf)、原二进制文件(.rbf)、Jam 文件(.jam)、Jam 字节代码文件(.jbc)、串行向量格式文件(.svf)和在系统配置文件(.isc)。

② 选择 Create/Update→Create JAM, SVF, or ISC File 命令(File 菜单)生成 Jam 文件、Jam 字节代码文件、串行向量格式文件或在系统配置文件。

③选择 Create/Update→Create/Update IPS File 命令(File 菜单)显示 ISP CLAMP State Editor 对话框,它可以创建或升级包含指定器件引脚状态信息 I/O、引脚状态文(.ips),它在编程过程中用于配置引脚状态。

④ Convert Programming Files 命令(File 菜单)可将一个或多个设计的 SOF 和 POF 组合,并转换为其他辅助编程文件格式,例如原编程数据文件(.rpd)、EPC16 或 SRAM 的 HEXOUT 文件、POF、本地更新或远程更新 POF、原二进制文件和表格文本文件、JTAG 间接配置文件(.jic)以及 Flash Loader 十六进制文件(.flhex)。这些

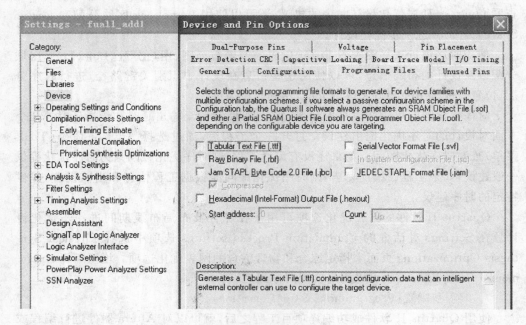

图 3-5　Device & Pin Options 对话框

辅助编程文件可以用于嵌入式处理器类型的编程环境，而且对于一些 Altera 器件而言，它们还可以由其他编程硬件使用。

　　Programmer 使用 Assembler 生成的 POF 和 SOF 文件，对 Quartus II 软件支持的所有 Altera 器件进行编程或配置。可以将 Programmer 与 Altera 编程硬件配合使用，例如 MasterBlaster、ByteBlasterMV、ByteBlaster II、USB - Blaster 或 EthernetBlaster 下载电缆或 Altera 编程单元（APU）。Programmer 允许建立包含设计所用器件名称和选项的链式描述文件（.cdf）。也可以打开 MAX＋plus II JTAG Chain 文件（.jcf）或 FLEX Chain 文件（.fcf）并将其作为一个 CDF 保存在 Quartus II Programmer 中。对于允许对多个器件进行编程或配置的一些编程模式，CDF 还指定了 SOF、POF、Jam 文件、Jam 字节代码文件和设计所用器件的从上到下顺序和链中器件的顺序。

　　Programmer 具有四种编程模式：被动串行模式（Passive serial mode）；JTAG 模式；主动串行编程模式（Active Serial Programing）；插座内编程模式（In - Socket Programing）。

　　被动串行模式和 JTAG 编程模式，允许使用 CDF 和 Altera 编程硬件对单个或多个器件进行编程。可以使用主动串行编程模式和 Altera 编程硬件对单个 EPCS1 或 EPCS4 串行配置器件进行编程。可以配合使用插座内编程模式与 CDF 和 Altera 编程硬件对单个 CPLD 或配置器件进行编程。如果编程硬件安装在 JTAG 服务器上，而不是用户计算机上，用户可以使用 Programmer 指定和连接至远程 JTAG 服务器。

3.2 Quartus II 9.0 设计入门

本节根据 3.1.3 小节的 Quartus II 9.0 的设计输入流程,以一位全加器的原理图(图 3-6)输入设计为例,介绍 Quartus II 9.0 的基本使用方法。

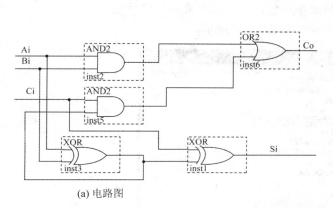

Ci	Bi	Ai	Si	Co
0	0	0	0	0
0	0	1	1	0
0	1	0	1	0
0	1	1	0	1
1	0	0	1	0
1	0	1	0	1
1	1	0	0	1
1	1	1	1	1

(a) 电路图　　　　　　　　　　　　　　(b) 真值表

图 3-6　一位全加器电路图

3.2.1 启动 Quartus II 9.0

从操作系统选择"开始"→"所有程序"→Altera→Quartus II 9.0,即可呈现如图 3-7 所示的 Quartus II 9.0 图形用户界面。该界面由标题栏、菜单栏、工具栏、资源管理窗、编译状态显示窗、信息显示窗和工程工作区等部分组成。

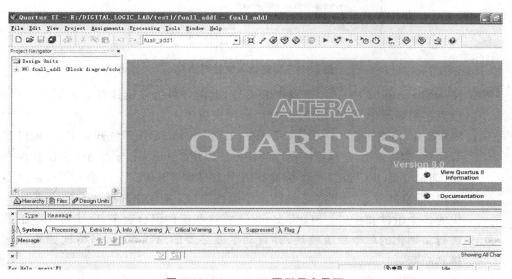

图 3-7　Quartus II 图形用户界面

1. 标题栏

图 3-7 中第一栏标题栏显示当前工程项目的路径和工程项目的名称。

2. 菜单栏

菜单栏由文件(File)、编辑(Edit)、视窗(View)、工程(Project)、资源分配(Assignments)、操作(Processing)、工具(Tools)、窗口(Window)和帮助(Help)等 9 个下拉菜单组成。限于篇幅本节仅介绍几个核心下拉菜单。

(1) 文件(File)菜单,该下拉菜单中包含如下几个常见的对话框

① 新建输入文件对话框(New),如图 3-8 所示。

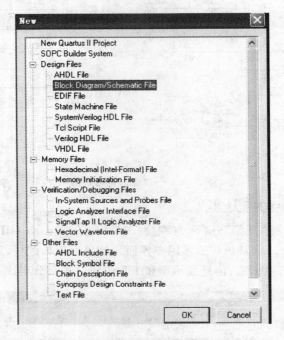

图 3-8 新建输入文件对话框

➢ New Quartus II Project:新建工程向导,此向导将引导设计者如何创建工程、设置定层设计单元、引用设计文件、器件设置等。

➢ SOPC Builder System:SOPC Builder System 是 EDA 系统开发工具,可以有效简化、建立高性能 SOPC 设计的任务。SOPC Builder 与 Quartus II 软件一起,为建立 SOPC 设计提供标准化的图形环境。SOPC 设计由 CPU、存储器接口、标准外设和用户定义的外设等组件组成,并允许选择和自定义系统模块的各个组件和接口。SOPC Builder 将这些组件组合起来,生成对这些组件进行实例化的单个系统模块,并自动生成必要的总线逻辑,以将这些组件连接到一起。

➢ Design Files:该子框可选择 AHDL File、Block Diagram/Schematic File、

EDIF File、State Machine File、SystemVerilog HDL File、Tcl Script File、Verilog HDL File、VHDL File 共 8 种硬件设计文件类型。

➢ Memory Files：该子框可选择 Memory Initalization File 、Hexadecimal（Intel - Format）File。

➢ Verification/Debugging Files：该子框可选择 In - System Sources and Probes File、Logic Analyzer Interface File、Signal Tap II Logic Analyzer File、Vector Waveform File。

➢ Other Files：该子框可选择 AHDL Include File、Block Symbol File、Chain Description File、Sysnopsys Design Constrains File、Text File 等其他类型的新建文件类型。

② Open Project：打开已有的工程项目。

③ Convert Max＋plus II Project：在 Max＋plus II 中,工程指定和配置信息保存在 Max＋plus II ACF 文件中(. acf),执行该命令后,可将 Max＋plus II 的工程转化为 Quartus II 工程,并生成一个 Quartus II 的工程文件(. qpf)和设置文件(. qsf)。

. qsf 文件类似于 Max＋plus II ACF 文件,保存设计的 Assigments。Max＋plus II 的顶层设计文件为 GDF 文件,仿真文件为 SCF 文件,在转换 Max＋plus II 工程时,Quartus II 不会修改这些文件。

④ Create/Update：用户设计的具有特定应用功能的模块需经过模拟仿真和调试证明无误后,可执行该命令,建立一个默认的图形符号(Create Symbol Files for Current file)后再放入用户的设计库中,供后续的高层设计调用。

（2）工程（Project）菜单,该菜单的主要功能如下所述

① Add Current File to Project：将当前文件加入到工程中。

② Revisions：创建或删除工程,在其弹出的窗口中单击 Create 按钮创建一个新的工程;或者在创建好的几个工程中选一个,单击 Set Current 按钮,就把选中的工程置为当前工程。

③ Archive Project：为工程归档或备份。

④ Generate Tcl File for Project：为工程生成 Tcl 脚本文件。

⑤ Generate Powerplay Early Power Estimatior File：生成功率分析文件。

⑥ Locate：将 Assignment Editor 中的节点或源代码中的信号在 Timing Closure Floorplan、编译后的布局布线图、Chip Editor 或源文件中定位其位置。

⑦ Set as Top - level Entity：把工程工作区打开的文件,设定为定层文件。

⑧ Hierarchy：打开工程工作区显示的源文件的上一层或下一层源文件及定层文件。

（3）资源分配（Assignments）菜单

该菜单的主要功能是对工程的参数进行配置,如引脚分配、时序约束、参数设置等。

① Device：设置目标器件型号。

② Pins：打开分配引脚对话框，给设计的信号分配 I/O 引脚。

③ Classic Timing Analysis Settings：打开典型时序约束对话框。

④ EDA Tool Settings：设置 EDA 工具。

⑤ Settings：打开参数设置页面，可切换到使用 Quartus II 软件开发流程的每个步骤所需的参数设置页面。

⑥ Assigment Editor：分配编辑器，用于分配引脚、设定引脚电平标准、设定时序约束等。

⑦ Remove Assigments：删除设定的类型分配。

⑧ Demote Assigments：降级使用当前不严格的约束，使编译器更高效地编译分配和约束。

⑨ 允许用户在工程中反标引脚、逻辑单元、LogicLock、结点、布线分配。

⑩ Import Assigments：将 excel 格式的引脚分配文件.csv 导入当前工程中。

（4）操作（Processing）菜单

该菜单包含了对当前工程执行的各种设计流程，如开始编译（Start Compilation）、开始布局布线（Fitter）、开始运行仿真（Start Simulation）、对设计进行时序分析（Timing Analyzer）、设置 Powerplay Power Analyzer 等。

（5）工具（Tools）菜单

调用 Quartus II 中的集成工具，如 MegaWizard Plug - In Manager（IP 核及宏功能模块定制向导）、Chip Editor（低层编辑器）、RTL View、SignalTap II Logic Analyzer（逻辑分析仪）、In System Memory Contant Editor（在系统存储器内容编辑器）、Programmer（编程器）、Liscense Setup（安装许可文件）。

① MegaWizard Plug - In Manager：为了方便设计者使用 IP 核及宏功能模块，Quartus II 软件提供了此工具（亦称为 MegaWizard 管理器）。该工具可以帮助设计者建立或修改包含自定义宏功能模块变量的设计文件，并为自定义宏功能模块变量指定选项，定制需要的功能。

② Chip Editor：Altera 在 Quartus II 4.0 及其以上的版本中提供该工具，它是在设计后端对设计进行快速查看和修改的工具。Chip Editor 可以查看编译后布局步线的详细信息，它允许设计者利用资源特性编辑器（Resource Properties Editor）直接修改布局步线后的逻辑单元（LE）、I/O 单元（IOE）或 PLL 单元的属性和参数，而不是修改源代码，这样一来就避免了重新编译整个设计过程。

③ RTL View：在 Quartus II 中，设计者只需运行完 Analysis and Elaboration（分析和解析，检查工程中调用的设计输入文件及综合参数设置）命令，即可观测设计的 RTL 结构，RTL View 显示了设计中的逻辑结构，使其尽可能地接近源设计。

④ SignalTap II Logic Analyzer：它是 Quartus II 中集成的一个内部逻辑分析软件。使用它可以观察设计的内部信号波形，方便设计者查找引起设计缺陷的原因。

58

SignalTap II 逻辑分析仪是第二代系统级调试工具,可以捕获和显示实时信号行为,允许观察系统设计中硬件和软件之间的交互作用。Quartus II 允许选择要捕获的信号、开始捕获信号的时间以及要捕获多少数据样本。还可以选择将数据从器件的存储器块通过 JTAG 端口送至 SignalTap II 逻辑分析器,或是至 I/O 引脚以供外部逻辑分析器或示波器使用。可以使用 MasterBlaster、ByteBlasterMV、ByteBlaster II、USB - Blaster,或 EthernetBlaster 通信电缆下载配置数据到器件上。这些电缆还用于将捕获的信号数据,从器件的 RAM 资源上载至 Quartus II 软件。

⑤ In - System Memory Content Editor:In - System Memory Content Editor 使设计者可以在运行时查看和修改设计的 RAM、ROM,或独立于系统时钟的寄存器内容。调试节点使用标准编程硬件通过 JTAG 接口与 In - System Memory Content Editor 进行通信。可以通过 MegaWizard Plug - In Manager(Tools 菜单)使用 In - System Memory Content Editor 来设置和实例化 lpm_rom、lpm_ram_dq、altsyncram 和 lpm_constant 宏功能模块,或通过使用 lpm_hint 宏功能模块参数,直接在设计中实例化这些宏功能模块。该菜单可用于捕捉并更新器件中的数据,可以在 Memory Initialization File(. mif)、十六进制文件(. hex)以及 RAM 初始化文件(. rif)格式中导出或导入数据。

⑥ Programmer:通过该菜单可完成器件进行编程和配置。

⑦ Liscense Setup:该页面将给出一选项来指定有效许可文件。

3. 工具栏(Tool Bar)

工具栏中包含了常用命令的快捷图标,将鼠标移到相应图标时,在鼠标下方出现此图标对应的含义,而且每种图标在菜单栏均能找到相应的命令菜单。设计者可以根据需要将自己常用的功能定制为工具栏上的图标。

4. 资源管理窗

资源管理窗用于显示当前工程中所有相关的资源文件。资源管理窗左下角有三个标签,分别是结构层次(Hierarchy)、文件(Files)、设计单元(Design Units)。结构层次窗口在工程编译前只显示顶层模块名,工程编译后,此窗口按层次列出了工程中所有的模块,并列出了每个源文件所用资源的具体情况。顶层可以是设计者生成的文本文件,也可以是图形编辑文件。文件窗口列出了工程编译后所有的文件,文件类型如图 3 - 7 所示的全部文件。

5. 工程工作区

在 Quartus II 中实现不同的功能时,此区域将打开相应的操作窗口,显示不同的内容,进行不同的操作。

6. 编译状态显示窗

编译状态显示窗是显示模块综合、布局布线过程及时间。模块(Module)列出工程模块,过程(Process)显示综合、布局布线进度条,时间(Time)表示综合、布局布线所耗费的时间。

7. 信息显示窗

信息显示窗显示 Quartus II 软件综合、布局布线过程中的信息,如开始综合时调用源文件、库文件、综合布局布线过程中的定时、告警、错误等,如果是告警和错误,则会给出具体的原因,方便设计者查找及修改错误。

3.2.2 设计输入

一个 Quartus II 的项目是由所有设计文件和与设计有关的设置组成。设计者可以使用 Quartus II Block Editor、Text Editor、MegaWizard Plug – In Manager (Tools 菜单)和 EDA 设计输入工具,建立包括 Altera 宏功能模块、参数化模块库 (LPM)函数和知识产权(IP)函数在内的设计。其设计步骤如下所述:

1. 建立工作库目录文件夹以便设计工程项目的存储

EDA 设计是一个复杂的过程,项目的管理很重要,良好清晰的目录结构可以使工作更有条理性。图 3-9 是工程文件目录结构图,任何一项设计都是一项工程(Project),都必须首先为此工程建立一个放置与此工程相关的所有文件的文件夹。此文件夹将被 EDA 软件默认为工作库(Work Library),不同的设计项目最好放在不同的文件夹中,同一工程的所有文件都必须放在同一文件夹中。(注意:文件夹名不能用中文,且不可带空格。)

图 3-9　目录文件结构图

① fulladder_G 表示工程名,该目录下存放工程所有相关文件。

② core 目录存放集成环境下各种 ram、pll、rom 初始化列表。

③ dev 目录下用于存放编译后的结果和中间过程文件。

④ doc 目录存放和 EDA 相关的设计文档资料。

⑤ sim 目录下存放功能仿真和时序仿真的有关文件。

⑥ src 目录存放源代码。

2. 编辑设计文件,输入源程序

① 打开 Quartus II,选择 File→New 命令。在 New 窗口中的 Design Files 中选择硬件设计文件类型为 Block Diagram/Schematic File,得到如图 3-10 所示的图形编辑窗口。

② 在原理图空白处双击鼠标,跳出 Symbol 选择窗(或单击右键选择 Inster→Symbol),出现图 3-11 所示元件选择对话框。展开 Libraries 框中的层次结构,在 Logic 库中包含了基本的逻辑电路。为了设计一位全加器,可参考图 3-5,分别选择元件与门 AND2(2 个)、异或门 XOR(2 个)和或门 OR(1 个)。

③ 按同样的步骤,从 primitives/pin 库中选择 input、output。然后分别在 input 和 output 的 PIN NAME 上双击使其变黑,再用键盘分别输入各引脚名:Ai(加数)、

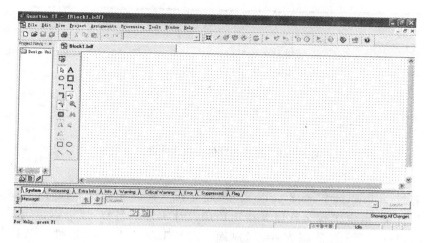

图 3-10　图形编辑窗口

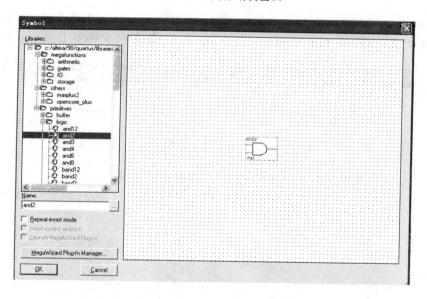

图 3-11　元件选择对话框

Bi(被加数)、Ci(低位进位输入)、S(和输出)和 Co(向高位进位输输出)。

④ 用连线按图 3-6 电路图连接各节点,当两条线相连时,在连接点会出现一个圆点。如果连线有误,可用鼠标选中错误的连线,按 Del 键删除,连完线后,单击选择聪明连线工具,可选择拖动、删除、连线和符号,完成之后的原理图如图 3-12 所示。

⑤ 文件存盘

选择 File→Save As 命令,找到已设立的文件夹 E:/chapter3/adder_g/,存盘文件名为 adder1_g. bdf,然后根据提示按下述步骤进入建立工程项目流程。

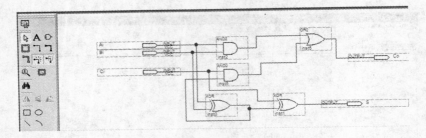

图 3-12 完成之后的一位全加器原理图

3. 建立工程项目

使用 New Project Wizard（File 菜单）建立新工程。建立新工程时，可以为工程指定工作目录、指定工程名称以及指定顶层设计实体的名称，还可以指定要在工程中使用的设计文件、其他源文件、用户库、EDA 工具以及目标器件。其详细步骤如下：

① 选择 File→New Project Wizard 命令，即打开建立新工程对话框，如图 3-13 所示单击对话框最上一栏右侧的"…"按钮，找到项目所在的文件夹 E:/chapter3/ad-

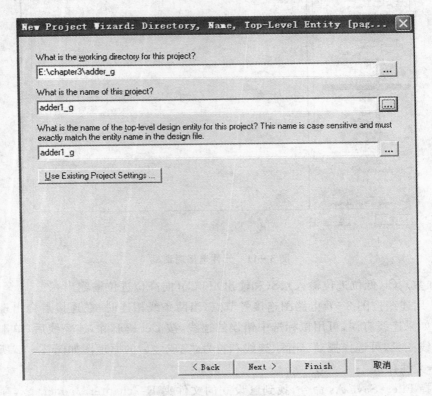

图 3-13 建立新工程对话框

der_g/,选中已存盘的文件 adder1_g. bdf（一般应该设定该层设计文件为工程），再单击"打开"按钮，即出现图 3-13 所示的设置情况。其中第 1 行的 E:\chapter3\adder_g 表示工程所在的工作库目录文件夹；第 2 行表示该工程的工程名 adder1_g，此工程名可以取任何其他的名，也可以用顶层文件实体名作为工程名；第 3 行是顶层文件的实体名，此处即为 adder1_g。

②单击 Next 按钮，在弹出的对话框中单击 File 栏中的"…"，将与工程相关的所有文件加入工程中（本例中只有一个图形文件 adder1_g），单击 Add 按钮进入此工程，即可得如图 3-14 所示的情况。

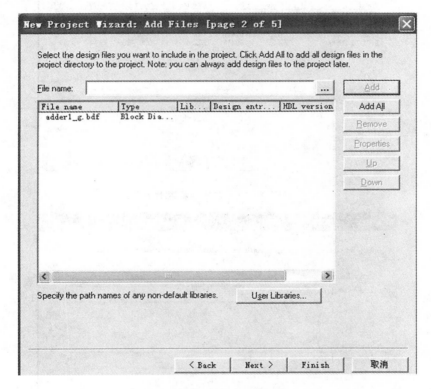

图 3-14　所有相关文件加入工程

③ 选择目标芯片（用户必须选择与开发板相对应的 FPGA 器件型号），这时弹出选择目标芯片的窗口，首先在 Family 下拉列表框选择目标芯片系列，在此选择 Cyclone II 系列，如图 3-15 所示。再次单击 Next 按钮，选择此系列的具体芯片 EP2C70F896C6，这里 EP2C70 表示 Cyclone II 系列及此器件的规模，F 表示 FBGA 封装，C6 表示速度级别。

④ 选择仿真器和综合器。单击图 3-15 中 Next 按钮，可从弹出的窗口中选择仿真器和综合器类型，如果都选 None，表示选 Quartus II 中自带的仿真器和综合器，如图 3-16 所示。

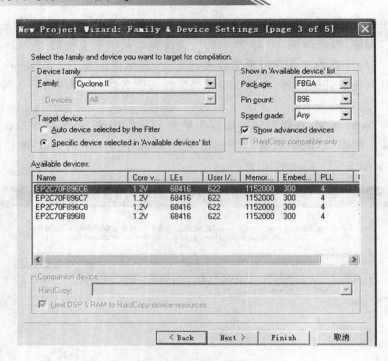

图 3-15　选择目标芯片

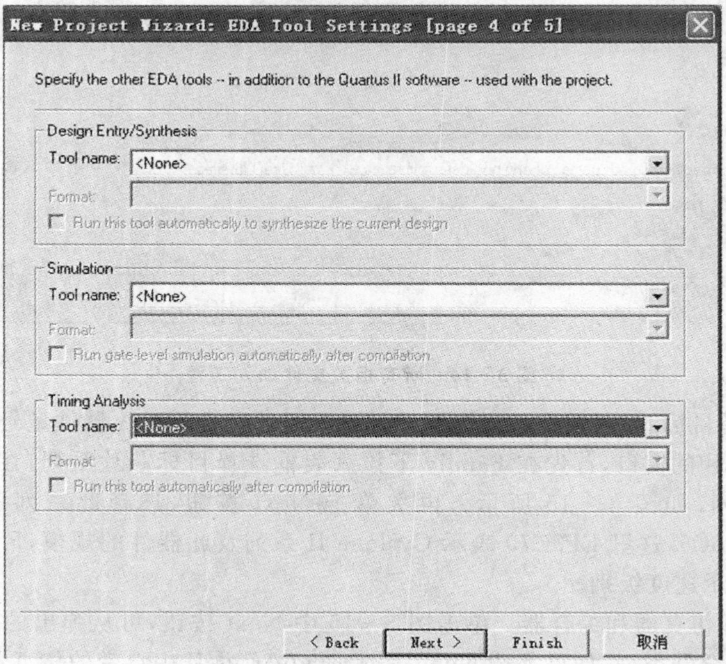

图 3-16　仿真器和综合器选择界面

⑤ 图 3-16 中,单击 Next 按钮后进入下一步,弹出如图 3-17 所示的"工程设置统计"窗口。

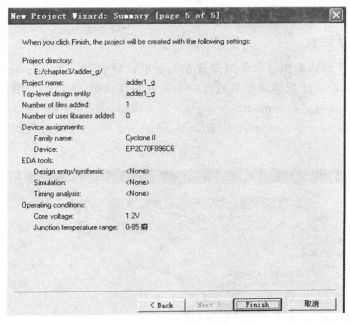

图 3-17 "工程设置统计"窗口

⑥ 结束设置。最后单击 Finish 按钮,即表示已设定好此工程,并出现 adder1_g 的工程管理窗口,该窗口主要显示该工程项目的层次结构和各层次的实体名,如图 3-18 所示。

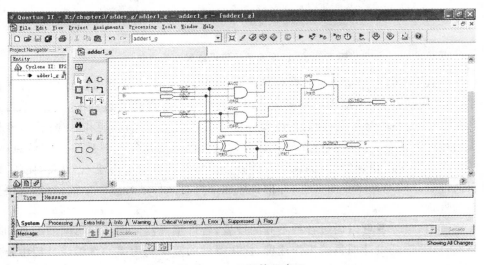

图 3-18 工程管理窗口

Quartus II 将工程信息文件存储在工程配置文件(. qsf)中。它包括设计文件、波形文件、SignalTap II 文件、内存初始化文件,以及构成工程的编译器、仿真器的软件构建设置等有关 Quartus II 工程的所有信息。

3.2.3 编译综合

Quartus II 默认把所有编译结果放在工程根目录中,为了让 Quartus II 像 Visual Studio 等 IDE 一样把编译结果放在一个单独的目录中,需要指定编译结果的输出路径。选择菜单项 Assignments→device,选中 Compilation Process Settings 选项卡,勾上右边的 Save project output files in specified directory,输入路径,如图 3 - 19 所示。

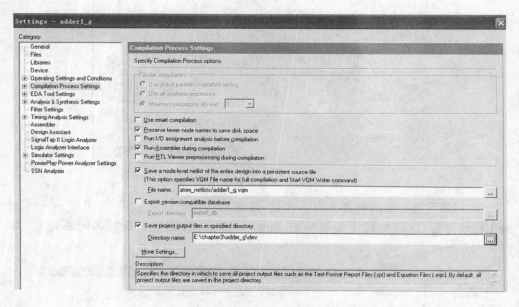

图 3 - 19　指定单独的编译结果文件目录

Quartus II 编译器是由一系列处理模块构成,这些模块负责对设计项目检错逻辑综合、结构综合、输出结果的编辑配置以及时序分析。在这一过程中将设计项目适配到 CPLD/FPGA 器件中,同时产生多种用途的输出文件,如功能和时序仿真、器件编程的目标文件等。编译器首先从工程设计文件间的层次结构描述中提取信息,每个低层次文件中的错误信息,供设计者排除。而后将这些层次构建一个结构化的、以网表文件表达的电路原理图文件,并把各层次中所有文件结合成一个数据包,以便更有效的处理。

编译前,设计者可以通过各种不同的设置,告诉编译器使用各种不同的综合和适配技术,以便提高设计项目的工作速度,优化器件的资源利用率。在编译过程中及编译完成后,设计者可从编译报告窗口中获取详细的编译结果,以便及时调整设计方案。

　　上面所有工作做好后,执行 Quartus II 主窗口的 Processing→Star Compilation 选项,启动全程编译。编译过程中应注意工程管理窗口下方的 Processing 栏中的编译信息。编译成功后的工程管理窗口如图 3－20 所示。此界面左上角是工程管理窗口,显示此工程的结构和使用的逻辑宏单元数,最下栏是编译处理信息,中间(Compilation Report 栏)是编译报告项目选择菜单,单击其中各项可了解编译和分析结果,最右边的 Flow Summary 栏,则显示硬件耗用统计报告。

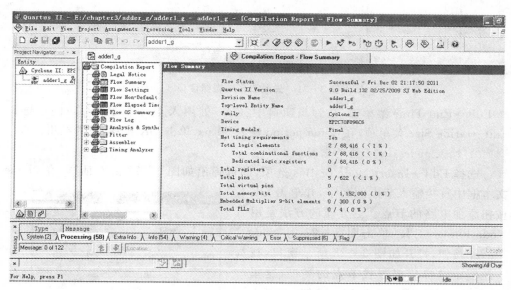

图 3－20　编译成功后的工程管理窗口

3.2.4　仿真测试

　　该工程编译通过后,必须对其功能和时序性能进行仿真测试,以验证设计结果是否满足设计要求。整个时序仿真测试流程一般有建立波形文件、输入信号节点、设置波形参数、编辑输入信号、波形文件存盘、运行仿真器和分析仿真波形等步骤。现给出以.vwf 文件方式的仿真测试流程的具体步骤。

　　1. 建立仿真测试波形文件

　　选择 Quartus II 主窗口的 File→New 选项,在弹出的文件类型编辑对话框中,选择 Verification/Debugging File→Vector Weaveform File,单击 OK,即出现如图 3－21 所示的波形文件编辑窗口。

　　2. 设置仿真时间区域

　　对于时序仿真测试来说,将仿真时间设置在一个合理的时间区域内是十分必要的,通常设置的时间区域将视具体的设计项目而定。

　　本例设计中整个仿真时间区域设为 1 μs、时间轴周期为 50 ns,其设置步骤是选

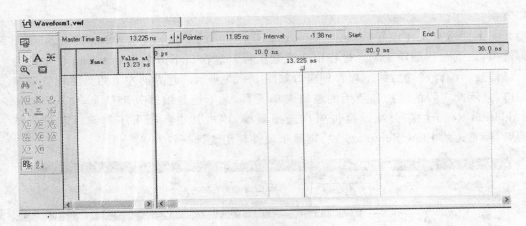

图 3-21　矢量波形编辑器窗口

择 Edit→End Time 菜单项,在弹出窗口中 Time 处填入 1,单位选择 μs;同理选择 Edit→Gride Size 菜单项,在 Time period 输入 50 ns,单击 OK 按钮,设置结束。

3. 输入 adder1_g 工程的信号节点

选择 Edit→Insert Node or Bus 选项,即可弹出如图 3-22 的对话框,在 Name 文本框中直接输入节点的名字,并单击 OK 按钮添加电路的节点。更方便的方法是用 Node Finder 工具,单击图 3-22 中 Node Finder 按钮,打开如图 3-23 所示窗口,在下拉框中选择所要寻找节点的类型,这里选择 Pins:All,然后单击 List 按钮,在下方的 Node Finder 窗口中出现设计中的 adder1_g 工程的所有端口的引脚名。然后单

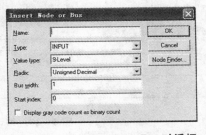

图 3-22　Insert Node or Bus 对话框

击≫,如图 3-23 所示,此后单击 OK 按钮,关闭 Node Finder 窗口即可。

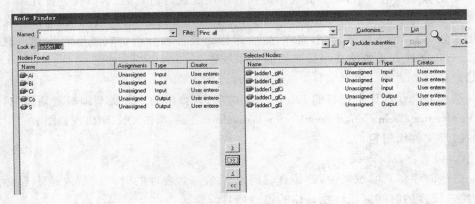

图 3-23　Node Finder 窗口

4. 设计输入信号波形

可用选择工具和波形编辑工具绘制输入信号。单击图 3-24 窗口的输入信号 Ai 使之变成蓝色条,再右击选择 Value→Count Value,设置 Ai 为无符号十进制值,初始值为 0,Timing 表的设置结果如图 3-25 所示。同理可设置输入波形 Bi 和 Ci,如图 3-26 和图 3-27 所示。最后得到的波形编辑结果如图 3-28 所示。选择菜单项 File→Save as,将波形文件以默认名 adder1_g.vwf 存盘即可。

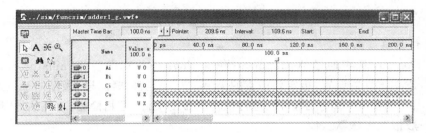

图 3-24　需要仿真的节点

图 3-25　输入波形 Ai 设置

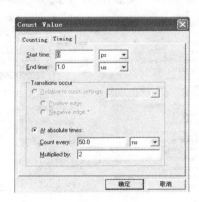

图 3-26　输入波形 Bi 设置

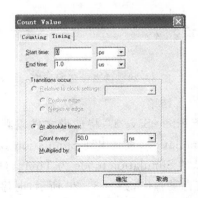

图 3-27　输入波形 Ci 设置

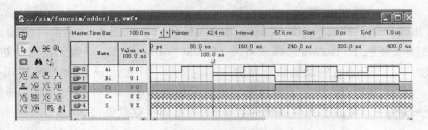

图 3-28　波形编辑结果

5. 仿真器参数设置

在 Quartus Ⅱ 中通过 Assignments→Settings 的仿真设置（Simulator Settings）对话框,建立仿真器设置,指定要仿真的类型、仿真涵盖的时间段、激励向量以及其他仿真选项。如图 3-29 所示,可以进行如仿真激励文件、毛刺检测、攻耗估计、输出等设置,一般情况下选默认值。

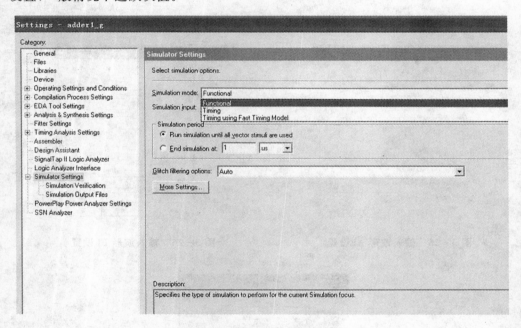

图 3-29　仿真设置对话框

6. 启动仿真器,观察仿真结果

所有设置完成后,选择 File→Save as,将波形文件以默认名存盘后,即可启动仿真器 Processing→Start Simulation,直到出现 Simulation was successful,仿真结束。

Quartus Ⅱ 9.0 中默认的 Simulation mode 为 Timing（时序仿真）,仿真波形输出文件 Simulation Report 将自动弹出,如图 3-30 所示,时序仿真比较复杂,考虑了信号传输延时,通过该图可查看实际设计的电路运行时是否满足延时要求。图 3-31

为 Functional(功能仿真)仿真波形输出,功能仿真认为 CPLD/FPGA 中的逻辑单元和连线是完美的,信号传输不存在延时,一般用来考查电路功能的正确性。观察仿真结果可知电路设计正确。

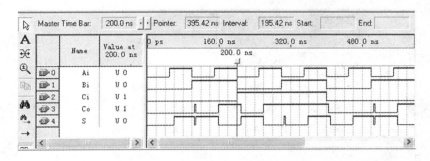

图 3-30　Timing 仿真波形输出

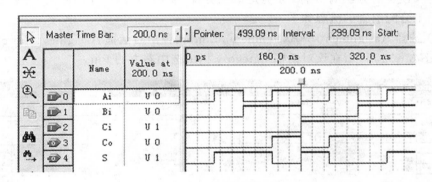

图 3-31　Functional 仿真波形输出

分析仿真结果正确无误后,选择 File→Create/update→Create Symbol Files for CurrentFile,将当前文件变成了一个包装好的单一元件(adder1_g.bsf),并放置在工程路径指定的目录中以备后用。

3.2.5　硬件测试

为了能对所设计的"一位全加器电路"进行硬件测试,应将其输入/输出信号锁定在开发系统的目标芯片引脚上,并重新编译,然后对目标芯片进行编程下载,完成 EDA 的最终开发。不失一般性,本设计选用的 EDA 开发平台为 DE2-70(详细内容请参照附录1),其详细流程如下所述。

1. 确定引脚编号

在前面的编译过程中,Quartus II 自动为设计选择输入/输出引脚,而在 EDA 开发平台上,CPLD/FPGA 与外部的连线是确定的,要让电路在 EDA 平台上正常工作,我们必须为设计分配引脚。我们选择 DE2-70 开发板,查阅附录1可得一位全加器电路输入/输出引脚分配如表 3-4 所列。用 SW0、SW1、SW2 表示二进制输入序列 Ai、Bi、Ci,输出 S 和进位输出 Co 分别用 DE2-70 开发板上的红色发光二级管 LEDR[0]和 LEDR[1]表示。

表 3-4　一位全加器电路输入/输出引脚分配表

信号名	引脚号 Pin	对应器件名称
Ai	PIN_AA23	SW0
Bi	PIN_AB26	SW1
Ci	PIN_AB25	SW2
S	PIN_AJ6	发光二级管 LEDR[0]
Co	PIN_AK5	发光二级管 LEDR[1]

2. 引脚锁定

引脚锁定的方法有 3 种,分别是手工分配、使用 QSF 文件和使用 CSV 文件导入。手工分配引脚的流程如下。

① 选择 Assignments→Assignments Editor,弹出对话框 Assigment Editor 编辑窗,如图 3-32 所示,在该对话框 Category 栏中选中右方的 Pin。

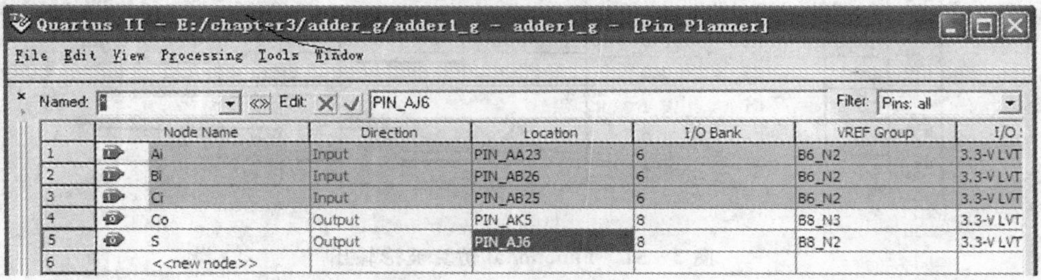

图 3-32　Pin 编辑窗

② 在 TO 栏下方的<<New>>右击,在 Node Finder 对话框中选择输入/输出节点。

③ 双击 TO 栏下方的<<New>>,在弹出的下拉栏中选择本工程要锁定的信号名 Ai,再双击其右侧 Location 栏的<<New>>,在弹出的下拉栏中选择本工程要锁定的信号名 Ai 对应的引脚号 PIN_AA23,依此类推,锁定所有 3 个输入引脚;同样可将输出锁定在红色发光二级管引脚,引脚号见表 3-4,分配结果如图 3-33所示。

④ 执行 File→Save 存盘命令,引脚锁定后,必须再编译一次,将引脚锁定信息编译进下载文件 adder1_g.sof 中。

引脚分配的结果可导出到.qsf 文件中,用于其他工程的引脚分配。对引脚较多的时候,我们可以用 QSF 文件进行引脚锁定,使用 QSF 文件进行引脚锁定只需要全程编译一次即可(Star Compilation),方法如下:

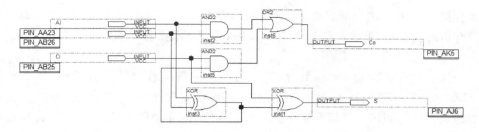

图 3 - 33 引脚分配结果

① 用记事本打开 adder_g. qsf,将以下命令添加到 adder_g. qsf 文件中即可完成引脚锁定。

```
set_location_assignment PIN_AA23 - to Ai
set_location_assignment PIN_AB26 - to Bi
set_location_assignment PIN_AB25 - to Ci
set_location_assignment PIN_ AK5 - to Co
set_location_assignment PIN_AJ6 - to S
```

② 修改 .csv 文件进行引脚锁定。在主菜单中选择 Assignments→Import Assignments,选择 DE2 - 70 系统光盘中提供的文件名为 De2_70_pin_assignment. csv 自动导入引脚配置文件。如果要用文件中的引脚配置,需要在 adder1_g. bdf 中将节点 Ai 改为 sw[0],Bi 改为 s[1],Ci 改为 sw[2],S 改为 LEDR[0] ,Co 改为 LEDR[1],并重新编译。如引脚配置文件中含有大量本实验没有用到的引脚,在编译时将会出现大量警告,此时删除多余引脚即可。

3. 编程与配置 FPGA

完成引脚锁定工作后,选择编程模式和配置文件。DE2 - 70 平台上内嵌了 USB Blaster 下载组件,可以通过 USB 线与 PC 机相连,并且通过两种模式配置 FPGA:一种是 JTAG 模式,通过 USB - Blaster 直接配置 FPGA,但掉电后,FPGA 中的配置内容会丢失,再次上电需要用 PC 对 FPGA 重新配置;另一种是在 AS 模式下,通过 USB Blaster 对 DE2 - 70 平台上的串行配置器件 EPCS16 进行编程,平台上电后,EPCS16 自动配置 FPGA。

JTAG 模式的下载步骤如下:

① 打开电源。

为了将编译产生的下载文件配置进 FPGA 中进行测试,首先将 DE2 - 70 实验系统和 PC 机之间用 USB - Blaster 通信线连接好,RUN/PROG 开关拨到 RUN,打开电源即可。

② 打开编程窗和配置文件。

执行 Tool→Programmer 命令,在弹出编程窗口 Mode 栏中有四种编程模式可以选择:JTAG、Passive Serial、Active Serial Programing 和 In - Socket Programing。

为了直接对 FPGA 进行配置选 JTAG 模式,单击下载文件右侧第一小方框,如果文件没有出现或有错,单击左侧 Add File 按钮,选择下载文件标识符 adder1_g. sof。

③ 选择编程器。

若是初次安装的 Quartus II,在编程前必须进行编程器的选择操作,究竟选择 ByteBlasterMV 还是 USB – Blaster[USB – 0]编程方式,取决于 Quartus II 对实验系统上的编程口的测试。在编程窗中,单击 Setup 按钮可设置下载接口方式,这里选择 USB – Blaster[USB – 0]。方法是单击编程窗上的 Hardware Setup 对话框,选择此框的 Hardware settings 页,再双击此页中的选项 USB – Blaster[USB – 0]之后,单击 Close 按钮,关闭对话框即可。

⑤ 文件下载。

最后单击下载标识符 Start 按钮。当 Progress 显示出 100%,以及在底部的处理栏中出现 Configuration Succeeded 时,表示编程成功。

4. 硬件测试

成功下载文件 adder1_g. sof 后。通过实验板上的输入开关 sw[0]、sw[1]、sw[2]得到不同的输入,观测 LEDR[0]、LEDR[0]红色 LED 的输出,对照真值表图 3 – 6(b)检查一位全加器电路的输出是否正确。

3.3 基于原理图输入的 Quartus II 设计

利用原理图输入设计的优点是,设计者不必具备编程技术、硬件描述语言等知识就能迅速入门,并能完成较大规模数字逻辑电路的 EDA 设计。

Quartus II 可提供比 MAX+plus II 功能更强大,更直观快捷,操作灵活的原理图输入设计功能。同时还提供更丰富的适用于各种需要的库单元供设计者使用,包括基本逻辑元件(如与非门、触发器)、宏功能元件(如 74 系列的全部器件)、多种特殊的逻辑宏功能(Macro – Function)和类似于 IP 核的参数化功能模块 LPM(Library of Paramerterized Modules)。但更为重要的是,Quartus II 还提供了原理图输入多层次设计功能,使得用户能设计更大规模的电路系统,以及使用方便、精度良好的时序仿真器。

【例 3 – 1】 应用 Quartus II 宏功能元件 74283 设计 4 位并行加法器,并将运算结果用 DE2 – 70 的 7 段数码管显示。

解:根据 3.2 节内容,在 Quartus II 平台上,使用原理图输入法设计数字逻辑电路的基本流程,包括编辑设计文件、建立工程项目、编译综合、仿真测试、硬件测试、编程下载等基本过程。一个 4 位并行加法器可由 1 片宏功能元件 74283 组成,其显示部分可用 7447(共阳极 7 段译码器)。其设计步骤如下所述。

（1）编辑设计文件

① 建立工作库目录文件夹为 E：/chapter3/example3 - 1/，以便设计项目的存储。

② 输入源程序。

1）打开 Quartus II，选择 File→New 命令。在 New 窗口中的 Device Design Files 中选择硬件设计文件类型为 Block Diagram/Schematic File，单击 OK 后进入 Quartus II 图形编辑窗。

2）在图形编辑窗中的任何一个位置右击，在出现的快捷菜单中，选择其中的输入元件项 Inster→Symbol，将弹出如图 3 - 34 所示的输入元件对话框。

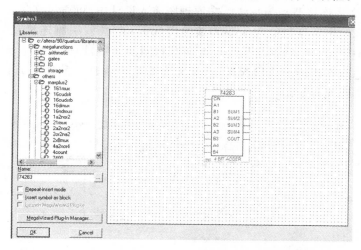

图 3 - 34　输入元件对话框

3）在图 3 - 34 所示的输入元件对话框中，Quartus II 列出了存放在/alerta/quartus90/libraries 文件夹中的各种元件库。其中 meagfunctions 是参数化功能模块 LPM 元件库，该元件库中包含算法类型（arithmetic）、门类型（gates）、I/O 类型（IO）、存储类型（storage）等功能模块；others 主要是 maxplust2 老式宏功能元件库，包括加法器、编码器、译码器、计数器和寄存器等 74 系列的全部器件；primitives 是基本逻辑元件库，包括缓冲器（buffer）、基本逻辑门（logic）、输入/输出引脚（pin）、触发器（storage）等。

4）单击"…"按扭，在元件选择窗口的符号库 libraries 中，选择 others→maxplust2 老式宏功能元件库中的 74283、7447、输入 input 引脚、输出 output 引脚。此元件将显示在窗口中，然后单击 Symbol 窗口的 OK 按扭，即可将元件调入图型编辑窗。

③ 连接符号命名引脚。

1）根据题意，4 位并行加法器可由 1 个 74283 元件、1 个 7447 元件及相应输入引脚 input 和输出引脚 output 组成,移动功能模块使它们之间排列整齐,为画连接线做好准备。

2)用鼠标双击输入或输出引脚中原来的名称,使其变黑就可以用键盘将输入端的名称改为 A[3..0]、B[3..0]、CIN,输出端名称改为 HEX0[6..0]、cout。

3)将鼠标指针引向输入或输出引脚的末端,鼠标的选择指针会变成十字型的画线指针,按下鼠标左键定义线的起点,按住左键拖动鼠标,在引脚的末端和功能模块相应的引脚之间画一条线,松开鼠标左键,即连好一条线。

4)右击可选择相应的线型(Line),对于单节点连线如 CIN、cout 选择 Node Line,对于多节点连线即总线如 A[3..0]、B[3..0]、HEX0[6..0],选择 Bus Line。

5)通过文字连接节点与总线。在原理图输入设计中,可通过文字将功能模块对应的总线输入输出节点与输入(input)或输出(output)总线引脚连接起来,命名的原则就是总线中的每个支线都与某个节点拥有相同的名字,即通过赋予支线适当的名字将节点与总线在逻辑上连接起来,而无需在图中做物理上的连接。4 位并行加法器的最后原理图文件如图 3-35 所示。

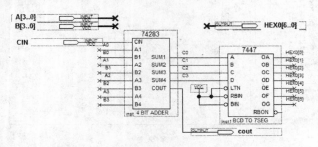

图 3-35 4 位并行加法器的原理图文件

④ 文件存盘。

选择 File→Save As 命令,找到已设立的文件夹 E:/chapter3/example3_1/,将已设计好的原理图以文件名 example3_1.bdf 存盘。然后按以下步骤进入建立工程项目流程。

(2)建立工程项目

选择 File→New Project Wizard 命令,即打开建立新工程对话框,单击对话框最上一栏右侧的"…"按钮,选中已存盘的文件 example3_1.bdf。再单击打开按钮,在对话框的第 1 行填入项目所在的文件夹 E:/chapter3/example3_2/;在第 2 行填入设计项目的工程名,此工程名可以取任何其他的名,也可以用顶层文件 example3_1 作为工程名;第 3 行是设计项目的底层项目名,如果没有底层项目,则第 3 行和第 2 行项目工程名相同。

(3)编译综合

上面所有工作做好后,执行 Quartus Ⅱ 主窗口的 Processing→Star Compilation

命令,启动全程编译。编译过程中应注意工程管理窗
下方的 Processing 栏中的编译信息。如果编译成功
可得图 3-36 所示的界面,单击确定后即可。

图 3-36　成功编译的界面

（4）仿真测试

① 建立仿真测试波形文件。

选择 Quartus II 主窗口的 File→New 选项,在弹出的文件类型编辑对话框中,选
择 Other Files→Vector Weaveform File,单击 OK 按钮,即出现波形文件编辑窗口。

② 设置仿真时间区域。

例 3-1 中整个仿真时间区域设为 5 μs,时间轴周期为 100 ns,其设置步骤是在
Edit 菜单中选择 End Time,在弹出窗口中 Time 处填入 5,单位选择 μs;同理在
Gride Size 中 Time period 输入 100 ns,单击 OK 按钮,设置结束。

③ 输入工程 Example3_1 的信号节点。

选择 View→Utility Windows→Node Finder,即可弹出波形编辑器对话框,在此
对话框 Filter 项中选择 Pins:All,然后单击 List 按钮,于是在下方的 Nodes Found 窗
口中出现设计中的 example3_1 工程的所有端口的引脚名。用鼠标将输入信号节点
和输出信号节点分别拖到波形编辑窗口,如图 3-37 所示,最后关闭 Nodes Found 窗
口即可。

		Name	Value at 13.23 ns	700.0 ns	800.0 ns	900.0 ns	1.0 us	1.1 us	1.2 us	1.3 us	1.4 us	1.5 us	1.6 us
▶	0	⊞ A	U 0	13	14	15	0	1	2	3	4	5	6	7	8	9	10	11	12	13	14	15	0
▶	5	⊞ B	U 10	10
▶	10	CIN	U 0	
▶	11	⊞ C	U X	X
▶	16	cout	U X	
▶	17	⊞ MEXO	U X	X

图 3-37　4 位并行加法器的仿真测试波形文件

④ 设计输入信号波形。

输入信号波形设置的详细操作与 3.2.4 小节中相同,此处不再重复。本例中设
置 A[3..0]的初始值为"0",为连续变化的十进制值,信号 B[3..0]设为 10,CIN 设为
0,如图 3-37 所示。

⑤ 文件存盘。

选择 File→Save as,将波形文件以默认名 example3_1.vwf 存盘。

⑥ 启动仿真器,观察仿真结果。

所有设置完成后,即可启动仿真器 Processing→Start Simulation,仿真结果如
图 3-38 所示,CIN=0 时,C[3..0]=A[3..0]+B[3..0]=2+10+0=12,结果
正确。

⑦ 引脚锁定。

完成上述操作后,可参考 3.2.5 小节的叙述,实现设计电路到目标芯片的硬件测

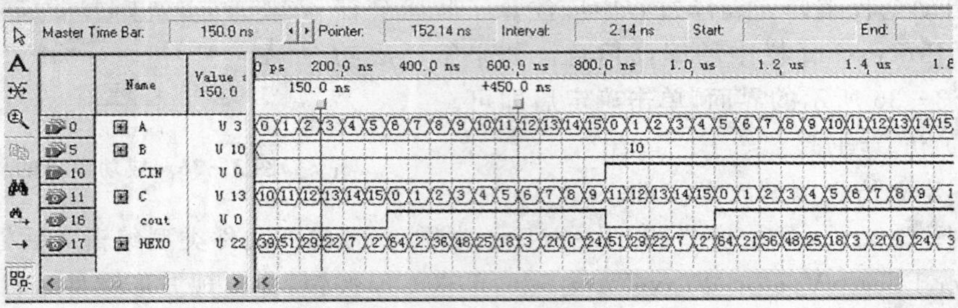

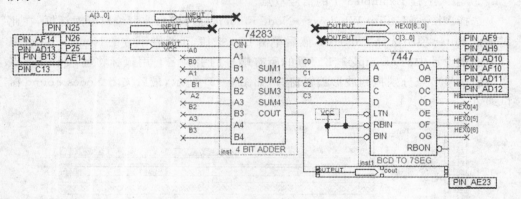

图 3-38　4 位并行加法器的仿真测试结果

试和编程下载流程,本例用 qsf 文件进行引脚锁定。用记事本打开 example3_1. qsf,将以下命令添加到文件中即可完成引脚锁定,完成引脚锁定后的结果如图 3-39所示。

图 3-39　引脚锁定结果

```
set_location_assignment PIN_N25 - to A[0] - - sw[0]
set_location_assignment PIN_N26 - to A[1] - - sw[1]
set_location_assignment PIN_P25 - to A[2] - - sw[2]
set_location_assignment PIN_AE14 - to A[3] - - sw[3]
set_location_assignment PIN_AF14 - to B[0] - - sw[4]
set_location_assignment PIN_AD13 - to B[1] - - sw[5]
set_location_assignment PIN_AC13 - to B[2] - - sw[6]
set_location_assignment PIN_C13 - to B[3] - - sw[7]
set_location_assignment PIN_B13 - to CIN - - sw[8]
set_location_assignment PIN_AF9 - to HEX0[1]
set_location_assignment PIN_AH9 - to HEX0[2]
set_location_assignment PIN_AD10 - to HEX0[3]
set_location_assignment PIN_AF10 - to HEX0[4]
set_location_assignment PIN_AD11 - to HEX0[5]
set_location_assignment PIN_AD12 - to HEX0[6]
```

set_location_assignment PIN_AE23 – to COUT

⑧ 全程编译。完成引脚锁定后,执行 Star Compilation,生成. sof 目标文件。

⑨ 编程下载。选择菜单项 Tools→Programmer 打开程序下载环境,选择 USB -Bluster 下载方式,将 example3_1. sof 文件列表中 Program/Configure 属性勾上,单击 Star 按钮,开始下载程序,完成后下载程序显示为 100%。

⑩ 硬件测试。在开发板上拨动 DE2 - 70 上的开关 sw[3]sw[2]sw[1]sw[0](加数 A[3..0])、sw[7]sw[6]sw[5]sw[4](被加数 B[3..0])、开关 sw[8](进位输入 CIN),可观测到加法运算后在 7 段数码管上的显示结果是否符合设计要求。

【例 3 - 2】　利用 3 - 8 线译码器 74138 和一个 8 选 1 多路选择器 81mux 设计一个 3 位二进制数等值比较器,包括原理图输入、编译、综合、适配、仿真。

解:根据 3.2 节所述的在 Quartus Ⅱ 平台上使用原理图输入法设计数字逻辑电路的基本流程,其设计步骤如下所述。

(1) 编辑设计文件

① 建立工作库目录文件夹为 E:/chapter3/example3_2/。

② 输入源程序。

1) 打开 QuartusII,执行 File→New 命令,进入 Quartus Ⅱ 图形编辑窗。

2) 在图型编辑窗中的任何一个位置右击,在出现的快捷菜单中,选择其中的输入元件项 Inster→Symbol,将弹出输入元件对话框 Symbol。

3) 直接在图 3 - 32 所示输入元件对话框 Name 下直接输入该库的基本元件的元件名 74138、81mux、GND、VCC、input、output。此元件将显示在窗口中,然后单击 Symbol 对话框 OK 按扭,即可将元件调入图形编辑窗。

4) 用鼠标双击输入或输出引脚中原来的名称,使其变黑就可以用键盘将输入端的名称改为 X0、X1、X2、Y0、Y1、Y2,输出端名称改为 F。

5) 将鼠标指针引向输入或输出引脚的末端,鼠标的选择指针会变成十字型的画线指针,按下鼠标左键定义线的起点,按住左键拖动鼠标,在引脚的末端和功能模块相应的引脚之间画一条线,松开鼠标左键,即连好一条线。本例最后原理图文件如图 3 - 40 所示。

③ 文件存盘。

将所设计的原理图以文件名 example3_2. bdf 存盘。

(2) 建立工程项目,参照例 3 - 1 执行

(3) 编译综合

上面所有工作做好后,执行 Quartus Ⅱ 主窗口的 Processing→Star Compilation 选项,启动全程编译。

(4) 仿真测试

① 建立仿真测试波形文件。

选择 Quartus Ⅱ 主窗口的 File→New 选项,在弹出的文件类型编辑对话框中,选

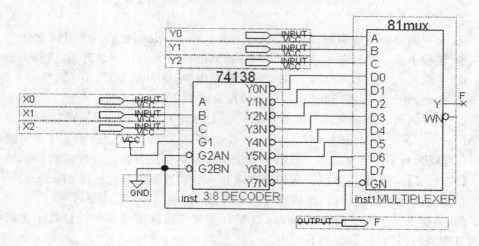

图 3-40 3位二进制数等值比较器的原理图

择 Other Files→Vector Weaveform File，单击 OK 按钮，可打开波形文件编辑窗口。

② 设置仿真时间区域。

例 3-2 中整个仿真时间区域设为 1 μs，时间轴周期为 100 ns。

③ 输入工程 example3_2 的信号节点。

选择 View→Utility Windows→Node Finder 命令，即可弹出添加信号节点的对话框窗口，在此对话框 Filter 项中选择 Pins：All，然后单击 List 按钮，于是在下方的 Nodes Found 窗口中出现设计中的 example3_2 工程的所有端口的引脚名。用鼠标将输入和输出信号节点分别拖到波形编辑窗口，此后关闭 Nodes Found 窗口即可。

④ 文件存盘。将波形文件以默认名 example3_2.vwf 存盘。

⑤ 启动仿真器，观察仿真结果。

所有设置完成后，即可启动仿真器，仿真结果如图 3-41 所示。观察仿真结果可知，当 X[2..0]与 Y[2..0]相等时，输出 F＝0，否则 F＝1，因此仿真结果正确。

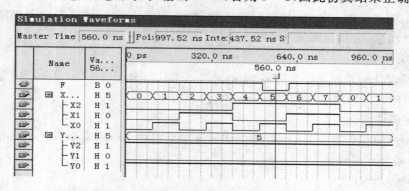

图 3-41 3位二进制数等值比较器仿真输出波形文件

（5）硬件测试

参考 3.2.5 小节的叙述和附录 1，可实现设计电路到目标芯片的硬件测试和编程下载。

3.4 基于文本输入的 Quartus II 设计

基于硬件描述语言 VHDL 的数字电路设计是一个从抽象到实际的过程。原则上说，VHDL 可以用于各种应用场合的数字系统自动设计，包括定制和半定制集成电路的设计。这些不同系统的设计过程还是有相当的差别。基于 VHDL 文本输入的数字电路的 Quartus II 设计的过程包括：系统设计、设计输入、综合、布局和布线、仿真。

首先进行的是系统设计，要对系统的性能作出正确的描述，在系统设计过程中应该系统进行层次式的分解，将系统分解为各种功能模块，并对功能模块的性能和接口进行正确的描述。在系统设计的基础上进行各个功能模块的逻辑设计，以保证能够正确地实现模块所要求的逻辑功能。这种功能级的设计，也是要通过硬件描述语言来完成的，主要是要求正确地描述模块的功能和逻辑关系，但不考虑逻辑关系的具体实现。

在完成功能设计后、应该对设计进行逻辑模拟，就是通过软件的方法，对所设计的模块输入逻辑信号，计算输出响应，以验证设计在功能上是否正确，是否得到系统设计中所要求的模块功能。逻辑模拟可以在没有实现具体的逻辑模块前，通过软件的方法验证设计的正确性，可以有效地提高设计的效率，降低设计的成本。

如果逻辑模拟得到了满意的结果，就可以进行具体的逻辑综合。逻辑综合要和所使用的逻辑部件结合进行。采用小规模集成电路和采用大规模集成电路的综合方法是不同的。采用 CPLD/FPGA 和采用门阵列的综合方法也是不同的。

完成逻辑综合后，可以进行具体的物理设计，也就是通常所说的布局和布线设计。在使用 CPLD/FPGA 等半定制器件进行设计时，则是要将逻辑综合的结果用 CPLD/FPGA 器件的内部逻辑器件来实现，并且寻求这些逻辑器件之间的最佳布线和连接。

在布局和布线完成之后，一般还要对设计的结果再作一次时间特性的模拟。在完成物理设计后，电路上所使用的器件的大小、布线的长短，都可以具体确定，这时进行的时间特性的模拟就可以比较准确地反映最后产品的时间特性。如果模拟的结果还有问题，就应该更新进行逻辑综合，或者重新进行逻辑设计。

因此 VHDL 设计完成后，必须利用 EDA 软件中的综合器、适配器、时序仿真器和编程器等工具进行相应的处理和下载，才能将此项设计在 CPLD/FPGA 上完成硬件实现并能进行硬件测试。本节将通过 1 个实例详细介绍基于 VHDL 文本输入的数字逻辑电路的 Quartus II 设计方法和技巧。

【例 3 - 3】 利用 VHDL 设计 DE2 - 70 开发板上 7 段数码显示译码器电路,并给出仿真结果。

解:根据题意其设计过程如下。

(1) 编辑设计文件

① 7 段译码器的 VHDL 建模。

在一些电子设备中,需要将 8421 码代表的十进制数显示在数码管上,如图 3 - 42 所示。数码管内的各个笔划段由 LED(发光二极管)制成。每一个 LED 均有一个阳极和一个阴极,当某 LED 的阳极接高电平、阴极接地时,该 LED 就会发光。对于共数阳极数码管,各个 LED 的阳极全部连在一起,接高电平;阴极由外部驱动,故驱动信号为低电平有效。共阴数码管则相反,使用时必须注意。DE2 - 70 使用的是共阳数码管。

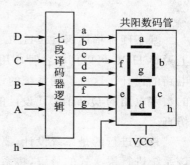

图 3 - 42 7 段译码电路框图

② 程序设计。

完成 7 段译码器逻辑电路的 VHDL 建模后,即可进行程序设计,如图 3 - 43 所示。该 VHDL 设计描述了库(library)说明、实体(ENTITY)说明、结构体(ARCHITECTURE)说明 3 个层次。7 段译码器逻辑电路的功能是,将 1 位 8421 码译为驱动数码管各电极的 7 个输出量 a~g。输入量 DCBA(iDIG)是 8421 码,a~g(oSEG)是

```
LIBRARY IEEE ;--7段数码显示译码器的VHDL源程序
USE IEEE.STD_LOGIC_1164.ALL ;
ENTITY example3_3 IS
 PORT ( iDIG  : IN  STD_LOGIC_VECTOR(3 DOWNTO 0);
    oSEG: OUT STD_LOGIC_VECTOR(6 DOWNTO 0)  ) ;
END ;
ARCHITECTURE one OF example3_3 IS
BEGIN
 PROCESS( iDIG )
 BEGIN
 CASE  iDIG  IS
  WHEN "0000" => oSEG <= "1000000";   --// gfedcb共阳级
  WHEN "0001" => oSEG <= "1111001";   --// ---a----
  WHEN "0010" => oSEG <= "0100100";   --// |    |
  WHEN "0011" => oSEG <= "0110000";   --// f    b
  WHEN "0100" => oSEG <= "0011001";   --// |    |
  WHEN "0101" -> oSEG <- "0010010";    //     g
  WHEN "0110" => oSEG <= "0000010";   --// |    |
  WHEN "0111" => oSEG <= "1111000";   --// e    c
  WHEN "1000" => oSEG <= "0000000";   --// |    |
  WHEN "1001" => oSEG <= "0011000";   --// ---d----.h
  WHEN "1010" => oSEG <= "0001000";
  WHEN "1011" => oSEG <= "0000011" ;
  WHEN "1100" => oSEG <= "1000110" ;
  WHEN "1101" => oSEG <= "0100001" ;
  WHEN "1110" => oSEG <= "0000110" ;
  WHEN "1111" => oSEG <= "0001110" ;
  WHEN OTHERS => NULL ;
  END CASE ;
 END PROCESS ;
```

图 3 - 43 7 段译码器 VHDL 代码

7 个输出端,分别与数码管上的对应笔划段相连。在 a～g 中,输出 0 的能使对应的笔划段发光,否则对应的笔划段熄灭。例如,要使数码管显示"0"字形,则 g 段不亮,其他段都亮,即要求 abcdefg＝0000001。h 是小数点,另用一条专线驱动,不参加译码。

③ 建立工作库目录文件夹为 E:/chapter3/example3_3/。

④ 输入源程序。

打开 Quartus II,选择 File→New 命令。然后在 VHDL 文本编辑窗中输入 7 段译码器 VHDL 代码 example3_3.vhd。

⑤ 文件存盘。选择 File→Save As 命令,找到已设立的文件夹 E:/chapter3/example3_3/,VHDL 文件的存盘文件名应与实体名一致,即均为 example3_3.vhd。

（2）建立工程项目

选择 File→New Project Wizard 命令,即打开建立新工程对话框。单击对话框最上一栏右侧的"…"按钮,找到项目所在的文件夹 E:/chapter3/example3_3/,选中已存盘的文件 example3_3.vhd,再单击打开按钮,其中第 1 行的 E:/chapter3/example3_3/表示工程所在的工作库目录文件夹;第 2 行表示该工程的工程名,此工程名可以取任何其他的名,也可以用顶层文件实体名作为工程名;第 3 行是顶层文件的实体名,此处即为 example3_3。

（3）编译

执行 Quartus II 主窗口的 Processing→Star Compilation 选项,启动全程编译。

（4）仿真测试

全程编译正确无误后,在 Quartus II 波形文件编辑方式下,完成 7 段译码器输入的赋值设置,整个仿真时间区域设为 1 μs,时间轴周期为 50 ns。

所有设置完成后,即可启动仿真器,其仿真输出波形文件如图 3－44 所示,观察仿真结果可知结果正确,其硬件测试读者可参照例 3－1 完成。

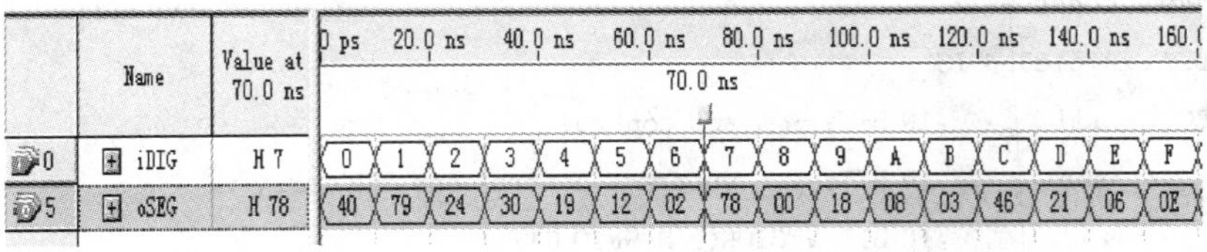

图 3－44　7 段译码器仿真输出波形

【例 3－4】　利用 VHDL 设计一个 n 位加法器/减法器,并给出 n＝4 时的仿真结果。

解：根据题意其设计过程如下。

（1）编辑设计文件

① n 位加法器/减法器的 VHDL 建模。

加法器/减法器的设计既可以利用 VHDL 宏函数,也可以直接用 VHDL 程序来设计 n 位加法器/减法器,本例题将采用该方法。即采用寄存器表示法,用数组 A(n downto 0)来表示一组数位[A],并以位数组表示的布尔表达式进行组合逻辑运算,这样在设计中可以用一个等式来描述对数组中的每一位进行的逻辑运算。因此,n 位加法器/减法器电路可以利用 1 位全加器所采用的逻辑表达式来完成对 n 位数组的加法,设被加数为[A]、加数为[B]、进位[Cin]、和[S],根据 1 位全加器输出的逻辑表达式,则用寄存器表示法的 n 位加法器的求和等式为:

$$[S] = [A] \oplus [B] \oplus [Cin] \qquad (3-1)$$

进位输出等式为:

$$[Cout] = [A][B] + [A][Cin] + [B][Cin] \qquad (3-2)$$

需要注意的是,级间的进位信号不是整个电路的输出或者输入,而是中间变量 C,并将每一个进位位作为它所对应的那一级加法/减法电路的输入,进位数组中的数位可以认为是加法/减法电路的"级联线",该数组在每一级必须有个进位输入并且在最高位有个进位输出,因此有:

$$[Cout] = C[(n+1)..1] \qquad (3-3)$$

$$[Cin] = C[n..0] \qquad (3-4)$$

② 程序设计。

完成 n 位加法器/减法器的 VHDL 建模后,即可进行程序设计。该 VHDL 设计描述了常量说明(PACKAGE)、库(library)说明、实体(ENTITY)说明、结构体(ARCHITECTURE)说明 4 个层次。

```
PACKAGE const IS
CONSTANT number_of_bits :INTEGER: = 4;     – – set total number of bits
CONSTANT n :INTEGER: = number_of_bits – 1;  – – MSB index number
END const;
USE work. const. all;
ENTITY example3_4 IS
PORT(    add       :IN BIT; – – add control
         sub       :IN BIT; – – subtract control and LSB carry in
         a         :IN BIT_VECTOR(n DOWNTO 0);
         bin       :IN BIT_VECTOR(n DOWNTO 0);
         s         :OUT BIT_VECTOR(n DOWNTO 0);
         carryout :OUT BIT);
END example3_4;
ARCHITECTURE addsubn OF example3_4 IS
SIGNAL c :BIT_VECTOR (n + 1 DOWNTO 0); – – define intermediate carry signals
SIGNAL b:BIT_VECTOR (n DOWNTO 0);      – – define 2s comp variable
```

```
SIGNAL bnot:BIT_VECTOR (n DOWNTO 0);
SIGNAL mode :BIT_VECTOR (1 DOWNTO 0);
BEGIN
  bnot < = NOT bin;
  mode < = add & sub;
muxx: WITH mode SELECT
  b < = bin WHEN "10", - - add
    bnot WHEN "01",    - - subb
    "0000" WHEN OTHERS;
  c(0) < = sub;                     - - Read the carry in to bit array
  s < = a XOR b XOR c(n DOWNTO 0);  - - Generate the sum bits
  c(n + 1 DOWNTO 1)< =     (a AND b) OR
                          (a AND c(n DOWNTO 0)) OR
                          (b AND c(n DOWNTO 0));    - - generate the ripple carries
                          carryout < = c(n + 1);    - - output the carry of the MSB
END addsubn;
```

③ 建立工作库目录文件夹为 E:/chapter3/example3_4/。

④ 输入源程序。

打开 Quartus II,选择 File→New 命令。然后在 VHDL 文本编辑窗中输入 n 位加法器/减法器的 VHDL 源程序 example3_4.vhd。

⑤ 文件存盘。

选择 File→Save As 命令,找到已设立的文件夹 E:/chapter3/example3_4/example_4,VHDL 文件的存盘文件名应与实体名一致,即均为 example3_4.vhd。

(2) 建立工程项目

选择 File→New Project Wizard 命令,即打开建立新工程对话框。详细步骤同例 3-1。

(3) 编   译

执行 Quartus II 主窗口的 Processing→Star Compilation 选项,启动全程编译。

(4) 仿真测试

全程编译正确无误后,在 Quartus II 波形文件编辑方式下,完成 n 位加法器/减法器输入的赋值设置,即令 n=4,[a]=9,[bin]=5,当[add,sub]=10 时执行加法(bin+a),[add,sub]=01 时执行减法(bin-a)。s 为和,carryout 为进位或借位输出。

所有设置完成后,即可启动仿真器,其仿真输出波形文件如图 3-45 所示,观察仿真结果可知结果正确。其硬件测试读者可参照例 3-1 和附录 1 完成。

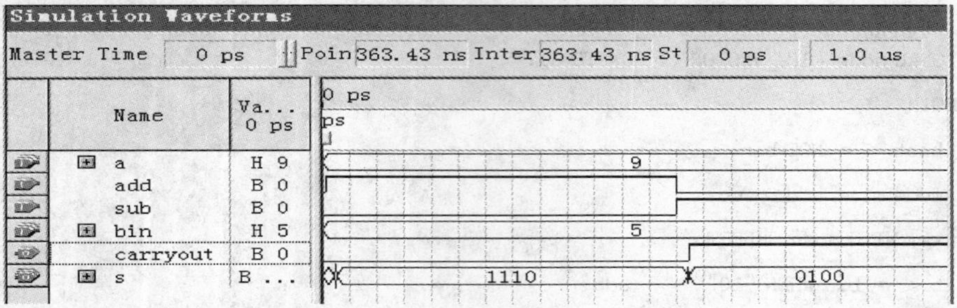

图 3-45　n 位加法器/减法器仿真输出波形文件(n=4)

3.5　基于 LPM 可定制宏功能模块的 Quartus II 设计

　　Altera 宏功能模块是复杂或高级构建模块,可以在 Quartus II 设计文件中同门和触发器等基本单元一起使用。设计者可以使用 File→MegaWizard Plug-In Manager 功能,创建 Altera 宏功能模块、LPM (Library of Parameterized Modules)功能模块。作为 EDIF 标准的一部分,LPM 的形式得到了 EDA 工具的广泛支持。LPM 参数化模型即是 Quartus II 软件所自带的 IP 核(Intelligential Property core)总汇,有效利用了它可以大大减轻工程师的设计负担,避免重复劳动。随着 CPLD/FPGA 的规模越来越大,设计越来越复杂,使用 IP 核是 EDA 设计的发展趋势。

　　这些 LPM 函数均基于 Altera 器件的结构作了优化。在实际的工程设计中,必须使用宏功能模块才可以使用一些 Altera 特定器件的硬件功能,例如各类片内存储器(RAM)、数字信号处理(DSP)模块、低电压差分信号(LVDS)驱动器、嵌入式锁相环(PLL)以及收发器(SERDES)电路模块等。这些可以以图形(即原理图输入)或 VHDL(文本输入)模块形式调用的宏功能模块,使得基于 Quartus II 的数字电路设计的效率和可靠性有了很大的提高。设计者可以根据实际应用的设计需要,选择适当的 LPM 模块,并为其设定适当的参数,就能满足实际的设计需要。不过提醒设计者注意的是,Quartus II 中的 LPM 模块多数是加密的,所以调用了 LPM 模块的设计文件最终实现的目标器件仅限于 Altera 公司的 CPLD/FPGA 器件,而不能移植到其他 EDA 工具中使用或使用其他公司的目标器件。

　　使用 LPM 宏单元来设计有三大优点:一是 LPM 设计出来的电路与结构无关;二是设计者在利用 LPM 宏单元进行设计的同时,不用担心芯片的利用率和效率等问题,无需用基本的标准逻辑单元构造某种功能,LPM 宏单元也可以让设计者直到设计流程的末端都不用考虑最终的结构,设计输入和模拟都独立于物理结构;三是可以图形或硬件描述语言形式方便地调用兆功能块(Megafunction),使得基于 EDA 技术的电子设计的效率和可靠性有了很大的提高;器件的选择只有到逻辑综合或定制期间才需要考虑。为节省宝贵的设计时间,建议使用宏功能模块,而不是对自己的逻辑进行编码。

Quartus II 中 Altera 公司提供的可参数化宏功能模块和 LPM 函数如下。

① 算术组件(arithmetic):包括累加器、加法器、乘法器、比较器和算术函数。

② 门类型(gates):包括多路复用器和基本门函数。

③ I/O 组件:包括时钟数据恢复(CDR)、锁相环(PLL)、双数据速率(DDR)、千兆位收发器块(GXB)、LVDS 接受器和发送器、PLL 重新配置(reconfiguration megafunction)和远程更新宏功能模块(remote update megafunction)。

④ 存储类型(storage):包括存储器 RAM、ROM、FIFO、移位寄存器宏功能模块。

Altera 公司的 LPM 宏功能模块内容丰富,每一模块的功能、参数含义、使用方法、VHDL 模块参数设置及调用方法可以利用 Help 菜单中的 Megafunction/LPM 命令查寻。Altera 推荐使用 MegaWizard 管理器(MegaWizard Plug - In Manager) 对宏功能模块进行例化以及建立自定义宏功能模块变量。MegaWizard 管理器允许设计者选择基本宏功能模块,然后为其设置合适的参数及输入/输出端口,再生成用户设计所需要的模块文件。该向导将提供一个图形界面,用于为参数和可选端口设置数值,帮助设计者建立或修改包含自定义宏功能模块变量的设计文件,然后在顶层设计文件中对这些模块进行例化,用于 Quartus II 软件以及其他 EDA 设计输入和综合工具中。

要运行 MegaWizard 管理器,可以利用 Quartus II 主窗口中 Tools→MegaWizard Plug - In Manager 命令,或在原理图设计文件(∗. bdf)的空白处双击,打开 MegaWizard Plug - In Manager,也可以将 MegaWizard 作为独立的应用程序来运行。

本节将通过具体示例介绍 LPM 可定制宏功能模块的具体功能,MegaWizard Plug - In Manager 的使用方法,在 Quartus II 中基于 LPM 模块数字逻辑电路的设计方法和技巧。

【例 3 - 5】 在 Quartus II 中为 Cyclone II 系列的 EP2C70F896C6 芯片定制一个双端口 RAM,其数据宽度为 8 位,地址宽度为 8 位,并给出定制 RAM 的工作特性和读/写方法的仿真结果。

解:

(1) 建立 Quartus II 工程

① 新建 Quartus II 工程 example_ram,定层实体名 example_ram。

② 重新设置编译输出目录为 E:/chapter3/example3_5/dev。

(2) 利用 MegaWizard Plug - In Manager 定制双端口 RAM

其流程如下:

① 设置 MegaWizard Plug - In Manager 初始对话框。在 Quartus II 主窗口 Tools 菜单中选择 MegaWizard Plug - In Manager 命令,产生图 3 - 46 的界面,可选择以下操作模式:

➤ Create a new custom megafunction 项,定制一个新的宏功能块模块。

➤ Edit an exiting custom megafunction 项,修改编辑一个已存在的宏功能块模块。

➤ Copy an exiting custom megafunction 项,即复制一个已存在的宏功能块文件。

本例选择定制一个新的宏功能块模块。

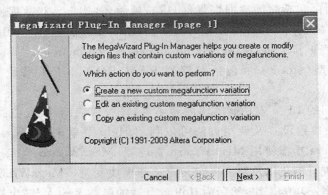

图 3－46　定制一个新的宏功能块模块

② 在图 3－46 中,单击 Next 按钮后,产生图 3－47 的宏功能块模块选择对话框。该对话框左侧列出了可供选择的宏功能块模块类型,有已安装的组件(Installed Plug-ins)和未安装的组件(IP MegsStore)。已安装的部分包括 Altera SOPC

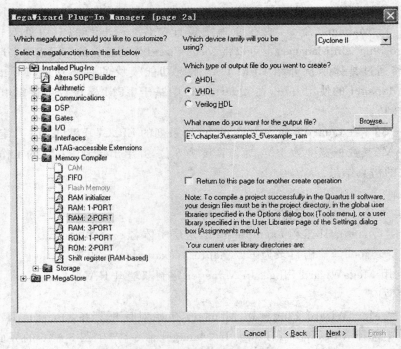

图 3－47　宏功能块模块选择

Builder、算术组件(Arithmetic)、Communicayions、DSP、门类型(Gates)、I/O、存储器编译器(Memory Compiler)、存储类型(Storage)等；未未安装的部分是 Altera 的 IP 核，它们需要上网下载，然后再安装。

图 3-47 中右边部分包括器件选择、硬件描述语言选择、输出文件的路径和文件名，以及库文件的指定，这些库文件是设计者在 Quartus II 中编译时需要用的文件库。设计者在使用非系统默认、自己安装的 IP 核时，需指定用户库。

在图 3-47 左栏 Memory Compiler 项下选择 RAM：2-PORT，在右边选择 Cyclone II 器件和 VHDL 语言方式，最后在 Browse 文本框中输入输出文件存放的路径和文件名 E：/chapter3/example3_5/example_ram，单击 Next 按钮进入下一步，如图 3-48 所示。

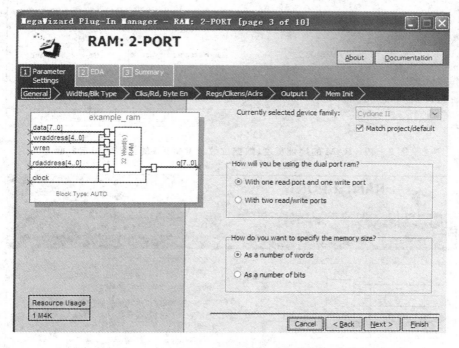

图 3-48 设定 RAM 的读/写端口的数量及存储类型(字或位)

③ 在图 3-48 中，设定 RAM 的读/写端口的数量。本题选择一个读端口，一个写端口，存储类型选择位(bits)，单击 Next 按钮进入下一步，如图 3-49 所示。

④ 在图 3-49 中，设定 RAM 的地址宽度、数据位数及所嵌入 RAM 块的类型。本题选择的地址宽度为 8 位，即 2 048 位(256 个字)；输入/输出数据位数均选为 8 位；RAM 块的类型将基于所选目标器件的系列，ACEX1K 系列为 EAB，APEX20K 系列为 ESB，Cyclone 系列为 M4K，本实例中选择 M4K，如不清楚所选目标器件的系列，可选 Auto，Quartus II 将会自动适配。单击 Next 进入地址锁存控制信号选择界面，如图 3-50 所示，本实例中选择单时钟 Single clock。

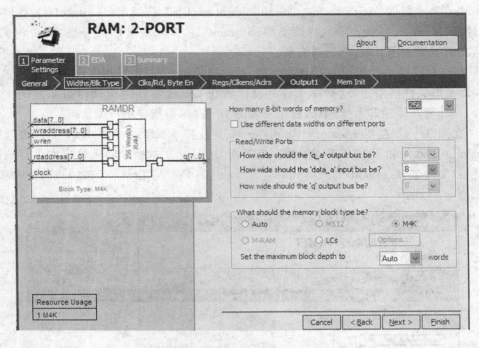

图 3 - 49　RAM 的地址宽度、数据位数及 RAM 块的类型的设定界面

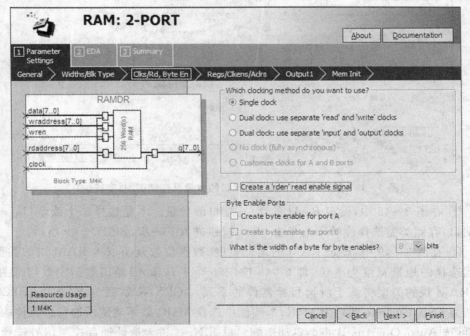

图 3 - 50　地址锁存控制信号选择界面

⑤ 在图 3-50 中,单击 Next 按钮进入图 3-51 所示的界面,在 Which ports should be registered 栏选择"读"输出端口 q[7..0]为寄存输出(registered),为简化设计,本实例不单独设置输出使能信号 rden 和异步清零信号 aclr,可单击 Next 按钮进入下一界面,如图 3-52 所示,此界面仅针对单时钟读/写数据混合输出的 RAM 而言,即读数据的同时将 RAM 中的历史数据也一同输出显示出来。

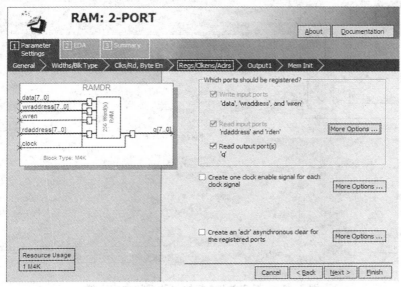

图 3-51　选择"读"输出端口控制类型的界面

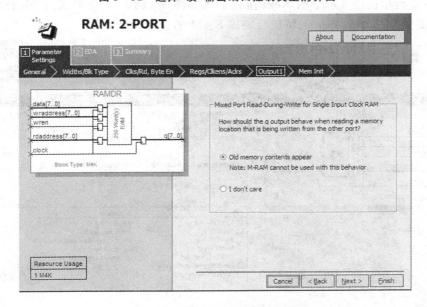

图 3-52　"读/写"数据输出显示位置的设置

⑥ 设置存储器初始化数据。如图 3-53 所示,在存储器芯片的定制中,可指定其初始化数据的内容文件,为说明存储器初始化数据文件的使用方法,选择指定初始化数据文件名为 ram256.mif,并指向文件夹 E:/chapter3/example3_5/。

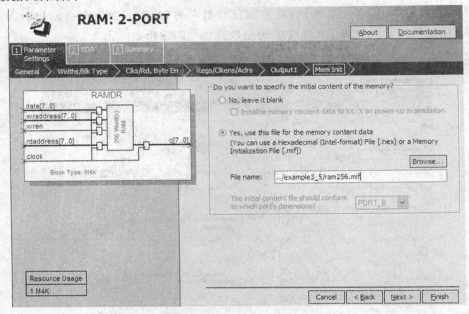

图 3-53   指定 RAM 初始化数据的内容文件

⑦ 最后单击图 5-53 的 Next 按钮进入如图 5-54 所示的界面,产生全部的可生成文件类型。单击 Finish 按钮后完成 RAM 的定制设计工作。

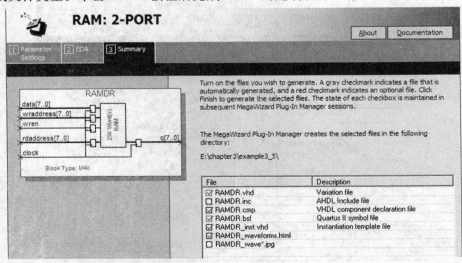

图 3-54   RAM 的定制设计完成

（2）定制双端口 RAM 初始化数据文件

Quartus II 能接受的初始化数据文件格式有两种，一种是 Memory Initialization File(. mif)格式，另一种是 Hexadecimal(Intel－Format) File(. hex)格式。实际应用中只要使用其中一种格式文件即可。不失一般性，下面给出建立. mif 格式文件的方法。

① 选择 RAM 初始化数据文件编辑窗。在 Quartus II 中选择 File→New 命令，在 New 窗口中选择 Memory Files，再选择 Memory Initialization File，单击 OK 按钮后，进入 RAM 初始化数据文件大小编辑窗。

② 进入编辑窗后，在编辑窗中，根据设计的要求，可选 RAM 的数据数（Number of words)为 256 字，数据位宽度（Word size)为 8，

③ 在数据文件编辑窗中，单击 OK 按钮，将出现图 3－55 所示的空的 mif 数据表格，表格中的数据格式可通过右击窗口边缘后，从弹出的窗口中选择。此表中任一数据对应的地址为左列与顶行数之和。

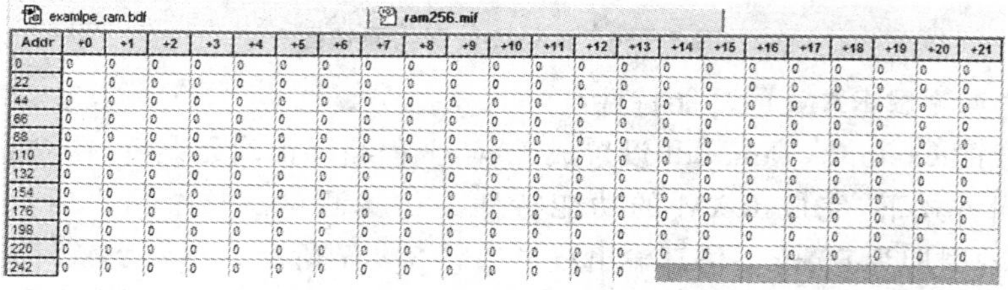

Addr	+0	+1	+2	+3	+4	+5	+6	+7	+8	+9	+10	+11	+12	+13	+14	+15	+16	+17	+18	+19	+20	+21
0	0	0	0	0	0	0	0	0	0	0	0	0	0	0	0	0	0	0	0	0	0	0
22	0	0	0	0	0	0	0	0	0	0	0	0	0	0	0	0	0	0	0	0	0	0
44	0	0	0	0	0	0	0	0	0	0	0	0	0	0	0	0	0	0	0	0	0	0
66	0	0	0	0	0	0	0	0	0	0	0	0	0	0	0	0	0	0	0	0	0	0
88	0	0	0	0	0	0	0	0	0	0	0	0	0	0	0	0	0	0	0	0	0	0
110	0	0	0	0	0	0	0	0	0	0	0	0	0	0	0	0	0	0	0	0	0	0
132	0	0	0	0	0	0	0	0	0	0	0	0	0	0	0	0	0	0	0	0	0	0
154	0	0	0	0	0	0	0	0	0	0	0	0	0	0	0	0	0	0	0	0	0	0
176	0	0	0	0	0	0	0	0	0	0	0	0	0	0	0	0	0	0	0	0	0	0
198	0	0	0	0	0	0	0	0	0	0	0	0	0	0	0	0	0	0	0	0	0	0
220	0	0	0	0	0	0	0	0	0	0	0	0	0	0	0	0	0	0	0	0	0	0
242	0	0	0	0	0	0	0	0	0	0	0	0	0	0								

图 3－55 空的 mif 数据表格

④ 然后将 RAM 的初始化数据填入此表中，此实例中，初始化数据均为 0。

⑤ 文件存盘，在 Quartus II 中选择 File→Save 命令，保存此数据文件名为 ram256. mif，存盘路径为 E:/chapter3/example3_5/。

也可以使用 Quartus II 以外的编辑器（如文本编辑器或 C 语言编辑器）设计. mif 文件，在文本编辑器编辑的文件中，地址和数据均为十六进制，冒号左边是地址，右边是对应的数据，并以分号结尾。其格式如下：

```
WIDTH = 8;
DEPTH = 256;
ADDRESS_RADIX = HEX;
DATA_RADIX = HEX;
CONTENT BEGIN
0 : 00;
1 : 00;
2 : 00;
…(数据略去)
FE :00;
FF :00;
```

END;

（3）对定制的 RAM 元件 RAMDR 进行例化

为仿真测试 RAMDR 的功能特性，可用原理图输入的方式，对 RAMDR 进行例化，即将 RAMDR.sym 调入 Quartus II 原理图编辑窗中，按照图 3-56 连接好输入/输出引脚，并设置好引脚名，即输入数据为 D[7..0]，不失一般性将读数据地址（wraddress[7..0]）和写数据地址（rdaddress[7..0]）均设为 ADD[7..0]，clk_in 为读/写时钟脉冲，WR 为读/写控制端，高电平时进行读操作，低电平时进行写操作，并以文件名 example_ram.bdf 存入已设立的文件夹 E:/chapter3/example3_5/中。

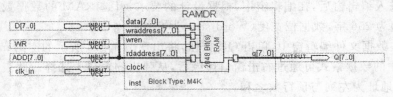

图 3-56 RAMDR 例化原理图

（4）仿真测试 RAM 的功能特性

将生成的 example_ram.bdf 设置成工程，全程编译正确无误后，在 Quartus II 波形文件编辑方式下，完成 RAM 的功能特性的仿真测试。整个仿真时间区域设为 1 μs，时间轴周期为 50 ns。仿真输出波形如图 3-57 所示。

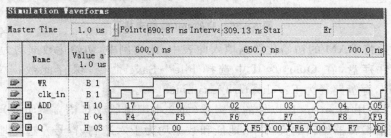

图 3-57 双端口 RAM 仿真输出波形

【例 3-6】 在 Quartus II 中定制一个锁相环元件 PLL，输入频率为 20 MHz，输出频率为 40 MHz、60 MHz、100 MHz。

解：FPGA 片内嵌入式锁相环 PLL 可以与输入的时钟信号同步，并以其作为参考信号实现锁相，从而输出一个或多个同步倍频或分频的片内时钟，以供逻辑系统使用。这种系统片内时钟与来自外部的时钟相比，可以减少时钟延时、变形及片外干扰，还可以改善时钟的建立时间和保持时间。Cyclone II 系列器件中的锁相环能对输入的时钟信号相对于某一输出时钟同步乘以或除以一个因子，并提供任意移相和输出信号占空比。

（1）利用 MegaWizard Plug-In Manager 定制锁相环 PLL 元件

① 在 Quartus II 主窗口选择 Tools→MegaWizard Plug – In Manager→Create a new custom megafunction。单击 Next 后,在左栏选择 I/O 项下的 ALTPLL,再选择 Cyclone 和 VHDL 语言方式,最后在 Browse 栏中输入输出文件存放的路径 E:/chapter3/example3_6/和文件名为 pll20,单击 Next,即弹出图 3-58 所示界面。

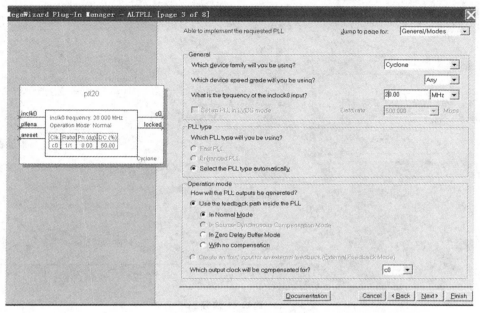

图 3-58 设定 PLL 的参考时钟频率

② 设定 PLL 的参考时钟频率为 20 MHz,然后单击 Next,即弹出图 3-59 所示

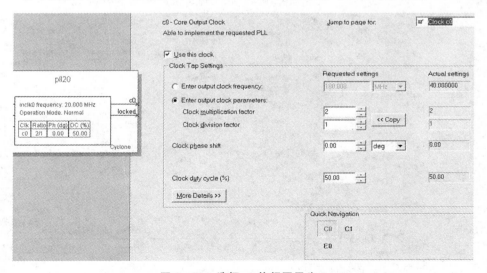

图 3-59 选择 c0 倍频因子为 2

界面。在图 3-59 所示界面中选择 Use this clock,并选择第一个输出时钟 c0 相对于输入时钟的倍频因子为 2,即 c0 的片内输出为 40 MHz;时钟相移和占空比不变。

③ 以下分别在图 3-60、图 3-61 所示的界面中对选中 c1 和 e0 输出时钟设置倍频因子为 3 和 5,时钟相移和占空比不变,最后完成了 pll20. vhd 的建立。

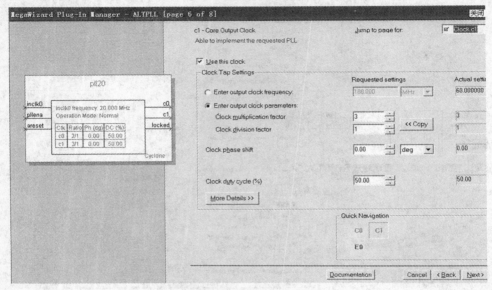

图 3-60　选择 c1 倍频因子为 3

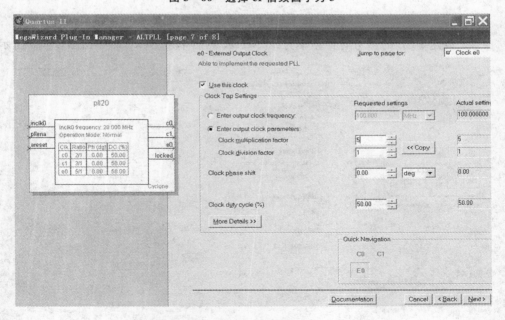

图 3-61　选择 e0 倍频因子为 5

（2）仿真 PLL 模块

将生成的 pll20.vhd 设置成工程，全程编译正确无误后，在 Quartus II 波形文件编辑方式下，完成 PLL 功能特性的仿真测试。整个仿真时间区域设为 5 μs，时间轴周期为 50 ns。仿真输出波形如图 3-62 所示：输入时钟 inclk0 的时钟周期为 50 ns，areset 是异步复位信号，高电平有效；pllena 是锁相允许控制信号；locked 是相位锁定指示输出，高电平表示锁定，低电平表示矢锁；锁相输出分别是 c0、c1、e0，从仿真输出波形图中可以看出锁相输出周期 $T_{e0} > T_{c1} > T_{c0}$，输出频率为 40 MHz、60 MHz、100 MHz，符合定制要求。

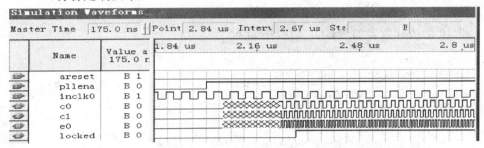

图 3-62   PLL 仿真输出波形图

（3）实测 PLL 模块

对于工程 pll20，选择 DE2-70 开发板按 3.2 节的流程，请读者自行完成硬件测试工作。

3.6 基于混合输入方式的 Quartus II 设计

在复杂的数字电路设计中，为有效利用 Quartus II 基于块结构的设计方法，往往推荐使用混合输入方式的 Quartus II 设计。基于原理图输入的多层次设计功能，使用方便、精度良好的时序仿真器，使得用户能设计更大规模的电路系统。而基于硬件描述语言 VHDL 和 Quartus II 宏功能模块的输入设计方式，实际上是一个从抽象到具体、自顶向下、自下而上的层次化设计。本节将通过 1 个综合示例详细介绍在 Quartus II 中使用混合输入方式的数字逻辑电路的设计方法和技巧。

【例 3-7】 在 Quartus II 中利用 LPM_ROM 设计一个 16 节拍的时序控制器，该时序控制器输出的 8 个时序信号为 S[7..0]，ROM 表中从地址 0 到 F 的 16 个单元的数据依次为 DE、3A、85、AF、19、7B、00、ED、3C、FF、B8、C7、27、6A、D2、5B，请给出 ROM 每个输出端 S[7..0] 的波形图。

解：Altera 的 FPGA 中有许多可调用的 LPM 参数化的模块库，可构成诸如 lpm_rom、lpm_ram_io、lpm_fifo、lpm_ram_dq 的存储器结构。CPU 中的重要部件，如

RAM、ROM 可直接调用它们构成,因此,在 FPGA 中利用嵌入式阵列块 EAB 可以构成各种结构的存储器,LPM_ROM 是其中的一种。

ROM 是只读存储器,一般用于存储那些在系统正常操作中不改变的数据表,如三角函数表和代码转换表,也可以用于产生时序和控制信号。数字系统可以通过这些数据表查找到相应的值,对于 ROM 的每个输出端来说,则产生时序控制的节拍信号。

依题意,一个 16 节拍的 8 输出时序控制器可由一个 16×8 的 PLM_ROM 构成,该 ROM 的地址输入端则由一个模 16 加法计数器驱动,下面给出具体设计流程。

(1) 模 16 加法计数器的 VHDL 设计

模 16 加法计数器的 VHDL 源程序如下:

```
LIBRARY IEEE;
USE IEEE.STD_LOGIC_1164.ALL;
USE IEEE.STD_LOGIC_UNSIGNED.ALL;
ENTITY cnt16 IS
  PORT (CLK,RST,EN : IN STD_LOGIC;
    Q : OUT STD_LOGIC_VECTOR(3 DOWNTO 0);
COUT : OUT STD_LOGIC );
END cnt16;
ARCHITECTURE behav OF cnt10_v IS
BEGIN
  PROCESS(CLK, RST, EN)
    VARIABLE CQI : STD_LOGIC_VECTOR(3 DOWNTO 0);
  BEGIN
    IF RST = '1' THEN CQI := (OTHERS =>'0');      --计数器异步复位
    ELSIF CLK'EVENT AND CLK = '1' THEN            --检测时钟上升沿
    IF EN = '1' THEN                              --检测是否允许计数(同步使能)
    IF CQI < 15 THEN CQI := CQI + 1;              --允许计数,检测是否小于9
      ELSE CQI := (OTHERS =>'0');                 --大于15,计数值清零
    END IF;
    END IF;
    END IF;
    IF CQI = 15 THEN COUT <= '1';                 --计数等于15,输出进位信号
    ELSE COUT <= '0';
    END IF;
      Q <= CQI;                                   --将计数值向端口输出
  END PROCESS;
END behav;
```

在源程序中 COUT 是计数器进位输出;CQ[3..0]是计数器的状态输出;CLK 是时钟输入端;RST 是复位控制输入端,当 RST=1 时,CQ[3..0]=0;EN 是使能控

制输入端,当 EN＝1 时,计数器计数,当 EN＝0 时,计数器保持状态不变。

其源程序的输入、编译和仿真与本章 3.2 节给出的流程相同。在仿真结果正确无误后,为方便顶层设计应用此结果,可将以上设计的十进制计数器电路设置成可调用的元件 cnt16.sym,以备高层设计中使用(方法与 3.2.1 小节相同),其元件符号如图 3-63 所示。

(2) 利用 MegaWizard Plug-In Manager 定制 16×8 的 ROM

根据例 3-6 给出的双端口 RAM 的定制流程,即可完成 16×8 的 ROM 模块 rom16 的定制工作,其模块符号如图 3-64 所示。

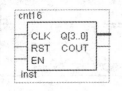

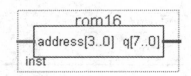

图 3-63　模 16 加法计数器模块符号　　**图 3-64　16×8 的 ROM 模块符号**

在定制中选择 ROM 的数据位宽为 8,地址位宽为 4(共计 16 个字),RAM 的类型选择为 Auto,并指定 ROM 的初始化数据文件名为 rom16.mif,该数据文件指向工程项目文件夹。

(3) 定制 16×8 的 ROM 模块初始化数据文件 rom16.mif

在 Quartus II 中选择 File→New 命令,在 New 窗口中选择 Other Files→Memory Initialization File 选项。单击 OK 按钮后,进入 ROM 初始化数据文件大小编辑窗。进入编辑窗后,根据设计的要求,选 ROM 的数据数(Number of words)为 16 字,数据位宽度(Word size)为 8。在数据文件编辑窗中,单击 OK 按钮,将出现图 3-65 所示的 mif 数据表格,在表格中将 ROM 的初始化数据以十进制数形式填入此表中,最后保存此数据文件名为 cnt16.mif,存盘路径为 E:/chapter/example3_6/。

(4) 时序控制器顶层电路的设计

在 Quartus II 图形编辑窗中完成顶层电路的设计,即按图 3-66 所示时序控制器顶层电路原理图,加入所有的相关元件,将它们连接起来,并以文件名 example3_6.bdf 存盘。

(5) 综合编译和仿真

① 以 example3_6.bdf 为顶层文件建立工程(详细步骤参见 3.2 节);

② 选择目标器件为 Cyclone II 系列的 EP2C70F896C6 芯片,并编译。

③ 全程编译正确无误后,在波形文件编辑方式下,建立仿真波形文件 example3_6.vwf。

④ 启动仿真器 Processing→Start Simulation ,仿真输出波形文件如图 3-67 所示。

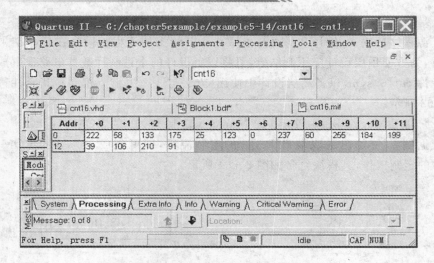

图 3 – 65　ROM 的初始化数据文件内容

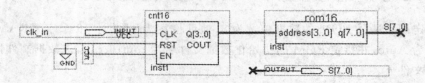

图 3 – 66　时序控制器顶层电路原理图

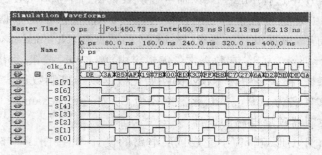

图 3 – 67　时序控制器仿真输出波形图

3.7　嵌入式逻辑分析仪的使用

　　随着 FPGA 容量的增大,FPGA 的设计日益复杂,设计调试成为一个很繁重的任务。为了使得设计尽快投入市场,设计人员需要一种简易有效的测试工具,以尽可能地缩短测试时间。传统的逻辑分析仪在测试复杂的 FPGA 设计时,将会面临以下几点问题。

① 缺少空余 I/O 引脚。设计中器件的选择依据设计规模而定,通常所选器件的 I/O 引脚数目和设计的需求是恰好匹配的。

② I/O 引脚难以引出。设计者为减小电路板的面积,大都采用细间距工艺技术,在不改变 PCB 板布线的情况下引出 I/O 引脚非常困难。

③ 外接逻辑分析仪有改变 FPGA 设计中信号原来状态的可能,但难以保证信号的正确性。

④ 传统的逻辑分析仪价格昂贵,将会加重设计方的经济负担。

伴随着 EDA 工具的快速发展,一种新的调试工具 Quartus II 中的 SignalTap II 满足了 FPGA 开发中硬件调试的要求,它具有无干扰、便于升级、使用简单、价格低廉等特点。本节将介绍 SignalTap II 逻辑分析仪的主要特点和使用流程,并以一个实例介绍该分析仪具体的操作方法和步骤。

3.7.1　Quartus II 的 SignalTap II 原理

SignalTap II 是内嵌逻辑分析仪,是把一段执行逻辑分析功能的代码和客户的设计组合在一起编译、布局布线的。在调试时,SignalTap II 通过状态采样将客户设定的节点信息存储于 FPGA 内嵌的 Memory Block 中,再通过下载电缆传回计算机。

SignalTap II 嵌入逻辑分析仪集成到 Quartus II 设计软件中,能够捕获和显示可编程单芯片系统(SOPC)设计中实时信号的状态,这样开发者就可以在整个设计过程中以系统级的速度观察硬件和软件的交互作用。它支持多达 1 024 个通道,采样深度高达 128 Kb,每个分析仪均有 10 级触发输入/输出,从而增加了采样的精度。SignalTap II 为设计者提供了业界领先的 SOPC 设计的实时可视性,能够大大减少验证过程中所花费的时间。

SignalTap II 将逻辑分析模块嵌入到 FPGA 中,如图 3-68 所示。

逻辑分析模块对待测节点的数据进行捕获,数据通过 JTAG 接口从 FPGA 传送到 Quartus II 软件中显示。使用 SignalTap II 无需额外的逻辑分析设备,只需将一根 JTAG 接口的下载电缆连接到要调试的 FPGA 器件。SignalTap II 对 FPGA 的引脚和内部的连线信号进行捕获后,将数据存储在一定的 RAM 块中。

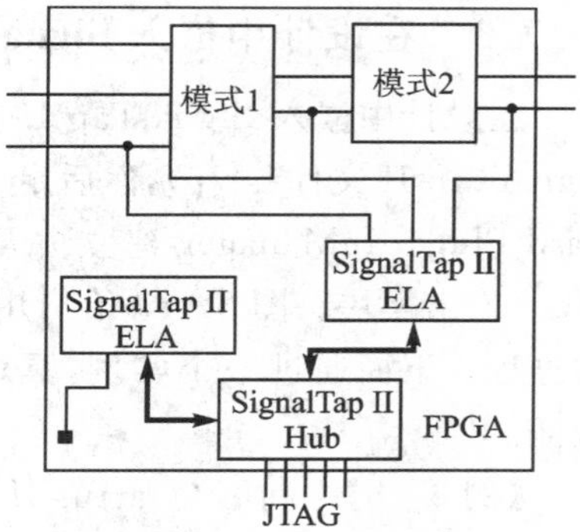

图 3-68　SignalTap II 原理框图

3.7.2　SignalTap II 使用流程

设计人员在完成设计并编译工程后,建立 SignalTap II (.stp)文件并加入工程、配置 STP 文件、编译并下载设计到 FPGA、在 Quartus II 软件中显示被测信号的波形、在测试完毕后将该逻辑分析仪从项目中删除。以下为设置 SignalTap II 文件的基本流程。

① 设置采样时钟。采样时钟决定了显示信号波形的分辨率,它的频率要大于两倍被测信号的最高频率,否则无法正确反映被测信号波形的变化。SignalTap II 在时钟上升沿将被测信号存储到缓存。

② 设置被测信号。可以使用 Node Finder 中的 SignalTap II 滤波器查找所有预综合和布局布线后的 SignalTap II 节点,添加要观察的信号。逻辑分析器不可测试的信号包括:逻辑单元的进位信号、PLL 的时钟输出、JTAG 引脚信号、LVDS(低压差分)信号。

③ 配置采样深度,确定 RAM 的大小。SignalTap II 所能显示的被测信号波形的时间长度为 T_x,计算公式如下:

$$T_x = N \times T_s$$

式中,N 为缓存中存储的采样点数,T_s 为采样时钟的周期。

④ 设置 buffer acquisition mode。它包括循环采样存储、连续存储两种模式。循环采样存储也就是分段存储,将整个缓存分成多个片段(segment),每当触发条件满足时就捕获一段数据。该功能可以去掉无关的数据,使采样缓存的使用更加灵活。

⑤ 触发级别。SignalTap II 支持多触发级的触发方式,最多可支持 10 级触发。

⑥ 触发条件。可以设定复杂的触发条件用来捕获相应的数据,以协助调试设计。当触发条件满足时,在 SignalTap 时钟的上升沿采样被测信号。

完成 STP 设置后,将 STP 文件同原有的设计下载到 FPGA 中,在 Quartus II 中 SignalTap II 窗口下查看逻辑分析仪捕获结果。SignalTap II 可将数据通过多余的 I/O 引脚输出,以供外设的逻辑分析器使用;或输出为 csv、tbl、vcd、vwf 文件格式以供第三方仿真工具使用。

3.7.3 在设计中嵌入 SignalTap II 逻辑分析仪

在设计中嵌入 SignalTap II 逻辑分析仪有两种方法:第一种方法是建立一个 SignalTap II 文件(.stp),然后定义 STP 文件的详细内容;第二种方法是用 MegaWizard Plug-InManager 建立并配置 STP 文件,然后用 MegaWizard 实例化一个 HDL 输出模块。图 3-69 给出用这两种方法建立和使用 SignalTap II 逻辑分析仪的过程。下面通过一个实例,具体说明如何用 SignalTap II 来进行 FPGA 设计的验证。

【例 3-8】 利用 Quartus II 嵌入式逻辑分析仪 SignalTap II 分析图 3-70 电路的功能。

解:在 Quartus II 平台上,使用原理图输入法设计数字电路的基本流程包括编辑设计文件、建立工程项目、编译综合、仿真测试、硬件测试、编程下载等过程,其设计步骤如下:

① 建立工程,并根据图 3-70 完成原理输入,详细步骤请读者参照 3.2 节内容。

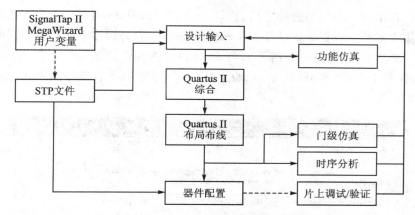

图 3-69　SignalTap II 建立和使用

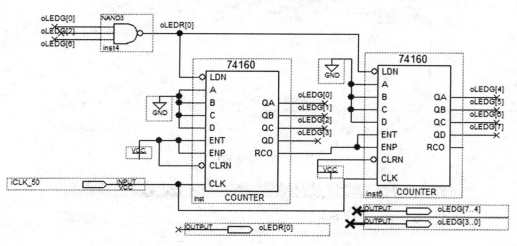

图 3-70　例 3-8 图

② 执行 Quartus II 主窗口的 Processing→Star Compilation 选项,启动全程编译。

③ 引脚锁定。本例使用 .csv 文件进行引脚锁定。在主菜单中执行 Assignments→Import Assignments,选择 DE2-70 系统光盘中提供的名为 DE2_70_pin_assignment.csv 的文件自动导入引脚配置文件,如图 3-71 所示。

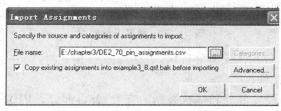

图 3-71　导入 .csv 文件

④ 全程编译。完成引脚锁定后,执行 Star Compilation,生成 sof 目标文件。

⑤ 编程下载。选择菜单项 Tools→Programmer 打开程序下载环境,选择 USB-Bluster 下载方式(如图 3-72 所示),将 example3_8. sof 文件列表中 Program/Configure 属性勾上,单击 Start 按钮,开始下载程序,完成后下载程序显示为 100%,如图 3-73 所示。

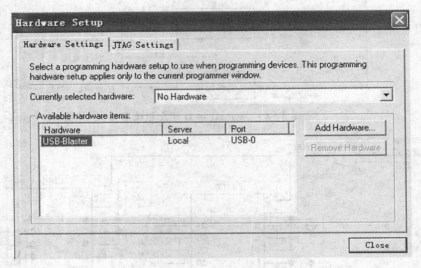

图 3-72　选择编程器

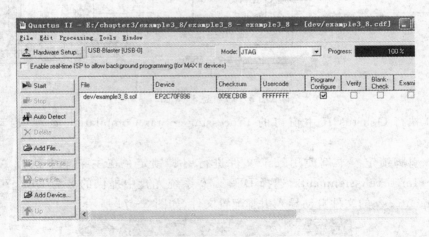

图 3-73　程序下载界面

⑥ 使用 SignalTap II 逻辑分析仪。

1) 创建 STP 文件。

STP 文件包括设置部分和捕获数据的查看、分析部分。创建一个 STP 文件的步骤如下:

a. 在 Quartus II 软件中,选择 File→New 命令。

b. 在弹出的 New 对话框中,选择 Verification/Debugging Files 标签页,从中选择 SignalTap II File,单击 OK 按钮确定,一个新的 SignalTap II 界面如图 3－74 所示。

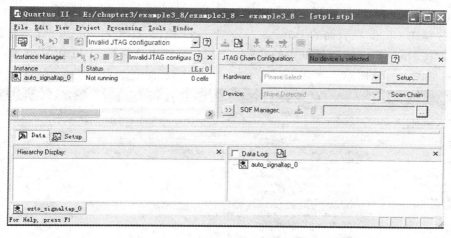

图 3－74　逻辑分析仪操作界面

上面的操作也可以通过 Tools→SignalTap II Logic Analyzer 命令完成,这种方法也可以用来打开一个已经存在的 STP 文件。

c. 选择硬件,在图 3－74 右上角 Hardware 下拉菜单中选择 USB－Blaster,选好后系统能自动识别 Device,如图 3－75 所示。

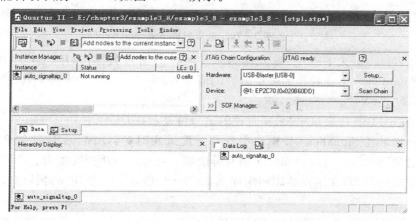

图 3－75　选择硬件环境

2) 设置采集时钟。

在使用 SignalTap II 逻辑分析仪进行数据采集之前,首先应该设置采集时钟。采集时钟在上升沿处采集数据。设计者可以使用设计中的任意信号作为采集时钟,但 Altera 建议最好使用全局时钟,而不要使用门控时钟。使用门控时钟作为采集时钟,有时会得到不能准确反映设计功能的无效数据状态。Quartus II 时序分析结果给出设计的最大采集时钟频率,本例中以输入时钟 iCLK_50 作为逻辑分析仪时钟。设置 SignalTap II 采集时钟的步骤如下:

a. 在 SignalTap II 逻辑分析仪窗口选择左下角 Setup 标签页。

b. 单击 Clock 栏后面的 Browse Node Finder 按钮,打开 Node Finder 对话框。

c. 在 Node Finder 对话框中的 Filter 下拉列表框中选择 SignalTap II:pre-synthesis,如图 3-76 所示。

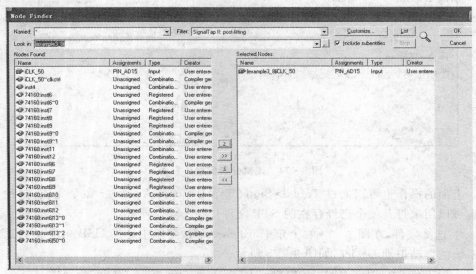

图 3-76　选择时钟节点

d. 在 Named 文本框中,输入作为采样时钟的信号名称;或单击 List 按钮,在 Nodes Found 列表中选择作为采集时钟的信号 iCLK_50,单击 OK 确定,出现确认对话框,选择"是(Y)"。

在 SignalTap II 窗口中,采样时钟的信号将显示在 Clock 栏中。

用户如果在 SignalTap II 窗口中没有分配采集时钟,Quartus II 软件会自动建立一个名为 auto_stp_external_clk 的时钟引脚。在设计中用户必须为这个引脚单独分配一个器件引脚,在用户的印刷电路板(PCB)上必须有一个外部时钟信号驱动该引脚。

e. 完成后还需指定逻辑分析仪的采样深度(Sample depth)、存储器类型(RAM type)、数据输入端口宽度(Data input port width)、触发输入端口宽度(Trigger input port width)以及触发级数(Trigger levels),本例采用默认设置。

3) 在 STP 文件中分配观察节点。

在逻辑分析仪操作界面左侧空白处双击,将再次出现选择节点对话框,单击 List

列出所有可能的节点,将想观察的节点选择好,选择 Pins:all 列出所有引脚,除 iCLK_50 外全部导入,如图 3-77 所示,单击 OK 确定。

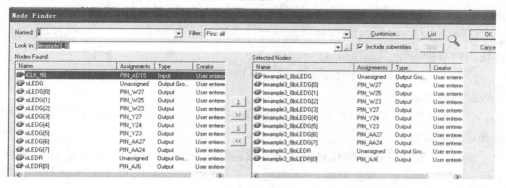

图 3-77 分配观察节点

4) 编译嵌入 SignalTap II 逻辑分析仪的设计。

节点分配完成后的界面如图 3-78 所示,然后保存 SignalTap II 文件,并将该文件设置为当前工程的 SignalTap。逻辑分析仪可取名为 example3_8. stp,配置好 STP 文件以后,在使用 SignalTap II 逻辑分析仪之前必须编译 Quartus II 设计工程。

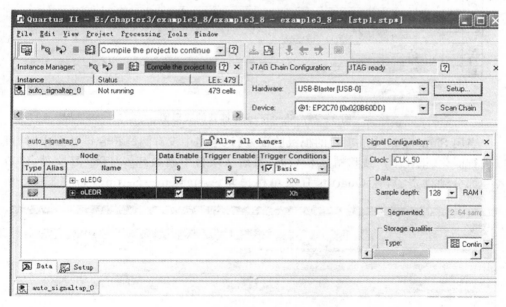

图 3-78 节点分配完成好后的界面

5) 捕获数据。

在 SiganlTap II 窗口中,选择 Run Analysis 或 AutoRun Analysis 按钮启动 SignalTap II 逻辑分析仪。当触发条件满足时,SignalTap II 逻辑分析仪开始捕获数据。

SignalTap II 工具条上有四个执行逻辑分析仪选项。

a. Run Analysis：单步执行 SignalTap II 逻辑分析仪。即执行该命令后，Signal-Tap II 逻辑分析仪等待触发事件，当触发事件发生时开始采集数据，然后停止。

b. AutoRun Analysis：执行该命令后，SignalTap II 逻辑分析仪连续捕获数据，直到用户单击 Stop Analysis 为止。

c. Stop Analysis：停止 SignalTap II 分析。如果触发事件还没有发生，则没有接收数据显示出来。

d. Read Data：显示捕获的数据。如果触发事件还没有发生，用户可以单击该按钮查看当前捕获的数据。

SignalTap II 逻辑分析仪自动将采集数据显示在 SignalTap II 界面的 Data 标签页中，全编译完成后，再次下载 example3_8. sof 文件到开发板，并回到逻辑分析仪操作界面，选择 Processing→Run Analysis 开始数据分析，就可观测到实际捕获的波形，如图 3-79 所示。分析图 3-79 波形可知，该电路为模值为 45 的同步计数器。

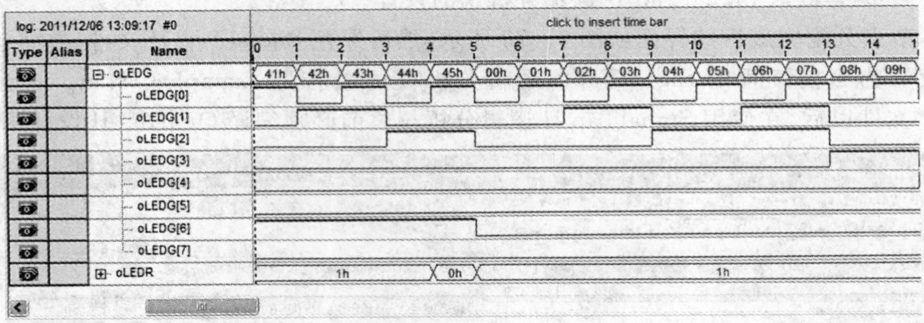

图 3-79　SignalTap II 捕获的波形图

当用 SignalTap 完成项目的板级验证，确认电路中没有问题符合设计要求时，可以进行固化、量化生产或移植到 SoC 时，最后从项目中删除 SignalTap II 文件，以节省一部分硬件资源，在 Quartus II 菜单栏选择 Assigment→Setting，如图 3-80 所

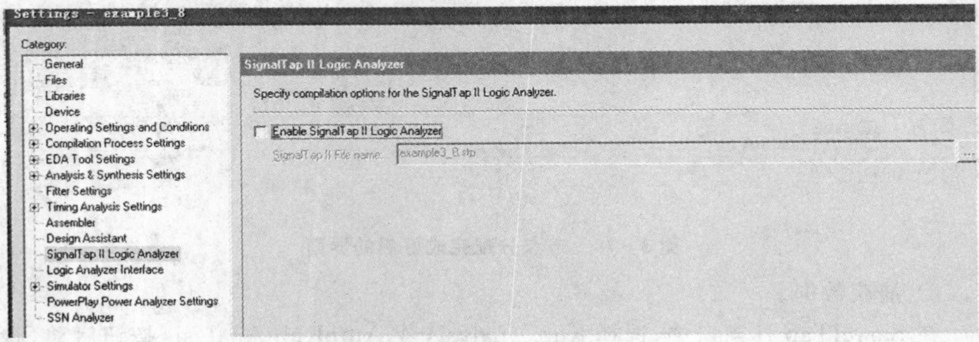

图 3-80　删除 SignalTap II 文件

示。在图 3 - 80 对话框左侧 Category 栏中选择 SignalTap II LogicAnalyer 选项,可选禁止在项目中包含由 SignalTap 生成的硬件模块,即将 Enable SignalTap II Logic Analyer 取消即可,然后再进行一次全程编译,新生成的 sof 文件不再包含 SignalTap II 的功能。

3.8 实 验

3.8.1 实验 3 - 1 Quartus II 原理图输入设计法

1. 实验目的

熟悉 Quartus II 的原理图输入设计的全过程,学习简单组合电路的设计、多层次电路的设计仿真和硬件验证,掌握 EDA 设计的方法,并通过一个 4 位加法器的设计把握利用 EDA 软件进行电子线路设计的详细流程。学会对 DE2 - 70 实验板上的 FPGA/CPLD 进行编程下载,用硬件验证自己的设计项目。

2. 原理提示

实现多位二进制数相加的电路称为加法器。4 个全加器级联,每个全加器处理两个 1 位二进制数,则可以构成两个 4 位二进制数相加的并行加法器,加法器结构图如图 3 - 81 所示。由于进位信号是一级一级地由低位向高位逐位产生,故又称为行波加法器。由于进位信号逐位产生,这种加法器速度很低。最坏的情况是进位从最低位传送至最高位。而一个 1 位全加器可以按照本章 3.2 节介绍的方法来完成,也可以利用 Altera 的宏功能模块 74283(4 位并行进位加法器)实现加法器电路。

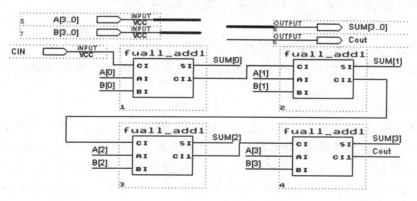

图 3 - 81　4 位并行加法器逻辑原理图

3. 实验内容

① 按照本章 3.2 节介绍的方法与流程,利用 4 个 1 位全加器完成 4 位串行加法器的设计,包括原理图输入、编译、综合、适配、时序仿真,并将此电路设置成一个硬件

符号入库。

② 利用 DE2-70 开发板完成硬件测试。用开发板开关 SW[7]SW[6]SW[5] SW[4] 输入 4 位加数 A[3..0]、SW[3]SW[2]SW[1]SW[0] 输入 4 位被加数 B[3.. 0]、开关 SW[8] 表示进位输入 CIN、4 个 LED(LEDR3～LEDR0)表示加法器的和, LEDR4 显示进位输出 COUT。其引脚编号见表 3-5(参照附录 1)。硬件测试结果 以真值表形式表示。

表 3-5　加法器电路输入/输出引脚分配表

信号名	引脚号 PIN	对应器件名称
A[3..0]	PIN_AD25，PIN_AC23，PIN_AC24 PIN_AC26	SW7 SW6 SW5 SW4
B[3..0]	PIN_AC27，PIN_AB25，PIN_AB26，PIN_AA23	SW3 SW2 SW1 SW0
CIN	PIN_AD24	SW8
SUM[3..0]	PIN_AJ4，PIN_AJ5，PIN_AK5，PIN_AJ6	LEDR[3] LEDR[2] LEDR[1] LEDR[0]
COUT	PIN_AK3	发光二级管 LEDR[4]

③ 为了提高加法器的速度,可改进以上设计的进位方式为并行进位,即利用 74283 设计一个 4 位并行加法器,通过 Quartus II 的时间分析器和 Report 文件比较 两种加法器的运算速度和资源耗用情况。

4. 实验报告

详细叙述 4 位加法器的设计原理及 EDA 设计流程;给出各层次的原理图及其 对应的仿真波形图;给出加法器的延时情况;最后给出硬件测试流程,并记录分析硬 件测试结果。

3.8.2　实验 3-2　4-16 线译码器的 EDA 设计

1. 实验目的

熟悉利用 Quartus II 的原理图输入方法设计简单组合电路,掌握 EDA 设计的方 法和时序分析方法,利用 EDA 的方法设计并实现一个译码器的逻辑功能,了解译码 器的应用。

2. 原理提示

把代码状态的特定含义翻译出来的过程称为译码,实现译码操作的电路称为译 码器。译码器的种类很多,常见的有二进制译码器、码制变换器和数字显示译码器。

二进制译码器一般具有 n 个输入端、2n 个输出端和一个(或多个)使能输入端; 使输入端为有效电平时,对应每一组输入代码,仅一个输出端为有效电平;有效电平 可以是高电平(称为高电平译码),也可以是低电平(称为低电平译码)。常见的 MSI 二进制译码器有 2-4 线(2 输入 4 输出)译码器(如 74139)、3-8 线(3 输入 8 输出, 常见芯片为 74138)译码器和 4-16 线(4 输入 16 输出)译码器等。

3. 实验内容

① 用 74138 按图 3-82(b)设计一个 4-16 线译码器,包括原理图输入、编译、综

合、适配、仿真,并将此电路设置成一个硬件符号入库。

② 在数字信号传输过程中,有时要把数据传送到指定输出端,即进行数据分配,译码器可作为数据分配器使用。请利用 4－16 线译码器和一个 16 选 1 多路选择器 161MUX 设计一个 4 位二进制数等值比较器,包括原理图输入、编译、综合、适配、仿真。

③ 利用 DE2－70 开发板完成硬件测试,引脚编号参见附录 1。

4. 实验报告

详细给出各器件的原理图、工作原理、电路的仿真波形图和波形分析,详述实验过程和实验结果。

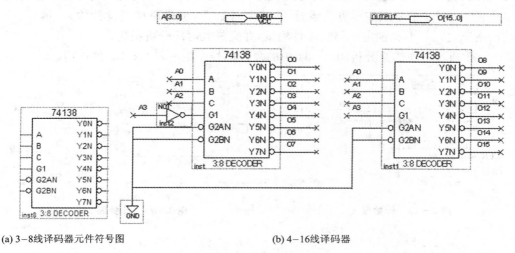

(a) 3－8线译码器元件符号图　　　　　　　　　(b) 4－16线译码器

图 3－82　　4－16 线译码

3.8.3　实验 3－3　基于 MSI 芯片设计计数器

1. 实验目的

基于 MSI 芯片 74161,利用 Quartus II 软件设计并实现一个计数器的逻辑功能,通过电路的仿真和硬件验证,进一步了解计数器的特性和功能。

2. 实验原理

利用集成计数器 MSI 芯片的清零端和置数端实现归零,可以构成按自然态序进行计数的 N 进制计数器的方法。集成计数器中,清零、置数均采用同步方式的有 74LS163;均采用异步方式的有 74LS193、74LS197、74LS192;清零采用异步方式、置数采用同步方式的有 74LS161、74LS160。

基于 MSI 芯片的 N 进制计数器设计流程如下所述。

(1) 用同步清零端或置数端归零构成 N 进制计数器 1

① 写出状态 $SN-1$ 的二进制代码。

② 求归零逻辑,即求同步清零端或置数控制端信号的逻辑表达式。

③ 画连线图,如图 3-83 所示。

(2) 用异步清零端或置数端归零构成 N 进制计数器 2

① 写出状态 SN 的二进制代码;

② 求归零逻辑,即求异步清零端或置数控制端信号的逻辑表达式;

③ 画连线图,如图 3-84 所示。

3. 实验内容

① 用中规模集成电路 74161 设计同步置数端模 12 加法计数器,包括原理图设计输入、编译、综合、适配、仿真、引脚锁定、下载、硬件测试,并完成其时序分析报告。

② 用异步清零端归零方法设计 12 进制计数器,包括原理图设计输入、编译、综合、适配、仿真、引脚锁定、下载、硬件测试,并完成其时序分析报告。

③ 通过时序仿真分析图 3-84 中的复位信号产生电路 G2、G3 的作用。

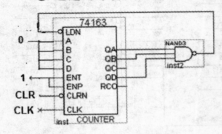

图 3-83　计数器 1　　　　　　　图 3-84　计数器 2

4. 实验报告

详细给出各器件的原理图、工作原理、电路的仿真波形图和波形分析,详述实验过程和实验结果。

3.8.4　实验 3-4　LPM 宏功能模块使用

1. 实验目的

了解参数可设置宏功能模块 LPM 在 Quartus II 软件中的应用,掌握 LPM 模块的参数设置方法以及设计和应用方法。

2. 原理提示

参数可设置 Alter 宏功能模块库 Megafunction 包含以下 4 个系列。

① 算术运算(arithmetic)系列。该系列包含 Lpm_compare(比较器)、lpm_abs(绝对值)、lpm_counter(计数器)、lpm_add_sub(加法/减法器)、lpm_divide(除法器)、lpm_mul(乘法器)等函数。

② 逻辑门(gates)系列。该系列包含 lpm_and(与门)、lpm_inv(反相器)、lpm_bustri(三态总线)、lpm_mux(多路选择器)、lpm_clshifi(移位器)、lpm_or(或门)、lpm_con_stant(常量发生器)、lpm_xor(异或门)、lpm_decode(译码器)等函数。

③ 存储器 Storage 系列。该系列包含 lpm_latch(锁存器)、lpm_shifireg(普通移位寄存器)、lpm_ram_dq(RAM)、lpm_ram_dp(双重端口 RAM)、lpm_ram_io(一个端口 RAM)、lpm_ff(触发器)、lpm_rom(只读存储器 ROM)、lpm_fifo(一个时钟的 FIFO)、lpm_df(D 触发器)、lpm_fifo_dc(2 个时钟的 FIFO)、lpm_tf(T 触发器)等函数。

④ I/O 系列。该系列包含时钟数据恢复(CDR)、锁相环(PLL)、千兆收发器模块(GXB)。

调用 LPM 宏库非常方便。在 Quartus II 的图形编辑界面下,在空白处双击,然后选择 LPM 所在的目录\library\Megafunction,所有的库函数会出现在窗口中,Quartus II 提供的 LPM 中有多种实用的兆功能块,如 lpm_add_sub、lpm_decode、lpm_mult、lpm_rom 等。它们都可以在 mega_lpm 库中看到。每个模块的功能、参数含义、使用方法、硬件描述语言、模块参数设置及调用方法,都可以在 Quartus II 的 Help 菜单中查阅。

数控分频器的功能要求是:当其输入端给定不同数据时,其输出脉冲具有相应的对输入时钟的分频比。数控分频器就是利用计数值可并行预置的加法计数器设计完成的,方法是将其计数器的溢出位与预置数加载输入信号相连即可。

在 Quartus II 中打开一个新的原理图编辑窗,从\Megafunction\arithmetic 中调出 LPM_COUNTER,该模块提供的功能很丰富,对于某功能,可以选择使用(used)或不使用(unused)。当某功能选择为 unused 时,对应的功能引线就不在图中出现,如图 3-85 所示。

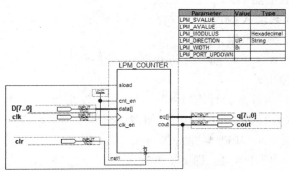

图 3-85 数控分频器电路原理图

双击图 3-85 所示的 LPM_COUNTER 右上角的参数显示文字,然后在弹出的图 3-86 参数对话框中,选择合适的满足设计要求的参数,在 Ports 和 Parameters 栏中 LPM_COUNTER 各端口/参数的含义如下所述。

➢ LPM_AVALUM:异步加载的计数初值,本例未用;

➢ LPM_DIRECTION:加/减计数控制,本例指定为 UP,即加计数;

➢ LPM_MODULUS:进制,本例指定为十六进制;

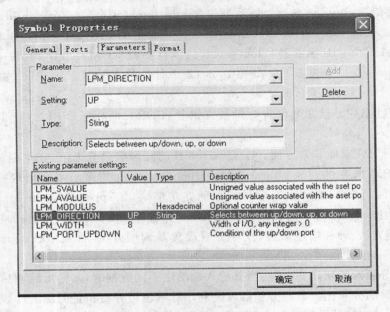

图 3 - 86　LPM_COUNTER 的 Ports/Parameters 参数对话框

➢ LPM_SVALUM：同步加载的计数初值，本例未用；

➢ LPM_WIDTH：位数，本例指定为 8 位；

➢ CLK、CLR：分别是计数时钟和异步清零输入端；

➢ clk_en：计数使能端；

➢ d[7..0]：计数输入端；

➢ q[7..0]：计数输出端；

➢ sload：在 CLK 上升沿同步并行数据载入端；

➢ cout：进位输出。

其工作原理为：当计数器计满"FF"时，由 cout 发出进位信号给并行数据载入信号 sload，使得 8 位并行数据 d[7..0]被加载进计数器中，此后计数器将在 d[7..0]（如 d[7..0]＝8）数据的基础上进行加计数。如为加（up），则分频比 R＝"FF"－d[7..0]＋1＝255－8＋1＝248，即 clk 每进入 248 个脉冲，cout 输出一个脉冲，实现 248 分频。如为减（down），则分频比 R＝d[7..0]＋1＝8＋1＝9。

在编译完全通过后，测试设计项目的正确性，即逻辑仿真，其仿真波形如图 3 - 87 所示。

3. 实验内容

① 根据图 3 - 83 在 Quartus II 平台上完成 8 位数控分频器电路原理图的输入、编译、综合、适配、仿真、引脚锁定下载、硬件测试，然后进行波形分析，并记录不同置数 d[7..0]条件下的输出分频比和输出波形。

② 利用 SignalTap II 观察数控分频器的输出并与时序仿真结果作比较。

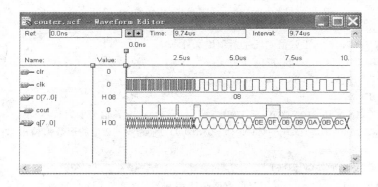

图 3 - 87　数控分频器仿真波形

③ 在 Quartus II 平台上利用 MegaWizard Plug - In Manager 完成 8 位数控分频器电路原理图的输入、编译、综合、适配、时序仿真。

4. 实验报告

详细给出各器件的原理图、工作原理、电路的仿真波形图和波形分析,详述实验过程和实验结果。

3.8.5　实验 3 - 5　Quartus II 设计正弦信号发生器

1. 实验目的

熟悉 Quartus II 及其 LPM_ROM 与 FPGA 硬件资源的使用方法,学习 Signal-Tap II 测试技术、多层次电路的设计仿真和硬件验证。

2. 原理提示

正弦信号发生器的结构由 3 部分组成:数据计数器或地址发生器、数据 ROM 和 D/A。性能良好的正弦信号发生器设计要求此 3 部分具有高速性能,且数据 ROM 在高速条件下,占用最少的逻辑资源,设计流程最便捷,波形数据获取最方便。图 3 - 88 所示是此信号发生器结构图,顶层文件 SINGT. vhd 在 FPGA 中实现,包含 2 个部分:ROM 的地址信号发生器,它由 5 位计数器担任;一个正弦数据 ROM,ROM 由 LPM_ROM 模块构成。LPM_ROM 底层是 FPGA 中的 EAB 或 ESB 等。地址发生器的时钟 CLK 的输入频率 f_0 与每周期的波形数据点数(在此选择 64 点)、D/A 输出的频率 f 的关系是:

$$f = f_0/64$$

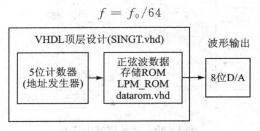

图 3 - 88　正弦信号发生器结构图

正弦信号发生器顶层文件参考源程序如下：

```
LIBRARY IEEE; - - 正弦信号发生器顶层文件
USE IEEE.STD_LOGIC_1164.ALL;
USE IEEE.STD_LOGIC_UNSIGNED.ALL;
ENTITY SINGT IS
  PORT ( CLK : IN STD_LOGIC;                          - - 信号源时钟
    DOUT : OUT STD_LOGIC_VECTOR (7 DOWNTO 0) );      - - 8 位波形数据输出
END;
ARCHITECTURE DACC OF SINGT IS
COMPONENT data_rom - - 调用波形数据存储器 LPM_ROM 文件:data_rom.vhd 声明
  PORT(address : IN STD_LOGIC_VECTOR (5 DOWNTO 0); - - 6 位地址信号
    inclock : IN STD_LOGIC ;                          - - 地址锁存时钟
      q : OUT STD_LOGIC_VECTOR (7 DOWNTO 0));
END COMPONENT;
  SIGNAL Q1 : STD_LOGIC_VECTOR (5 DOWNTO 0);        - - 设定内部节点作为地址计数器
  BEGIN
PROCESS(CLK )                                         - - LPM_ROM 地址发生器进程
  BEGIN
IF CLK'EVENT AND CLK = '1' THEN
Q1< = Q1 + 1;                                        - - Q1 作为地址发生器计数器
END IF;
END PROCESS;
u1 : data_rom PORT MAP(address = >Q1, q = > DOUT,inclock = >CLK); - - 例化
END;
```

3. 实验内容

① 在 Quartus II 中,利用 MegaWizard Plug‐In Manager 完成波形数据 ROM 的定制和 ROM 的初始化文件设计,用以下 C 程序生成 ROM 初始化数据文件 sin_rom.sim。按照例 3‐7 的步骤所建立的数据文件如图 3‐89 所示。ROM 的数据宽度为 8,地址线宽度为 6,其定制完成后 ROM 元件(data_rom.vhd)符号如图 3‐90所示。

Addr	+0	+1	+2	+3	+4	+5	+6	+7
0	255	254	252	249	245	239	233	225
8	217	207	197	186	174	162	150	137
16	124	112	99	87	75	64	53	43
24	34	26	19	13	8	4	1	0
32	0	1	4	8	13	19	26	34
40	43	53	64	75	87	99	112	124
48	137	150	162	174	186	197	207	217
56	225	233	239	245	249	252	254	255

图 3‐89　正弦波数据文件

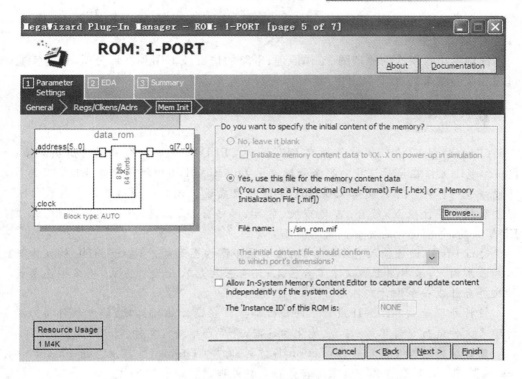

图 3 - 90 ROM 元件的定制

```
# include <stdio. h>
# include "math. h"
main()
{int i;float s;
for (i = 0;i<1024;i + +)
  { s = sin(atan(1) * 8 * i/1024);
  printf(" % d: % d;\n",I,(int)((s + 1) * 1023/2));
  }
}
```

② 利用以上内容完成正弦信号发生器的顶层设计、编译、仿真、引脚锁定、下载、硬件测试,并分析资源利用情况,编译成功后,阅读编译报告,观察编译处理流程,包括数据网表建立、逻辑综合、适配、配置文件装配和时序分析。提示:为了对计数器进行硬件测试,请将计数器的输入 CLK 和输出 DOUT[7..0]锁定在目标芯片指定的引脚上。

③ 使用 SignalTap II 测试技术对所设计正弦信号发生器进行实时测试。SignalTap II 文件中选择计数器的最高位信号 Q1[5]作为触发信号,Trigger 栏选择 1;在 Pattern 栏选择高电平触发方式 Rising Edge,既当 Q1[5]为上升沿时,SignalTap II 在 CLK 驱动下对 test5_sin 的信号进行连续或单次采样;观测信号为锁存器总线 Q1

和波形数据输出端口 DOUT[7..0]。SignalTap II 的采样深度为 1K。

4. 实验报告

详细给出各层次的原理图、工作原理、电路的仿真波形图和波形分析,详述实验过程和实验结果。

 本章小结

Quartus II EDA 工具软件拥有 FPGA 和 CPLD 设计的所有阶段的解决方案。Quartus II 允许在设计流程的每个阶段使用 Quartus II 图形用户界面、EDA 工具界面或命令行界面。可以使用 Quartus II 软件完成设计流程的所有阶段。其设计流程主要包含设计输入、综合、布局布线、仿真、时序分析、仿真、编程和配置,离开了 EDA 工具,电路设计的自动控制是不可实现的。

Quartus II 设计输入有多种方式:基于原理图的图形输入;基于 HDL 的文本输入和波形输入;采用图形和文本混合输入;还可采用层次化设计方式,将多个底层设计文件合并成一个设计文件等。

设计处理是 Quartus II 设计中的核心环节。在设计处理阶段,编译软件将对设计输入文件进行逻辑化简、综合、优化和适配,最后产生编程文件。

设计检验过程包括功能(Functional)仿真、时序(Timing)仿真及采用 Fast Timing 模型进行的时序仿真。这项工作是在设计处理过程中同时进行的。

编程下载是指将设计处理中产生的编程数据文件通过开发平台放到具体的 FPGA/CPLD 器件中去。设计可以通过软件仿真实现,也可通过 EDA 硬件开发平台进行。

在 EDA 设计中往往采用层次化的设计方法,分模块、分层次地进行设计描述。描述系统总功能的设计为顶层设计,描述系统中较小单元的设计为底层设计。整个设计过程可理解为从硬件的顶层抽象描述向最底层结构描述的一系列转换过程,直到最后得到可实现的硬件单元描述为止。层次化设计方法比较自由,既可采用自顶向下的设计,也可采用自底向上的设计,可在任何层次使用原理图输入和硬件描述语言 HDL 设计。

e 思考与练习

3-1 简述基于 FPGA/CPLD 器件的 Quartus II 开发流程。

3-2 简述 Quartus II 中设计输入中的引脚锁定及时序约束的方法。

3-3 使用 Quartus II 中的仿真工具如何创建波形矢量文件?

3-4 Altera 的宏功能模块是由 MegaWizard 生成的吗?如何在设计中定制这些宏功能模块?

3-5 Altera 的 FPGA 主要有哪些配置方式?Altera 的配置器件有哪些?

3 - 6　Quartus II 可以生成的配置文件有哪些？各起什么作用？

3 - 7　Quartus II 中如何对工程进行编辑、编译,并查看编辑报告？

3 - 8　简述功能仿真、时序仿真的基本概念和实现过程。

3 - 9　仿真和综合在 FPGA/CPLD 设计中的作用和目的是什么？

3 - 10　用原理图输入法设计一个奇偶校验器,其中校验位为 1,数据位为 4 位。

3 - 11　用原理图输入设计法利用 74283 和基本门电路设计一个 4 位二进制加法/减法器,并仿真验证设计结果。

3 - 12　在 Quartus II 中,用原理图输入法,利用 4 - 16 线译码器和一个 16 选 1 多路选择器 161mux 设计一个 4 位二进制数等值比较器。

3 - 13　在 Quartus II 中用原理图输入法设计一个边沿 D 触发器,并给出仿真结果。

3 - 14　在 Quartus II 中,用原理图输入法,利用 D 触发器设计一个模 6 的扭环形计数器,对其输出增加译码电路,并给出仿真结果。

3 - 15　在 Quartus II 中,用宏功能元件 74161、宏功能模块 LPM_DECODE 及基本门电路设计 12 路顺序脉冲发生器,包括原理图输入、编译、综合和仿真。

3 - 16　FIFO(First In First Out)是一种存储电路,用来存储、缓冲在两个异步时钟之间的数据传输。使用异步 FIFO 可以在两个不同时钟系统之间快速而方便地实时传输数据。在网络接口、图像处理、CPU 设计等方面,FIFO 具有广泛的应用。在 Quartus II 中,利用宏功能模块设计向导 MegaWizard Plug - In Manager 完成 8 位数据输入 FIFO 模块的定制设计和验证,给出仿真波形图,通过波形仿真解释 FIFO 输出信号"空"、"未满"、"满"的标志信号是如何变化的。

3 - 17　在 Quartus II 中定制一个锁相环 PLL 元件,该锁相环将原始时钟 CLK_IN 经移相处理后,输出相位依次相差 90° 的四路时钟信号 clk0、clk90、clk180、clk270,给出并利用逻辑分析仪观察仿真结果。

3 - 18　在 Quartus II 中,利用混合输入方式的层次化设计方法,设计一个对正交输入信号 I、求模的运算电路。求模运算的简化经验公式为 3/8 · MAX[I,Q]＋5/8 · MIN[I,Q],输入/输出数据的有效位数为 12 位,全部运算采用无符号数运算,给出仿真结果。

3 - 19　试设计 1 个 8 路安全监视系统,来监视 8 个门的开关状态,每个门的状态可通过 LED 显示,为减少长距离内铺设多根传输线,可组合使用多路选择器和多路分配器实现该系统,其参考示意图如图 3 - 91 所示。

3 - 20　用一片 74194 和适当的逻辑门构成可产生序列 10011001 的序列发生器,如图 3 - 92 所示,用 Quartus II 软件仿真验证其正确性。

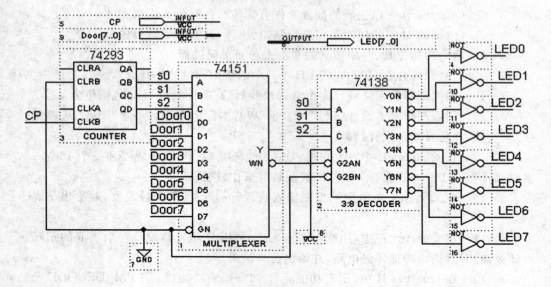

图 3-91　题 3-19 图

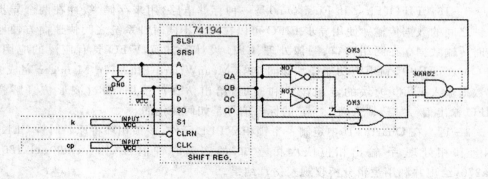

图 3-92　题 3-20 图

第4章

VHDL 设计基础

本章导读

VHDL 语言可以用于描述任何数字逻辑电路与系统,可以在各种开发平台上使用,包括标准 PC 机和工作站环境,它支持自顶向下设计和自底向上设计,具有多层次描述系统硬件功能的能力。VHDL 语言可以实现从系统的数学模型直到门级元件电路;可以进行与制造工艺无关的编程,其语法严格规范,设计成果便于复用和交流。因此,VHDL 的学习在 EDA 技术的掌握中具有十分重要的地位。

本章内容主要由 4 部分组成:VHDL 的基本组成、VHDL 语言的基本要素、VHDL 两类基本的描述语句(顺序语句和并行语句)和 VHDL 的基本实验。本章通过一些简单而典型的 VHDL 设计实例,引出相关的 VHDL 语言现象和语法规则,并加以针对性的说明,从而降低 VHDL 的学习难度。

学习目标

通过对本章内容的学习,学生应该能够做到:
- 了解:VHDL 发展历程及特点,层次化的 VHDL 设计流程
- 理解:VHDL 程序的基本单元、基本结构和语法
- 应用:掌握 VHDL 的编程设计、描述方法、顺序语句和并行语句的使用方法,层次化设计的基本思想和原则

4.1 VHDL 的基本组成

一个完整的 VHDL 语言程序通常包含实体(Entity)、构造体(Architecture)、配置(Configuration)、包集合(Package)和库(Library)5 个部分。实体、构造体、配置和包集合是可以进行编译的源程序单元,库用于存放已编译的实体、构造体、包集合、配置。

4.1.1 实 体

实体是一个 VHDL 程序的基本单元,由实体说明和结构体两部分组成。设计实体是最重要的数字逻辑系统抽象,它类似于电路原理图中所定义的模块符号,而不具体描述该模块的功能。它可以代表整个电子系统、一块电路板、一个芯片或一个门电路。既可以代表像微处理器那样复杂的电路,也可以代表像单个逻辑门那样简单的电路。设计实体由两部分组成:接口描述和一个或多个结构体。

接口描述即为实体说明,任何一个 VHDL 程序必须包含一个且只能有一个实体说明。实体说明定义了 VHDL 所描述的数字逻辑电路的外部接口,它相当于一个器件的外部视图,有输入端口和输出端口,也可以定义参数。电路的具体实现不在实体说明中描述,它是在结构体中描述的。相同的器件可以有不同的实现,但只对应唯一的实体说明。

实体的一般格式如下:

```
ENTITY 实体名 IS
[GENERIC(类属表);]
[PORT(端口表);];
END [ENTITY] [实体名];
```

1. 实体说明

实体说明主要描述一些参数的类属。参数的类属说明必须放在端口说明之前,这是 VHDL 标准所规定的。

一个基本设计单元的实体说明以"ENTITY 实体名 IS"开始,至"END 实体名"结束。例如,在例 4 - 1 中从"ENTITY demulti_4 IS"开始,至"END demulti_4"结束。

【例 4 - 1】 描述四路数据分配器的设计实体。

```
ENTITY demulti_4 IS
PORT( D: IN STD_LOGIC;
   S : IN STD_LOGIC_VECTOR(1 downto 0);
   Y0,Y1,Y2,Y3 : OUT STD_LOGIC);
END demulti_4;
```

在层次化系统设计中,实体说明是整个模块或整个系统的输入/输出(I/O)。在一个器件级的设计中,实体说明是一个芯片的输入/输出(I/O)。

实体说明在 VHDL 程序设计中描述一个元件或一个模块与设计系统的其余部分(其余元件、模块)之间的连接关系,可以看作一个电路图的符号。因为在一张电路图中,某个元件在图中与其他元件的连接关系是明显直观的,如图 4 - 1 所示的实体

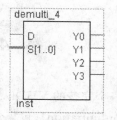

图 4 - 1 例 4 - 1 实体元件符号图

demulti_4 四路数据分配器元件符号图。

2. 类属参数说明(可选项)

类属参数是一种端口界面常数,以一种说明形式放在实体或结构体中。类属参数说明必须放在端口说明之前,用于指定参数。类属参数一般用来指定 VHDL 程序中的一些可以人为修改的参数值,比如:指定信号的延迟时间值、数据线的宽度以及计数器的模数等。

类属说明的一般书写格式如下:

GENERIC([常数名:数据类型[:设定值]
         {;常数名:数据类型[:设定值]});

类属参数说明语句是以关键词 GENERIC 引导一个类属参数表,在表中提供时间值或数据线的宽度等静态信息,类属参数表说明用于设计实体和其外部环境通信的参数和传递信息,类属在所定义的环境中的地位与常数相似,但性质不同。常数只能从设计实体内部接受赋值,且不能改变,但类属参数却能从设计实体外部动态地接受赋值,其行为又类似于端口 PORT,设计者可以从外面通过类属参数的重新定义,改变一个设计实体或一个元件的内部电路结构和规模。例 4-2 给出了类属参数说明语句的一种典型应用,它为迅速改变数字逻辑电路的结构和规模提供了便利的条件。

【例 4-2】 利用类属参数说明设计 N 输入的与门。

```
LIBRARY IEEE;
  USE IEEE.STD_LOGIC_1164.ALL;
  ENTITY andn IS
    GENERIC ( n : INTEGER ); - - 定义类属参量及其数据类型
    PORT(a : IN STD_LOGIC_VECTOR(n-1 DOWNTO 0); - -用类属参量限制矢量长度
      c : OUT STD_LOGIC);
  END;
  ARCHITECTURE behav OF andn IS
    BEGIN
    PROCESS (a)
      VARIABLE int : STD_LOGIC;
    BEGIN
      int := '1';
        FOR I IN a'LENGTH - 1 DOWNTO 0 LOOP
        IF a(i) = '0' THEN int := '0';
        END IF;
        END LOOP;
        c< = int ;
    END PROCESS;
  END;
```

3. 端口表(PORT)

端口表是对设计实体外部接口的描述,即定义设计实体的输入端口和输出端口。端口即为设计实体的外部引脚,说明端口对外部引脚信号的名称、数据类型和输入/输出方向。端口表的组织结构必须有一个名字、一个通信模式和一个数据类型。在使用时,每个端口必须定义为信号(signal),并说明其属性,每个端口的信号名必须唯一,并在其属性表中说明数据传输通过该端口的方向和数据类型。

端口表的一般格式为:

PORT([SIGNAL]端口名:[方向]子类型标识[BUS][:=静态表达式],…);

(1)端口名

端口名是赋予每个外部引脚的名称。在 VHDL 程序中有一些已有固定意义的保留字。除了这些保留字,端口名可以是任何以字母开头的包含字母、数字和下划线的一串字符。

为了简便,通常用一个或几个英文字母来表示,如:D、Y0、Y1 等。而 1A、Begin、N♯3 是非法端口名。

(2)端口方向

端口方向用来定义外部引脚的信号方向是输入还是输出。例如:例 4 - 1 中 D 是输入引脚,用"IN"说明;而 Y0 为输出引脚,用"OUT"说明。

VHDL 语言提供了如下的端口方向类型。

① IN—输入;信号自端口输入到构造体,而构造体内部的信号不能从该端口输出。

② OUT—输出;信号从构造体内经端口输出,而不能通过该端口向构造体输入信号。

③ INOUT—双向端口;既可输入也可输出。

④ BUFFER—同 INOUT,既可输入也可输出,但限定该端口只能有一个源。

⑤ LIKAGE—不指定方向,无论哪个方向都可连接。

(3)数据类型

VHDL 中有多种数据类型。常用的有布尔代数型(BOOLEAN),取值可为真(true)或假(false);位型(BIT)取值可为"0"或"1";位矢量型(bit - vector);整型(IN-TEGER),它可作循环的指针或常数,通常不用于 I/O 信号;无符号型(UN-SIGNED);实型(REAL)等。另外还定义了一些常用类型转换函数,如 CONV_STD_LOGIC_VECTOR(x,y)。

一般,由 IEEE std_logic_1164 所约定的,EDA 工具支持和提供的数据类型为标准逻辑(standard logic)类型。标准逻辑类型也分为布尔型、位型、位矢量型和整数型。为了使 EDA 工具的仿真、综合软件能够处理这些逻辑类型,这些标准必须从实体的库中或 USE 语句中调用标准逻辑型(STD_LOGIC)。在数字系统设计中,实体中最常用的数据类型就是位型和标准逻辑型。

在例 4-1 中,D 和 S[1..0]为模块的输入端口,定义的数据类型为标准逻辑型 STD_LOGIC,Y0、Y1、Y2、Y3 为模块的输出端口,定义的数据类型也为标准逻辑型。一个常用的实体说明如例 4-3 所示。

【例 4-3】 '1'个数的计数器的实体说明。

```
ENTITY ones_cnt IS
    PORT ( A: IN BIT_VECTOR(2 DOWNTO 0);
      C: OUT BIT_VECTOR(1 DOWNTO 0));
    END ones_cnt;
```

4.1.2 构造体

结构体用于描述系统的行为、系统数据的流程或者系统组织结构形式。实体只定义了设计的输入和输出,构造体则具体地指明了设计单元的行为、元件及内部的连接关系。构造体对基本设计单元具体的输入/输出关系可以用三种方式进行描述,即行为描述(基本设计单元的数学模型描述,采用进程语句,顺序描述被称为设计实体的行为)、寄存器传输描述(数据流描述,采用进程语句顺序描述数据流在控制流作用下被加工、处理、存储的全过程)和结构描述(逻辑元器件连接描述,采用并行处理语句描述设计实体内的结构组织和元件互连关系)。不同的描述方式,只体现在描述语句上,而构造体的结构是完全一样的。

一个构造体的一般书写格式描述如下:

```
ARCHITECTURE 构造体名 OF 实体名 IS
[定义语句]内部信号、常数、数据类型、函数等的定义;
BEGIN
[并行处理语句];
END 构造体名;
```

（1）构造体名称的命名

构造体的命名可以自由命名,但通常按照设计者使用的描述方式命名为 behavioral(行为)、dataflow(数据流)或者 structural(结构)。命名格式如下:

```
ARCHITECTURE behavior OF fulladd_v1 IS       --用结构体的行为命名
ARCHITECTURE dataflow OF fulladd_v1 IS       --用结构体的数据流命名
ARCHITECTURE structural OF fulladd_v1 IS     --用结构体的结构命名
```

通过上述命名举例说明,上述几个结构体都属于设计实体 fulladd_v1,每个结构体有着不同的名称,使得阅读 VHDL 程序的人能直接从结构体的描述方式了解功能,定义电路行为。因为用 VHDL 写的文档不仅是 EDA 工具编译的源程序,而且最初主要是项目开发文档供开发商、项目承包人阅读的。这就是硬件描述语言与一般软件语言不同的地方之一。

（2）定义语句

定义语句位于 ARCHITECTURE 和 BEGIN 之间，用于对构造体内部所使用的信号、常数、数据类型和函数进行定义，结构体的信号定义和实体的端口说明一样，应有信号名称和数据类型定义，但不需要定义信号模式，不用说明信号方向，因为是结构体内部连接用信号。

（3）并行处理语句

并行处理语句位于语句 BEGIN 和 END 之间，这些语句具体地描述了构造体的行为。在刚开始，设计者往往采用行为描述法。

【例 4 - 4】 '1'个数计数器结构体的行为描述。

```
ARCHITECTURE behavior OF ones_cnt IS
BEGIN
  PROCESS(A)
  VARIABLE NUM: INTEGER range 0 to 3;
  BEGIN
  NUM: = 0;
  FOR I IN 0 TO 2 LOOP
  IF A(I) = '1'THEN
  NUM: = NUM + 1;
  END IF;
  END LOOP;
  CASE NUM IS
  WHEN 0 = > C< = "00";
    WHEN 1 = > C< = "01";
    WHEN 2 = > C< = "10";
    WHEN 3 = > C< = "11";
    END CASE;
    END PROCESS;
  END behavior;
```

例 4 - 4 是对例 4 - 3 的实体所设计的一个构造体，它的主要功能就是：一个循环语句不断检测输入信号，从最低位 A0 到最高位 A2，如果检测到某一位为"1"，则变量 NUM 加 1，同时根据 NUM 值，输出"1"的个数。在该构造体中，看不到具体的电路实现，只看到一个进程模型和各种处理语句。这就是行为描述方式，是通过对系统数学模型的描述，大量采用算术运算、关系运算、惯性延时、传输延时等难于进行逻辑综合和不能进行逻辑综合的 VHDL 语句。一般来说，采用行为描述方式的 VHDL 语言程序，主要用于系统数学模型的仿真或者系统工作原理的仿真。

对于该实体，还有另外一种方法来描述它。图 4 - 2 和图 4 - 3 给出了两个输出 C1 和 C0 的卡诺图。从图 4 - 2 和图 4 - 3 中可以得到 C1 和 C0 的逻辑表达式，见式（4 - 1）式（4 - 2）。

A1A0 / A2	00	01	11	10
0	0	0	1	0
1	0	1	1	1

A1A0 / A2	00	01	11	10
0	0	1	0	1
1	1	0	1	1

图 4-2　C1 的卡诺图　　　　　　图 4-3　C0 的卡诺图

$$C1 = A1 \cdot A0 + A2 \cdot A0 + A2 \cdot A1 \qquad (4-1)$$
$$C0 = A2 \cdot \overline{A1} \cdot \overline{A0} + \overline{A2} \cdot \overline{A1} \cdot A0 + A2 \cdot A1 \cdot A0 + \overline{A2} \cdot A1 \cdot \overline{A0} \qquad (4-2)$$

根据式(4-1)和式(4-2)还可以有另外一种描述方式,如例 4-5 所示。

【例 4-5】　'1'个数计数器结构体的寄存器描述。

```
ARCHITECTURE data_flow OF ones_cnt IS
    BEGIN
    C1 < = (A1 AND A0) OR (A2 AND A0) OR (A2 AND A1);
    C0 < = (A2 AND NOT A1 AND NOT A0) OR (NOT A2 AND NOT A1 AND A0) OR(A2 AND A1 AND A0)
            OR (NOT A2 AND A1 AND NOT A0);
    END data_flow;
```

【例 4-6】　半加器结构体的 VHDL 寄存器描述。

```
ARCHITECTURE data_flow OF halfadd_v1 IS
BEGIN
S< = Ai XOR Bi ;
Co< = Ai AND Bi ;
END data_flow;
```

　　该描述方式即为寄存器描述方式。寄存器描述方式是一种明确规定寄存器的描述方法。相比于行为描述方式,寄存器描述方式接近电路的物理实现,因此是可以进行逻辑综合。而目前,只有一部分行为描述方式是可以进行逻辑综合的,很多在行为描述方式中大量使用的语句不能进行逻辑综合。

　　结构体的结构化描述法是层次化设计中常用的一种方法,图 4-4 是一个由半加器构成的一位全加器的逻辑电路图,对于该逻辑电路,其对应的结构化描述程序如例 4-7 所示。

【例 4-7】　一位全加器的结构化 VHDL 描述法。

```
LIBRARY IEEE;
USE IEEE.STD_LOGIC_1164.ALL;
ENTITY fualladd_v3 IS
PORT (Cin,Ain,Bin:IN STD_LOGIC;
    Si,Cout:OUT STD_LOGIC);
END fualladd_v3;
ARCHITECTURE structural OF fualladd_v3 IS
```

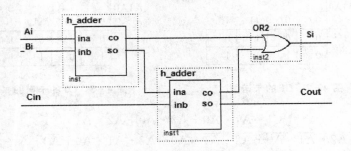

图 4 - 4　一位全加器的逻辑电路图

```
COMPONENT halfadd_v1
PORT (Ai,Bi:IN STD_LOGIC;
     S,Co:OUT STD_LOGIC);
   END COMPONENT;
COMPONENT or_2
   PORT (Ai,Bi:IN STD_LOGIC;
     C:OUT STD_LOGIC);
   END COMPONENT;
SIGNAL C1,C2,C3:STD_LOGIC;
BEGIN
u0:halfadd_v1 PORT MAP(Ain,Bin,C1,C2);
u1:halfadd_v1 PORT MAP(C1,Cin,Si,C3);
u2:OR_2 port map(c2,c3,cout);
END ARCHITECTURE structural;
```

例 4 - 7 所示的结构体中,设计任务的程序包内定义了一个 2 输入或门 OR2 和一个半加器 halfadd_v1 元件(COMPONENT)。把该程序包编译到库中,可通过 USE 从句来调用这些元件,并从 WORK 库中的 Gatespkg 程序包里获取标准化元件。

在一位全加器的实体设计中,实体说明仅说明了该实体的 I/O 关系,而设计中采用的标准元件 2 输入或门 OR2 和用户自己定义 halfadd_v1 是库元件。它的输入关系也就是 OR2 与 halfadd_v1 的实体说明,是用 USE 从句的方式从库中调用的。

对于一个复杂的电子系统,可以分解成许多子系统,子系统再分解成模块。多层次设计可以使设计多人协作,并行同时进行。多层次设计每个层次都可以作为一个元件,再构成一个模块或构成一个系统,每个元件可以分别仿真,然后再整体调试。结构化描述不仅是一个设计方法,而且是一种设计思想,是大型电子系统设计高层主管人员必须掌握的。

除了一个常规的门电路,标准化后作为一个元件放在库中调用,用户自己定义的特殊功能的元件 halfadd_v1,也可以放在库中,方便调用。这个过程称为例化。尤其声明的是元件的例化不只是常规门电路,这和标准化元件的含义不一样,即任何一个用户设计的实体,无论功能多么复杂,复杂到一个数字系统,如一个 CPU;还是多么简单,简单到一个门电路,如一个倒相器,都可以标准化成一个更加复杂的文件系统。现在在 EDA 工程中,工程师们把复杂的模块程序称作软核(Softcore 或 IP Core)写入芯片中,调试仿真通过的称为硬核;而简单的通用的模块程序,称为元件,是共同财产,可以无偿使用。

4.1.3　程序包

　　包集合存放各设计模块能共享的数据类型、常数、子程序等。程序包说明像 C 语言中的 INCLUDE 语句一样,用来单纯地包含设计中经常要用到的信号定义、常数定义、数据类型、元件语句、函数定义和过程定义等,是一个可编译的设计单元,也是库结构中的一个层次。要使用程序包必须首先用 USE 语句说明。例如:

```
USE WORK.HANDY.all;
ENTITY addern IS
   PORT( X: IN BITVECT3;
      Y: BITVECT2);
END logsys;
```

　　程序包 HANDY 中所有声明对实体 addern 都是可见的。

　　程序包由两部分组成:程序包说明和程序包体。程序包说明为程序包定义接口,声明包中的类型、元件、函数和子程序,其方式与实体定义模块接口非常相似。程序包体规定程序的实际功能,存放说明中的函数和子程序。程序包说明部分和程序包体单元的一般格式为:

```
PACKAGE 程序包名 IS
[说明语句];
END 程序包名;－－程序包体名总是与对应的程序包说明的名字相同
PACKAGE BODY 程序包名 IS
[说明语句];
END BODY;
```

　　程序包结构中,程序包体并非总是必需的,程序包首可以独立定义和使用。

　　【例 4－8】　一个完整的程序包的范例。

```
PACKAGE HANDY IS －－程序包首开始
   SUBTYPE BITVECT3 IS BIT_VECTOR(0 TO 2);        －－定义子类型
   SUBTYPE BITVECT2 IS BIT_VECTOR(0 TO 1);
   FUNCTION MAJ3(X:BIT_VECTOR(0 TO 2)) RETURN BIT;  －－定义函数首
END HANDY;
PACKAGE BODY HANDY IS
   FUNCTION MAJ3(X:BIT_VECTOR(0 TO 2))             －－定义函数体
```

```
   RETURN BIT IS
BEGIN
   RETURN (X0 AND X1) OR (X0 AND X2) OR (X1 AND X2);
END MAJ3;
END HANDY；－－程序包首结束
```

程序包常用来封装属于多个设计单元分享的信息,常用的预定义的程序包有:STD_LOGIC_1164 程序包;STD_LOGIC_ARITH 程序包;STANDARD 和 TEX-TIO 程序包;STD_LOGIC_UNSIGNED 和 STD_LOGIC_SIGNED 程序包。

4.1.4 库

库有两种,一种是用户自行生成的 IP 库,有些集成电路设计中心开发了大量的工程软件,有不少好的设计范例,可以重复引用,所以用户自行建库是专业 EDA 公司的重要任务之一。另一种是 PLD,ASIC 芯片制造商提供的库,比如常用的 74 系列芯片、RAM 和 ROM 控制器、计数器、寄存器、I/O 接口等标准模块,用户可以直接引用,而不必从头编写。

1. 库的定义和语法

VHDL 库是经编译后的数据的集合,在库中存放包集合定义、实体定义、结构体定义和配置定义。库的功能类似于 UNIX 和 MS-DOS 操作系统中的目录,使设计者可以共享已经编译过的设计成果。库中存放设计的数据,通过其目录可查询、调用。在 VHDL 程序中,库的说明总是放在设计单元的最前面。

库的语法形式为:

LIBRARY 库名;

USE 子句使库中的元件、程序包、类型说明、函数和子程序对本设计成为"可见"。USE 子句的语法形式为:

USE 库名.逻辑体名;

例如:

LIBRARY ieee;
USE ieee.Std_logic_1164.all;

以上程序使库中的程序包 Std_logic_1164 中的所有元件可见,并允许调用。

2. 库的种类

在 VHDL 语言程序中存在的库分为两类:一类是设计库,另一类是资源库。设计库对当前项目是可见默认的。无须用 LIBRARY 子句、USE 子句声明,所有当前所设计的资源都自动存放在设计库中。资源库是常规元件和标准模块存放库。使用资源库需要声明要使用的库和程序包。资源库只可以被调用,但不能被用户修改。

（1）设计库

STD 库和 WORK 库属于设计库的范畴。STD 库为所有的设计单元所共享、隐含定义、默认和"可见"。STD 库是 VHDL 的标准库,在库中存放有"Standard"和"Textio"两个程序包。在用 VHDL 编程时,"Standard"程序包已被隐含地全部包含进来,故不需要"USE std. standard. all;"语句声明;但在使用"Textio"包中的数据时,应先说明库和包集合名,然后才可使用该包集合中的数据。例如:

```
LIBRARY std;
USE std.textio.all;
```

WORK 库是 VHDL 语言的工作库,用户在项目设计中设计成功、正在验证、未仿真的中间文件都放在 WORK 库中。

(2) 资源库

STD 库和 WORK 库之外的其他库均为资源库,它们是 IEEE 库、ASIC 库和用户自定义库。要使用某个资源库,必须在使用该资源库的每个设计单元的开头用LIBRARY 子句显示说明。应用最广的资源库为 IEEE 库,在 IEEE 库中包含有程序包 STD_LOGIC_1164,它是 IEEE 正式认可的标准包集合。ASIC 库存放的是与逻辑门相对应的实体,用户自定义库是为自己设计所需要开发的共用程序包和实体的汇集。

VHDL 工具厂商与 EDA 工具专业公司都有自己的资源库,如 Altera 公司 Quartus II 的资源库 megafunctions 库、maxplus2、primitives 库、edif 库等。

3. 库的使用

(1) 库的说明

除 WORK 库和 STD 库之外,其他库在使用前首先都要做说明。在 VHDL 中,库的说明语句总是放在实体单元前面,即第 1 条语句应该是:"LIBRARY 库名;",库语句关键词 LIBRARY 声明使用什么库。另外,还要说明设计者要使用的是库中哪一个程序包以及程序包中的项目(如过程名、函数名等),这样第 2 条语句的关键词为USE,USE 语句的使用使所说明的程序包对本设计实体部分或全部开放,即是可视的,其格式为:

```
USE 库名(library name).程序包名(package name).项目名(Item name);
```

如果项目名为 ALL,表明 USE 语句的使用对本设计实体开放指定库中的特定程序包内的全部内容。所以,一般在使用库时首先要用两条语句对库进行说明。

(2) 库说明的作用范围

库说明语句的作用范围是从一个实体说明开始到它所属的构造体、配置为止。当一个源程序中出现两个以上的实体时,两条作为使用的库的说明语句应在每个实体说明语句前重复书写。

【例 4 - 9】 库的使用。

```
LIBRARY ieee;
```

```
USE ieee.std_logic_1164.all;
ENTITY andern IS
  ...
END andern;
ARCHITECTURE rt1 OF andern IS
  ...
END rt1;
```

4.1.5 配　置

配置用于从库中选取所需单元来组成系统设计的不同规格的不同版本,使被设计系统的功能发生变化。配置语句用来描述层与层之间的连接关系以及实体与结构体之间的连接关系。在复杂的 VHDL 工程设计中,设计者可以利用这种配置语句来选择不同的结构体,使其与要设计的实体相对应,或者为例化的各元件实体配置指定的结构体。在仿真设计中,可以利用配置来选择不同的结构体进行性能对比试验,以得到性能最佳的设计目标。例如,要设计一个 2 输入 4 输出的译码器。假设一种结构中的基本元件采用反相器和 3 输入与门,另一种结构中的基本元件都采用与非门,它们各自的构造体是不一样的,并且放在各自不同的库中,那么要设计的译码器,就可以利用配置语句实现对两种不同的构造体的选择。

配置语句的书写格式为:

```
CONFIGURATION 配置名 OF 实体名 IS
FOR 选配结构体名
END FOR;
END 配置名;
```

【例 4 - 10】 2 输入 4 输出译码器的设计程序。

```
ENTITY TWO_CONSECUTIVE IS
  PORT(CLK,R,X: IN STD_LOGIC;
    Z: OUT STD_LOGIC);
END TWO_CONSECUTIVE;
USE WORK.ALL;
ARCHITECTURE STRUCTURAL OF TWO_CONSECUTIVE IS
  SIGNAL Y0,Y1,A0,A1:STD_LOGIC:='0';
  SIGNAL NY0,NX:STD_LOGIC:='1';
  SIGNAL ONE:STD_LOGIC:='1';
COMPONENT EDGE_TRIGGERED_D
  PORT(CLK,D,NCLR:IN STD_LOGIC;
    Q,QN :OUT STD_LOGIC);
END COMPONENT;
```

```
FOR ALL:EDGE_TRIGGERED_D
  USE ENTITY EDGE_TRIG_D(BEHAVIOR);        --模块指针
COMPONENT INVG
  PORT(I:IN STD_LOGIC;
     O:OUT STD_LOGIC);
END COMPONENT;
FOR ALL:INVG
  USE ENTITY INV(BEHAVIOR);                --模块指针
COMPONENT AND3G
  PORT(I1,I2,I3:IN STD_LOGIC;
     O:OUT STD_LOGIC);
END COMPONENT;
FOR ALL:AND3G
  USE ENTITY AND3(BEHAVIOR);               --模块指针
COMPONENT OR2G
  PORT(I1,I2:IN STD_LOGIC;
     O:OUT STD_LOGIC);
END COMPONENT;
FOR ALL:OR2G
  USE ENTITY OR2(BEHAVIOR);                --模块指针
BEGIN
C1: EDGE_TRIGGERED_D
  PORT MAP(CLK,X,R,Y0,NY0);
C2: EDGE_TRIGGERED_D
  PORT MAP(CLK,ONE,R,Y1,OPEN);
C3:INVG
  PORT MAP(X,NX);
C4:AND3G
  PORT MAP(X,Y0,Y1,A0);
C5:AND3G
  PORT MAP(NY0,Y1,NX,A1);
C6:OR2G
  PORT MAP(A0,A1,Z);
END STRUCTURAL;
```

1. COMPONENT 语句

例 4-10 中使用了 COMPONENT 语句和 PORT MAP 语句。在构造体的结构描述中，COMPONENT 语句是最基本的描述语句。该语句指定了本构造体中所调用的是哪一个现成的逻辑描述模块。在本例电路的结构体描述程序中，使用了 4 个

COMPONENT 语句,分别引用了现成的 4 种门电路的描述,元件名分别为 EDGE_TRIGGERED_D、INVG、AND3G 和 OR2G。这 4 种门电路已在 WORK 库中生成,在任何设计中用到它们,只要用 COMPONENT 语句调用就行了,无须在构造体中再对这些门电路进行定义和描述。COMPONENT 语句的基本书写格式如下:

```
COMPONENT 元件名
  GENERIC 说明: --参数说明
  PORT 说明;    --端口说明
END COMPONENT;
```

COMPONEN - INSTANTIATION(元件包装)语句可以在 ARCHITEC-TURE、PACKAGE 及 BLOCK 的说明部分中使用。COMPONENT - INSTANTI-ATION 语句的书写格式如下:

```
标号名:元件名 PORT MAP(信号,…);
```

例如:

```
U2:AND2 PORT MAP(NSEL,D1,AB);
```

标号名"U2"放在元件名"AND2"的前面,在该构造体的说明中该标号名一定是唯一的。下一层元件端口信号与实际连接的信号用 PORT MAP 的映射关系联系起来。

2. 映 射

映射方法有两种:一种是位置映射,另一种是名称映射。

(1) 位置映射法

所谓位置映射方法,就是在下一层的元件端口说明中的信号书写位置和 PORT MAP()中指定的实际信号书写顺序一一对应。例如:在 2 输入与门中端口的输入/输出定义为:

```
PORT MAP(A,B:IN BIT;
         C:OUT BIT);
```

在设计中引用的与门 AND2 的信号对应关系描述为:

```
U2:AND2 PORT MAP(NSEL,D1,AB);
```

也就是说,U2 的 NSEL 对应 A,D1 对应 B,AB 对应 C。

(2) 名称映射法

所谓名称映射就是将已经存在于库中的现成模块的各端口名称,赋予设计中模块的信号名。例如:

```
U2: AND2 PORT MAP(A = >NSEL,B = >D1,C = >AB);
```

该方法中,A=>NSEL 表示 AND2 的内部信号 A 与外部端口 NSEL 相连。

3. 配 置

注意到例 4-10 的每个配置说明中,都包含一个这样形式的语句:

`FOR INSTANTIATED_COMPONENT USE LIBRARY_COMPONENT`

意思是实例化的元件必须与库中的某一元件模型相对应。该元件与库中的元件具有相同功能,但有不同的名称和端口名称。在例 4-10 中该库就是 WORK 库,使用 OR2G 、INVG、AND3G 和 EDGE_TRIGGERED_D 四种元件组成了新的电路元件。

在 VHDL 中,提高结构模型可重用性的方法是在配置说明中搜索所有的连接信息,为此可写出通用程序包,设计出与任何半导体工艺、EDA 平台无关的元件。配置的功能就是把元件安装到设计单元的实体中,配置也是 VHDL 设计实体中的一个基本单元。配置说明可以看作是设计单元的元件清单,在综合和仿真中,可以利用配置说明为确定整个设计提供许多有用信息,例如对以元件例化的层次方式构成的 VHDL 设计实体,就可以把配置语句的设置看成是一个元件表,以配置语句指定在定层设计中的某一元件与一个特定的结构体相衔接,或赋予特定属性。配置语句还能用于对元件的端口连接进行重新安排。

综上所述,配置主要为顶层设计实体指定结构体,或为参与例化的元件实体指定所希望的结构体,以层次化的方式来对元件例化作结构配置。

4.2 VHDL 语言的基本要素

VHDL 具有计算机编程语言的一般特性,其语言的基本要素是编程语句的基本单元,准确无误地理解和掌握 VHDL 语言基本要素的含义和用法,对高质量地完成 VHDL 程序设计有十分重要的意义。本节主要讨论标识符、客体、数据类型及运算符等基本要素。

4.2.1 VHDL 语言的标识符

VHDL 语言的标识符(identifiers)是最常用的操作符,可以是常数、变量、信号、端口、子程序或参数的名字。标识符规则是 VHDL 语言中符号书写的一般规则。不仅对电子系统设计工程师是一个约束,同时也为各种各样的 EDA 工具提供了标准的书写规范,使之在综合仿真过程中不产生歧义,易于仿真。

(1)短标识符

VHDL 的短标识符是遵守以下规则的字符序列:

① 必须以个 26 英文字母打头。

② 字母可以是大写、小写,数字包括 0~9 和下划线"_"。

③ 下划线前后都必须有英文字母或数字。

④ EDA 工具综合、仿真时,短标识符不区分大小写。

(2) 扩展标识符

扩展标识符是 VHDL'93 版增加的标识符书写规则,对扩展标识符的识别和书写新规则都有规定:

① 扩展标识符用反斜杠来定界。

\multi_screens\,\eda_centrol\等都是合法的扩展标识符。

② 允许包含图形符号、空格符,如:

\mode A and B\,\ $ 100\,\p%name\等。

③ 反斜杠之间的字符可以用保留字,如:

\buffer\,\entity\,\end\等。

④ 扩展标识符的界定符两个斜杠之间可以用数字打头,如:

\100 $ \,\2chip\,\4screens\等。

⑤ 扩展标识符中允许多个下划线相连,如:

\Four_screens\,\TWO_Computer_sharptor\等。

⑥ 扩展标识符区分大小写。

\EDA\ 与\eda\不同。

⑦ 扩展标识符与短标识符不同。

\COMPUTER\ 与 Computer 和 computer 都不相同。在程序书写时,一般要求大写或黑体,自己定义的标识符用小写,使得程序易于阅读,易于检查错误。

合法的标识符举例:

```
multi_scr,Multi_s,Decode_4,MULTI,State2,Idel
```

非法的标识符举例:

```
illegal % name    - - 符号 % 不能成为标识符构成
_multi_scr        - - 起始为非英文字符
2 MULTI           - - 起始为数字
State_            - - 标识符最后不能是下划线
ABS               - - 标识符不能是 VHDL 语言的关键词
```

4.2.2　VHDL 语言的客体

在 VHDL 语言中,凡是可以赋于一个值的对象称客体(object)。VHDL 客体包含有专门数据类型,主要有 4 个基本类型:常量(CONSTANT)、变量(VARIABLE)、信号(SIGNAL)和文件(FILES)。其中文件类型是 VHDL'93 标准中新通过的。

(1) 常　量

常量是设计者给实体中某一常量名赋予的固定值,其值在运行中不变。若要改变设计中某个位置的值,只须改变该位置的常量值,然后重新编译即可。常量是一个全局变量,它可以用在程序包、实体、构造体、进程或子程序中。定义在程序包内的常量,可由所含的任何实体、构造体所引用;定义在实体说明内的常量仅在该实体内可见;定义在进程说明性区域中的常量也只能在该进程中可见。

一般地,常量赋值在程序开始前进行说明,数据类型在实体说明语句中指明。常量说明的一般格式如下:

CONSTANT 常数名:数据类型: = 表达式;

举例如下:

16 位寄存器宽度指定:
CONSTANT width:integer: = 16;
设计实体的电源供电电压指定:
CONSTANT Vcc:real: = 2.5;
某一模块信号输入/输出的延迟时间:
CONSTANT DELAY1,DELAY2:time1: = 50ns;
某 CPU 总线上数据设备向量:
CONSTANT PBUS: BIT_VECTOR: = "10000000010110011";

(2) 变　量

变量仅在进程语句、函数语句、过程语句的结构中使用,变量是一个局部量,变量的赋值立即生效,不产生赋值延时。变量书写的一般格式为:

VARIABLES 变量名:数据类型 约束条件: = 表达式;

举例如下:

VARIABLES middle: std_logic: = '0';—变量赋初值
VARIABLES u,v,w : integer;
VARIABLES count0: integer range 0 TO 255 : = 10;

在 VHDL 语言中,变量的使用规则和限制范围说明如下:

➤ 变量赋值是直接非预设的。在某一时刻仅包含了一个值。
➤ 变量赋值和初始化赋值符号用“: =”表示。
➤ 变量不能用于硬件连线和存储元件。
➤ 在仿真模型中,变量用于高层次建模。
➤ 在系统综合时,变量用于计算,作为索引载体和数据的暂存。
➤ 在进程中,变量的使用范围在进程之内。若将变量用于进程之外,必须将该值赋给一个相同的类型的信号,即进程之间传递数据靠的是信号。

(3) 信　号

信号是电子电路内部硬件实体相互连接的抽象表示。信号通常在构造体、程序包和实体说明中使用,用来进行进程之间的通信,它是个全局变量。信号可以被看作代表硬件电路中的连接线,用于连接各元件。信号描述的格式为:

SIGNAL 信号名:数据类型、约束条件:= 表达式;

举例如下:

```
SIGNAL sys_clk0:BIT : = '0';              − − 系统时钟变量
SIGNAL sys_out:BIT : = '1';               − − 系统输出状态变量
SIGNAL address:bit_vector(7 downto 0);   − − 地址宽度
```

信号的使用规则说明如下:

➤ ":="表示对信号直接赋值,可用来表示信号初始值不产生延时。

➤ "<="表示代入赋值,是变量之间信号的传递,代入赋值法允许产生延时。

例如:"S1 <= S2 AFTER 10ns;"表明信号 S2 的值延时 10 ns 后赋予 S1。这里说的延时指的是惯性延时,它是在信号 S2 保持 10 ns 之后才能代入 S1,也就是说当信号 S2 的脉冲宽度大于 10 ns 时,该信号才能被传输到 S1,这样就可以滤除掉 S2 信号上的小于 10 ns 的毛刺,这是在 VHDL 设计中常用的延时处理方法。

(4) 文 件

文件是传输大量数据的客体,包含一些专门数据类型的数值。在仿真测试时,测试的输入激励数据和仿真结果的输出都要用文件来进行。

在 IEEE1076 标准中,TEXTIO 程序包中定义了下面几种文件 I/O 传输的方法。它们是对一些过程的定义,调用这些过程就能完成数据的传递。

4.2.3 VHDL 语言的数据类型

在 VHDL 语言中,信号、变量、常数都要指定数据类型。为此,VHDL 提供了多种标准的数据类型。另外,为使用户设计方便,还可以由用户自定义数据类型。VHDL 语言的数据类型的定义相当严格,不同类型之间的数据不能直接代入;而且,即使数据类型相同,但位长不同时也不能直接代入。EDA 工具在编译、综合时会报告类型错误。

1. 标准定义的数据类型

标准的数据类型有 10 种:整数(INTEGER);实数(REAL);位(BIT);位矢量(BIT_VECTOR);布尔量(BOOLEAN);字符(CHARACTER);字符串(STRING);时间(TIME);错误等级(SEVRITY LEVEL);自然数(NATURAL)和正整数(POSITIVE)。下面对各数据类型作简要说明。

(1) 整数数据类型

在 VHDL 语言中,整数类型的数代表正整数、零、负,其取值范围:$-(2^{31}-1)\sim(2^{31}-1)$,可用 32 位有符号二进制数表示。千万不要把一个实数赋予一个整数变量,因为 VHDL 是一个强类型语言,它要求在赋值语句中的数据类型必须匹配。在使用整数时,VHDL 综合器要求用 RANGE 字句为所定义的数限定范围,然后根据所限定的范围来决定此信号或变量的二进制数位数,VHDL 综合器无法综合未限定整数类型范围的信号或变量。整数的例子如下:

+1223，−457,158E3(=158000),0,+23

（2）实数数据类型

VHDL 的实数类似于数学上的实数，或称浮点数。实数的取值范围是−1.0E+38～+1.0E+38。

通常情况下，实数类型仅在 VHDL 仿真器中使用，而 VHDL 综合器不支持。实数数据类型书写时一定要有小数点，例如：

−2.0，−2.5，−1.52E−3（十进制浮点数），8#40.5#E+3（八进制浮点数）

有些数可以用整数表示，也可以用实数表示。例如，数字 1 的整数表示为 1，而实数表示为 1.0。两个数值是一样的，但数据类型是不一样的。

（3）位数据类型

位数据类型属于枚举型，取值只能是 0 或 1。在数字系统中，信号值通常用一个位来表示。位值的表示方法是，用字符‘0’或者‘1’（将值放在单引号中）表示。位与整数中的 1 和 0 不同，‘1’和‘0’仅表示一个位的两种取值。例如：BIT(‘1’)。

位数据可以用来描述数字系统中总线的值。位数据不同于布尔数据，但也可以用转换函数进行转换。位数据类型的数据对象，如变量、信号等，可以参与逻辑运算，运算结果还是位数据类型。

（4）位矢量数据类型

位矢量只是基于 BIT 数据类型，用双引号括起来的一组数据。例如："001100"，X"00BB"。在这里，位矢量最前面的 X 表示是进制，使用位矢量必须注明位宽，例如：

SIGNAL address:bit_vector(7 to 0)

（5）布尔量数据类型

一个布尔量具有两种状态，"真"或者"假"。虽然布尔量也是二进制枚举量，但它和位不同，没有数值的定义，也不能进行算术运算。它能进行关系运算。例如，当 a 小于 b 时，在 IF 语句中的关系表达式（a＜b）被测试，测试结果产生一个布尔量 TRUE 反之为 FALSE，综合器将其变为 1 或 0 信号值。它常用来表示信号的状态或者总线上的情况。

（6）字符数据类型

字符也是一种数据类型，所定义的字符量通常用单引号括起来，如‘A’。一般情况下，VHDL 语言对大小写不敏感，但对字符量中的大小写敏感，例如：‘B’不同于‘b’。

（7）字符串数据类型

字符串是由双引号括起来的一个字符序列，也称字符矢量或字符串数组。字符串数据类型常用于程序说明和提示。

（8）时间数据类型

时间数据类型是一个物理量数据。完整的时间量数据应包含整数和单位两部分，而且整数和单位之间至少应留一个空格的位置。例如：5 sec，8 min 等。在包集合 STANDARD 中给出了时间的预定义，其单位为 fs（飞秒，VHDL 中的最小时间单位），ps（皮秒），ns（纳秒），μs（微秒），ms（毫秒），sec（秒），min（分）和 hr（时）。时间数据主要用于系统仿真，用它来表示信号延时。

（9）错误等级

错误等级数据类型用来表征系统的状态，共有 4 种：note（注意），warning（警告），error（出错），failure（失败）。系统仿真过程中用这 4 种状态来提示系统当前的工作情况。

（10）自然数和正整数

这两类数据都是整数的子类。

2. 用户自定义数据类型

在 VHDL 语言中，可由用户自定义的数据类型有：枚举类型（ENUMERATED TYPE）；整数类型（INTEGER TYPE）；实数（REAL TYPE）、浮点数（FLOATING TYPE）类型；数组类型（ARRAY TYPE）；存取类型（ACCESS TYPE）；文件类型（FILE TYPE）；记录类型（RECORD TYPE）；时间类型（TIME TYPE）。

下面对常用的几种用户自定义的数据类型做举例说明。

（1）枚举类型

它是 VHDL 语言中最重要的一种用户自定义数据类型，在以后的状态机等应用中有重要作用。在数字逻辑电路中，所有数据都是用‘1’或者‘0’来表示的，但人们在考虑逻辑关系时，只有数字往往是不方便的。枚举类型实现了用符号代替数字。例如：在表示一周七天的逻辑电路中，往往可以假设“000”为星期天，“001”为星期一，这对阅读程序不利。为此，可以定义一个叫“WEEK”的数据类型，例如：

```
TYPE WEEK IS (SUN,MON,TUE,WED,THU,FRI,SAT);
```

由于上述的定义，凡是用于代表星期二的日子都可以用 TUE 来代替，这比用代码“010”表示星期二直观多了，使用时也不易出错。枚举类型数据格式如下：

```
TYPE 数据类型名 IS (元素,元素,…);
```

（2）整数类型和实数类型

整数类型在 VHDL 语言中已存在，这里指的是用户自定义的整数类型，实际上可以认为是整数的一个子类。例如，在一个数码管上显示数字，其值只能取 0～9 的整数。如果由用户定义一个用于数码显示的数据类型，那么可以写为：

```
TYPE DIGIT IS INTEGER 0 TO 9;
```

同理，实数类型也如此，例如：

TYPE CURRENT IS REAL RANGE − 1E4 TO 1E4;

据此,可以总结出整数或实数用户自定义数据类型的格式为:

TYPE 数据类型名 IS 数据类型定义约束范围;

(3) 数组类型

数组是将相同类型的数据集合在一起所形成的一个新的数据类型。它可以是一维的,也可以是二维或多维的。

数组定义的书写格式为:

TYPE 数组类型名 IS ARRAY 范围 OF 原数据类型名;

在此,如果"范围"这一项没有被指定,则使用整数数据类型范围。例如:

TYPE WORD IS ARRAY (1 TO 8)OF STD_LOGIC;

若"范围"这一项需要整数类型以外的其他数据类型范围时,则在指定数据范围前应加数据类型名。例如:

TYPE WORD IS ARRAY (INTEGER 1 TO 8) OF STD_LOGIC;
TYPE INSTRUCTION IS (add,sub,inc,srl,srf,lda,ldb,xfr);
SUBTYPE DIGIT IS INTEGER 0 TO 9;
TYPE INSFLAG IS ARRAY (INSTRUCTION add to srf)OF DIGIT;

(4) 存取类型

存取类型用来给新对象分配或释放存储空间。在 VHDL 语言标准 IEEE std_1076 的程序包 TEXTIO 中,有一个预定义的存取类型 LINE:

TYPE LINE IS ACCESS STRING;

这表示类型为 LINE 的变量是指向字符串值的指针。只有变量才可以定义为存取类型,如:

VARIABLE line_buffer:LINE;

(5) 文件类型

文件类型用于在主系统环境中定义代表文件的对象。文件对象的值是主系统文件中值的序列。在 IEEE STD_1076 的程序包 TEXTIO 中,有一个预定义的文件类型 TEXT(用户也可以定义自己的文件类型):

TYPE Text IS FILE OF String;   − − TEXTIO 程序包中预定义的文件类型
TYPE input_type IS FILE OF Character;   − − 用户自定义的文件类型

在程序包 TEXTIO 中,有 2 个预定义的标准文本文件:

FILE input:Text OPEN read_mode IS "STD_INPUT";
FILE output:Text OPEN write_mode IS "STD_OUTPUT";

（6）记录类型

记录类型是将不同类型的数据和数据名组织在一起而形成的数据类型。用记录描述总线、通信协议是比较方便的。记录类型的一般书写格式为：

```
TYPE 数据类型名 IS RECORD
元素名：数据类型名；
元素名：数据类型名；
…
END RECORD；
```

在从记录数据类型中提取元素数据类型时应使用"."，如例 4-11 所示。

【例 4-11】 记录类型定义。

```
TYPE BANK IS RECODE
  ADDR0：STD_LOGIC_VECTOR(7 DOWNTO 0)；
  ADDR1：STD_LOGIC_VECTOR(7 DOWNTO 0)；
  R0：INTEGER；
  INST：INSTRUCTION；--INSTRUCTION 为枚举类型
END RECORD；
SIGNAL ADDBUS1，ADDBUS2：STD_LOGIC_VECTOR(31 DOWNTO 0)；
SIGNAL RESULT：INTEGER；
SIGNAL ALU_code：INSTRUCTION；
SIGNAL R_BANK：BANK：=（"00000000"，"00000000"，0，ADD）；
ADDBUS1< = R_BANK.ADDR1；
R_BANK.INST< = ALU_code；
```

（7）时间类型

时间类型是表示时间的数据类型，其完整的书写格式应包含整数和单位两部分，如 16 ns、3 s、5 min、1 hr 等。时间类型一般用于仿真，而不用逻辑综合。其书写格式为：

```
TYPE 数据类型名 IS 范围；
UNITS 基本单位；
单位；
END UNITS；
```

【例 4-12】 时间类型定义。

```
TYPE TIME IS RANGE -1E18 TO 1E18；
UNITS fs；
  ps = 1000 fs；
  ns = 1000 ps；
  us = 1000 ns；
  ms = 1000 us；
```

```
s = 1000 ms;
min = 60 s;
hr = 60 min;
END UNITS;
```

3. 类型转换

在 VHDL 语言中,数据类型的定义是相当严格的,不同类型的数据之间是不能进行运算和直接代入。为了实现正确的代入操作,必须将要代入的数据进行类型转换,这就是所谓类型转换。为了进行不同类型的数据变换,常用的有 2 种方法:类型标记法和函数转换法。

(1) 用类型标记法实现类型转换

类型标记就是类型的名称。类型标记法仅适用于关系密切的标量类型之间的类型转换,即整数和实数的类型转换。

若:

```
variable I :integer;
variable R :real;
```

则有:

```
i: = integer(r);
r: = real(i);
```

程序包 NUMERIC_BIT 中定义了有符号数 SIGNED 和无符号数 UNSIGNED,与位矢量 BIT_VECTOR 关系密切,可以用类型标记法进行转换。在程序包 UN-MERIC_STD 中定义的 SIGNED 和 UNSIGNED 与 STD_LOGIC_VECTOR 相近,也可以用类型标注进行类型转换。

(2) 用函数法进行类型转换

VHDL 语言中,用函数法进行数据类型转换,VHDL 语言标准中的程序包提供的变换函数来完成这个工作。这些程序包有 3 种,每种程序包的变换函数也不一样。

① STD_LOGIC_1164 程序包定义的转换函数:

函数 TO_STD_LOGIC_VECTOR(A);
　　　　　　 – –由位矢量 BIT_VECTOR 转换为标准逻辑矢量 STD_LOGIC_VECTOR
函数 TO_BIT_VECTOR(A);– –由标准逻辑矢量 STD_LOGIC_VECTOR 转换为位矢量 BIT_VECTOR
函数 TO_STD_LOGICV(A);– –由 BIT 转换为 STD_LOGIC
函数 TO_BIT(A);　　　 – –由标准逻辑 STD_LOGIC 转换 BIT

【例 4 - 13】　由位矢量 BIT_VECTOR 转换为标准逻辑矢量举例。

```
SIGNAL a: BIT_VECTOR(11 DOWNTO 0);
SIGNAL b: STD_LOGIC_VECTOR(11 DOWNTO 0);
A< = X"A8";十六进制代入信号 a
```

```
B< = to_std_logic_vector(x"AFT");
B< = to_std_logic_vector(B"1010 - 0000 - 1111");
```

由于 b 的数据类型为 std_logic_vector,所以数据 X"AFT",B"1000 - 0000 - 1111"在代入 b 时都要利用函数 TO_std_logic_vector,使 Bit_vector 转换类型与 b 类型一致时才能输入。

② std_logic_arith 程序包定义的函数:

函数 COMV_STD_LOGIC_VECTOR(A,位长);

　　　　　　　　　　　 – – 由 integer、singed、yunsigned 转换成 std_logic_vector

函数:CONV_INTEGER(A); 　　 – – 由 signed、unsigned 转换成 std_logic_vector

函数:CONV_INTEGER(A); 　　 – – 由 signed、unsigned 转换成 integer

③ std_logic_unsigned 程序包定义的转换函数。

函数:CONV_INTEGER(A); 　　 – – 由 STD_LOGIC_VECTOR 转换成 integer

【例 4 - 14】 利用转换函数 CONV_INTEGER(A)设计 3 - 8 译码器。

```
LIBRARY IEEE;
USE IEEE.STD_LOGIC_1164.ALL;
USE IEEE.STD_LOGIC_UNSIGNED.ALL;
ENTITY decode3to8 IS
PORT (input: IN std_logic_vector(2 downto 0);
    Output: OUT std_logic_vector(7 downto 0);
END decode3to8;
ARCHITECTURE behavioral OF decode3to8 IS
BEGIN
  PROCESS(input)
    BEGIN
    Output < = (others = >'0');
    Output (CONV_INTEGER(input)) < = '1';
  END process;
  END behavioral;
```

4. IEEE 标准数据类型 STD_LOGIC 和 STD_LOGIC_VECTOR

VHDL 语言的标准数据类型"BIT"是一个逻辑型的数据类型。这类数据取值只有'0'和'1'。由于该类型数据不存在不定状态'X',故不便于仿真。另外,它也不存在高阻状态,也很难用它来描述双向数据总线。为此,IEEE 1993 制定出了新的标准(IEEE STD_1164),使得 STD_LOGIC 型数据可以具有多种不同的值:'U'初始值;'X'不定;'0'0;'1'1;'W'弱信号不定;'Z'高阻;L'弱信号 0;'H'弱信号 1;'–'不可能情况。

STD_LOGIC 和 STD_LOGIC_VECTOR 是 IEEE 新制订的标准化数据类型,建

议在 VHDL 程序中使用这两种数据类型。另外,当使用该类型数据时,在程序中必须写出库说明语句和使用包集合的说明语句。

4.2.4　VHDL 语言的运算操作符

VHDL 语言为构成计算表达式提供了 23 个运算操作符,VHDL 语言的运算操作符有 4 种:逻辑运算符、算术运算符、关系运算符、并置运算符。

（1）逻辑运算符

在 VHDL 语言中,逻辑运算符有 6 种:NOT(取反);AND(与);OR(或);NAND(与非);NOR(或非);XOR(异或)。

逻辑运算符适用的变量为 STD_LOGIC、BIT、STD_LOGIC_VECTOR 类型,这 3 种布尔型数据进行逻辑运算时,左边、右边以及代入的信号类型必须相同。

在一个 VHDL 语句中存在两个逻辑表达式时,左右没有优先级差别。一个逻辑式中,先做括号里的运算,再做括号外运算。

逻辑运算符的书写格式为:

```
①A< = B AND C AND D AND E;      －－用 VHDL 程序规范书写的语句
A = B·C·D·E                      －－等效的布尔代数书写的逻辑方程
②A< = B OR C OR D OR E;          －－用 VHDL 程序规范书写的语句
A = B+C+D+E                      －－等效的布尔代数书写的逻辑方程
③A< = (B AND C)OR(D AND E)       －－用 VHDL 程序规范书写的语句
A = (B·C)+(D·E)                  －－等效的布尔代数书写的逻辑方程
```

【例 4 - 15】　逻辑运算符举例。

```
SIGNAL a ,b,c : STD_LOGIC_VECTOR (3 DOWNTO 0) ;
SIGNAL d,e,f,g : STD_LOGIC_VECTOR (1 DOWNTO 0) ;
SIGNAL h,I,j,k : STD_LOGIC ;
SIGNAL l,m,n,o,p : BOOLEAN ;
a< = b AND c;             －－ b,c 相与后向 a 赋值,a、b、c 的数据类型同属 4 位长的位矢量
d< = e OR f OR g ;        －－ 两个操作符 OR 相同,不需括号
h< = (i NAND j)NAND k ;   －－ NAND 不属上述三种算符中的一种,必须加括号
l< = (m XOR n)AND(o XOR p);－－ 操作符不同,必须加括号
h< = i AND j AND k ;      －－ 两个操作符都是 AND,不必加括号
h< = i AND j OR k ;       －－ 两个操作符不同,未加括号,表达式错误
a< = b AND e ;            －－ 操作数 b 与 e 的位矢长度不一致,表达错误
h< = i OR l ;             －－ i 的数据类型是位 STD_LOGIC,而 l 的数据类型是布尔量
                         －－ BOOLEAN,因而不能相互作用,表达式错误
```

（2）算术运算符

VHDL 语言中有 10 种算术运算符,它们分别是:"＋"加;"－"减;"＊"乘;"/"除;"MOD"求模;"REM"取余;"＋"正(一元运算);"－"负(一元运算);"＊＊"指数;"ABS"取绝对值。

算术运算符的使用规则如下：

① 一元运算的操作符（正、负）可以是任何数值类型（整数、实数、物理量）；加、减运算的操作数可以是整数和实数，且两个操作数必须类型相同。

② 乘除的操作数可以同为整数和实数，物理量乘或除以整数同样为物理量，物理量除以同一类型的物理量即可得到一个整数量。

③ 求模和取余的操作数必须是同一整数类型数据。

④ 一个指数的运算符的左操作数可以是任意整数或实数，而右操作数应为一整数。

【例 4 – 16】 算术运算符的使用。

```
 SIGNAL a,b : INTEGER RANGE  – 8 to 7 ;
SIGNAL c,d : INTEGER RANGE  – 16 to 14 ;
SIGNAL e : INTEGER RANGE 0 to 3 ;
a <  = ABS(b) ;
c <= 2 * * e ;
d = a + c;
```

（3）关系运算符

VHDL 语言中有 6 种关系运算符：“＝”等于；“/＝”不等于；“<” 小于；“<＝”小于等于；“>”大于；“>＝”大于等于。

在 VHDL 程序设计中关系运算符有如下规则：

① 在进行关系运算时，左右两边的操作数的数据类型必须相同；

② 等号“＝”和不等号“/＝”可以适用所有类型的数据；

③ 小于符“<”、小于等于符“<＝”、大于符“>”、大于等于符“>＝”，适用于整数、实数、位矢量及数组类型的比较；

④ 小于等于符“<＝”和代入符“<＝”是相同的，在读 VHDL 语言的语句时，要根据上下文关系来判断；

⑤ 两个位矢量类型的对象比较时，自左至右，按位比较。

（4）并置运算符

并置运算符“&”用于位的连接。并置运算符有如下使用规则：

① 并置运算符可用于位的连接，形成位矢量；

② 并置运算符可用于两位矢量的连接构成更大的位矢量；

③ 位的连接也可以用集合体的方法，即用并置符换成逗号。

例如：两个 4 位的位矢量用并置运算符“&”连接起来就可以构成 8 位长度的位矢量。

```
Tmp_b< = b and (en & en & en & en);
y< = a & Tmp_b;
```

第一个语句表示 b 的 4 位矢量由 en 进行选择得到一个 4 位位矢量的输出；第 2

个语句表示 4 位位矢量 a 和 4 位位矢量 Tmp_b 再次连接（并置）构成 8 位的位矢量 y 输出。

（5）操作符的运算优先级

在 VHDL 程序设计中,逻辑运算、关系运算、算术运算、并置运算优先级是各不相同的。各种运算的操作不可能放在一个程序语句中,所以把各种运算符排成一个统一的优先顺序表意义不明显。其次,VHDL 语言的结构化描述,在综合过程中,程序是并行的,没有先后顺序之分,写在不同程序行的硬件描述程序同时并行工作。VHDL 语言的程序设计者千万不要理解程序是逐行执行,运算是有先后顺序的,这样不利于 VHDL 程序的设计。运算符的优先顺序仅在同一行的情况下有顺序、有优先,不同行的程序是同时并行工作的。

4.3   VHDL 语言的基本语句

顺序语句和并行语句是 VHDL 语言设计中的两类基本的描述语句,在数字逻辑系统设计中,这些语句从多侧面完整地描述了数字逻辑系统的硬件结构和基本逻辑功能,其中包括通信的方式、信号的赋值、多层次的元件例化。本节将重点讨论这两类基本的描述语句。

4.3.1   顺序描述语句

VHDL 语句是并发语言,大部分语句是并发执行的。但是在进程、过程、块语句和子程序中,还有许多顺序执行语句。顺序的含义是指按照进程或子程序执行每条语句,而且在结构层次中,前面语句的执行结果可能直接影响后面的结果。顺序语句有两类:一类是真正的顺序语句;另一类是既可以做顺序语句又可以做并发语句,具有双重特性的语句。这类语句放在进程、块、子程序之外是并发语句,放在进程、块、子程序之内是顺序语句。

这些顺序语句有:WAIT 语句;IF 语句;CASE 语句;LOOP 语句;NEXT 语句;EXIT 语句;RETURN 语句;NULL 语句;REPORT 语句;顺序/并发二重性语句(seqential/concureent)。顺序语句(seqential state ment)具有如下特征:

① 顺序语句只能出现在进程或子程序、块中。

② 顺序语句描述的系统行为有时序流、控制流、条件分支和迭代算法等。

③ 顺序语句用于定义进程、子程序等的算法。

④ 顺序语句的功能操作有算术、逻辑运算,信号、变量的赋值,子程序调用等。

顺序描述语句只能出现在进程或子程序中,它将定义进程或子程序所执行的算法。顺序描述语句按照出现的次序依次执行。下面依次介绍各种常用的顺序描述语句。

1. WAIT 语句

下面先以一个例子来说明 WAIT 语句的用法：

```
WAIT ON X,Y until Z = 0 FOR 100ns;
```

该语句的功能是：当执行到该语句时进程将被挂起，但如果 X 或者 Y 在接下来 100 ns 之内发生了改变，进程便立即测试条件"Z＝0"是否满足。若满足，进程将会被激活；若不满足，进程则继续被挂起。

WAIT 语句是进程的同步语句，是进程体内的一个语句，与进程体内的其他语句顺序执行。WAIT 语句可以设置 4 种不同的条件：无限等待、时间到、表达式成立及敏感信号量变化。这几类条件可以混用，其书写格式为：

```
WAIT                    - - 无限等待
WAIT ON                 - - 敏感信号量变化
WAIT UNTIL 表达式        - - 表达式成立,进程启动
WAIT FOR 时间表达式       - - 时间到,进程启动
```

（1）WAIT ON

WAIT ON 语句的完整书写格式为：

```
WAIT ON 信号[,信号,…];
```

WAIT ON 语句后面跟着的是一个或多个信号量，例如：

```
WAIT ON A,B;
```

该语句表明，它等待信号量 A 或者 B 发生变化，A 或者 B 中只要一个信号量发生变化，进程将结束挂起状态，而继续执行 WAIT ON 语句的后继语句。

【例 4 - 17】 WAIT ON 语句的使用。

```
P1:PROCESS(A,B)              P2: PROCESS
BEGIN                        BEGIN
Y< = A AND B;                  Y< = A AND B;
END PROCESS;                   WAIT ON A,B;
                               END PROCESS;
```

该例 4 - 17 中两个进程 P1、P2 的描述是完全等价的，只是 WAIT ON 和 PROCESS 中所使用的敏感信号量的书写方法有区别。在使用 WAIT ON 语句的进程中，敏感信号量应写在进程中 WAIT ON 语句的后面；在不使用 WAIT ON 语句的进程中，敏感信号量只应在进程开头的 PROCESS 后跟的括号中说明。如果在 PROCESS 语句中已有敏感信号量说明，那么在进程中不能再使用 WAIT ON 语句。

（2）WAIT UNTIL

WAIT UNTIL 语句的完整书写格式为：

```
WAIT UNTIL 表达式;
```

　　WAIT UNTIL 语句后面跟的是布尔表达式,当进程执行到该语句时将被挂起,直到表达式返回一个"真"值,进程才被再次启动。

　　该语句的表达式将建立一个隐式的敏感信号量表,当表中的任何一个信号量发生变化时,就立即对表达式进行一次评估。如果评估结果使表达式返回一个"真"值,则进程脱离等待状态,继续执行下一个语句。

　　(3) WAIT FOR

　　WAIT FOR 语句的完整书写格式为:

```
WAIT FOR 时间表达式;
```

　　WAIT FOR 语句后面跟的是时间表达式,当进程执行到该语句时将被挂起,直到指定的等待时间到时,进程再开始执行 WAIT FOR 语句的后继语句。

　　2. IF 语句

　　IF 语句根据指定的条件来确定语句执行顺序,共有 3 种类型。

　　(1) 用于门闩控制的 IF 语句

　　这种类型的 IF 语句的一般书写格式为:

```
IF 条件 THEN
〈顺序处理语句〉
END IF;
```

　　当程序执行到该 IF 语句时,就要判断 IF 语句所指定的条件是否成立。如果条件成立,IF 语句所包含的顺序处理将被执行;如果条件不成立,程序跳过 IF 包含的顺序处理语句,执行 IF 语句的后续语句。

　　【例 4-18】 用 IF 语句描述 4 位等值比较器的结构体。

```
LIBRARY IEEE;
USE IEEE.STD_LOGIC_1164.ALL;
USE IEEE.STD_LOGIC_UNSIGNED.ALL;
  ENTITY EQCOM_2 IS
    PORT(A,B: IN STD_LOGIC_VECTOR (3 downto 0);
      EQ: OUT STD_LOGIC);
    END EQCOM_2;
    ARCHITECTURE func OF EQCOM_2 IS
    BEGIN
      PROCESS(A,B)
      BEGIN
        EQ <= '0';
      IF A = B THEN
        EQ <= '1';
    END IF;
  END PROCESS;
```

```
END func;
```

此源程序中,作为一个默认值,EQ 被赋予'0'值,当 A＝B 时,EQ 被赋予'1'值。

(2) 用于 2 选 1 的 IF 语句

这种类型的 IF 语句的一般书写格式为:

```
IF 条件 THEN
〈顺序处理语句甲〉
ELSE
〈顺序处理语句乙〉
END IF;
```

当 IF 语句指定的条件满足时,执行顺序处理语句甲;当条件不成立时,执行顺序处理语句乙。用条件选择不同的程序执行路径。

【例 4 - 19】 用 IF 语句来设计的 2 选 1 电路,每路数据位宽为 4。

```
LIBRARY IEEE;
USE IEEE.STD_LOGIC_1164.ALL;
ENTITY mux2 IS
  PORT(A,B,SEL : IN STD_LOGIC _VECTOR (3 downto 0);
    C : OUT STD_LOGIC_ VECTOR (3 downto 0);
END mux2;
ARCHITECTURE func OF mux2 IS
    BEGIN
    PROCESS (A,B,SEL)
    BEGIN
      IF(SEL = '0') THEN
        C< = A;
      ELSE
        C< = B;
      END IF;
    END PROCESS;
END func;
```

当条件 SEL＝'0'时,输出端 C[3..0]等于输入端 A[3..0]的值;当条件不成立时,输出端 C[3..0]等于输入端 B[3..0]的值。这是一个典型的 2 选 1 逻辑电路。

(3) 用于多选择控制的 IF 语句

这种类型的 IF 语句一般书写格式为:

```
IF 条件 1 THEN
<顺序语句 1>;
ELSIF 条件 2 THEN
<顺序语句 2>;
…
```

ELSIF 条件 N THEN

＜顺序语句 N＞；

ELSE

＜顺序语句 N＋1＞；

END IF；

当条件 1 成立时，执行顺序处理语句 1；当条件 2 成立时，执行顺序处理语句 2；当条件 N 成立时，执行顺序处理语句 N；当所有条件都不成立时，执行顺序处理语句 N＋1。

IF 语句指明的条件是布尔量，有两个选择，即"真"(TRUE)和"假"(FALSE)，所以 IF 语句的条件表达式中只能是逻辑运算符和关系运算符。

IF 语句可用于选择器、比较器、编码器、译码器、状态机的设计，是 VHDL 语言中最基础、最常用的语句。

【例 4 - 20】 用 IF 语句描述的 4 选 1 电路的结构体。

```
LIBRARY IEEE;
USE IEEE. STD_LOGIC_1164. ALL;
  ENTITY mux4 IS
    PORT( INPUT : IN STD_LOGIC_VECTOR(3 DOWNTO 0);
       SEL : IN STD_LOGIC_VECTOR(1 DOWNTO 0);
       Q : OUT STD_LOGIC);
END mux4;
  ARCHITECTURE func OF mux4 IS
  BEGIN
    PROCESS(INPUT,SEL)
    BEGIN
    IF(SEL = "00")THEN
      Q< = INPUT(0);
    ELSIF(SEL = "01")THEN
      Q< = INPUT(1);
    ELSIF(SEL = "10")THEN
      Q< = INPUT(2);
    ELSE
      Q< = INPUT(3);
    END IF;
  END PROCESS;
END func;
```

3. CASE 语句

CASE 语句常用来描述总线行为、编码器和译码器的结构，从含有许多不同语句的序列中选择其中之一执行。CASE 语句可读性好，非常简洁。

CASE 语句的一般格式为：

```
CASE 条件表达式 IS
WHEN 条件表达式的值 = >顺序处理语句;
END CASE;
```

上述 CASE 语句中的条件表达式的取值满足指定的条件表达式的值时,程序将执行后面的由符号"=>"所指的顺序处理语句。条件表达式的值可以是一个值;或者是多个值的"或"关系;或者是一个取值范围;或者表示其他所有的默认值。

【例 4-21】 用 CASE 语句设计的 4 选 1 电路的结构体。

```
LIBRARY IEEE;
USE IEEE.STD_LOGIC_1164.ALL;
ENTITY mux4 IS
  PORT(A,B,I0,I1,I2,I3: IN STD_LOGIC;
            Q: OUT STD_LOGIC);
END mux4;
ARCHITECTURE mux4_behave OF mux4 IS
SIGNAL SEL: INTEGER RANGE 0 TO 3;
BEGIN
  PROCESS(A,B,I0,I1,I2,I3)
  BEGIN
    SEL< = A;
    IF(B = '1')THEN
    SEL< = SEL + 2;
    END IF;
    CASE SEL IS                 --CASE 语句条件表达式 SEL
      WHEN 0 = >Q< = I0;        --当条件表达式值 = 0 时,执行代入语句 Q< = I0
      WHEN 1 = >Q< = I1;        --当条件表达式值 = 1 时,执行代入语句 Q< = I1
      WHEN 2 = >Q< = I2;        --当条件表达式值 = 2 时,执行代入语句 Q< = I2
      WHEN 3 = >Q< = I3;        --当条件表达式值 = 3 时,执行代入语句 Q< = I3
    END CASE;
  END PROCESS;
END mux4_behave;
```

例 4-21 表明,选择器的行为描述也可以用 CASE 语句。要注意的是,在 CASE 语句中,没有值的顺序号,所有值是并行处理的。这一点不同于 IF 语句,在 IF 语句中,先处理最起始的条件;如果不满足,再处理下一个条件,因此在 WHEN 选项中,不允许存在重复选项。另外,应该将表达式的所有取值都一一列举出来,否则便会出现语法错误。

【例 4-22】 设计一个能执行加减算术运算和相等、不等比较的 ALU 运算器单元的结构体。

```
LIBRARY IEEE;
```

```
USE IEEE.STD_LOGIC_1164.ALL;
USE IEEE.STD_LOGIC_UNSIGNED.ALL;
ENTITY alu IS
  PORT( a, b : IN STD_LOGIC_VECTOR (7 DOWNTO 0);
    opcode: IN STD_LOGIC_VECTOR (1 DOWNTO 0);
    result: OUT STD_LOGIC_VECTOR (7 DOWNTO 0) );
END alu;
ARCHITECTURE behave OF alu IS
  CONSTANT plus    : STD_LOGIC_VECTOR (1 DOWNTO 0) := b"00";
  CONSTANT minus   : STD_LOGIC_VECTOR (1 DOWNTO 0) := b"01";
  CONSTANT equal   : STD_LOGIC_VECTOR (1 DOWNTO 0) := b"10";
  CONSTANT not_equal: STD_LOGIC_VECTOR (1 DOWNTO 0) := b"11";
BEGIN
PROCESS (opcode,a,b)
BEGIN
  CASE opcode IS
    WHEN plus => result <= a + b;    -- a、b相加
    WHEN minus => result <= a - b;   -- a、b相减
    WHEN equal =>                    -- a、b相等
IF (a = b) THEN result <= x"01";
        ELSE result <= x"00";
    END IF;
      WHEN not_equal =>              -- a、b不相等
        IF (a /= b) THEN result <= x"01";
            ELSE    result <= x"00";
        END IF;
      END CASE;
END PROCESS;
END behave;
```

4. LOOP 语句

LOOP 语句使程序能进行有规则的循环,循环次数受迭代算法控制。LOOP 语句常用来描述位片逻辑及迭代电路的行为。LOOP 语句的书写格式有两种。

(1) FOR LOOP 格式

书写格式如下:

```
FOR 变量名 IN 离散范围 LOOP
顺序处理语句;
END LOOP;
```

在 FOR LOOP 格式中,循环变量的值在每次循环中都会发生变化,离散范围表示循环变量在循环过程中的取值范围。

【**例 4 - 23**】 FOR LOOP 语句的应用：设计一个在 10 位数据中统计 1 的个数的电路。

```
LIBRARY IEEE;
USE IEEE.STD_LOGIC_1164.ALL;
ENTITY number1_check IS
PORT(a：IN STD_LOGIC_VECTOR(9 DOWNTO 0);
    y: OUT INTEGER RANGE 0 TO 10);
END number1_check
ARCHITECTURE example_LOOP OF number1_check IS
SIGNSL count：INTEGER RANGE 0 TO 10;
BEGIN
  P1：PROCESS(a)
BEGIN
    count < = 0;
    FOR i IN 0 TO 9 LOOP
    IF a(i) = '1' THEN
      count < = count +1;
    END IF;
    END LOOP;
    y < = count;
  END Process P1;
END example_LOOP;
```

通过例 4 - 23 得出下列结论：

① 循环变量（i）在信号说明、变量说明中不能出现，信号、变量不能代入到循环变量中。

② 全局变量、信号可以将局部变量的值带出进程（count 的值由 y 从 P1 进程中代出）。

（2）WHILE LOOP

书写格式如下：

```
WHILE 条件 LOOP
顺序处理语句；
END LOOP;
```

在该 LOOP 语句中，如果条件为"真"，则进行循环；如果条件为"假"，则循环结束。

【**例 4 - 24**】 WHILE LOOP 语句的应用举例：设计一个 8 位优先权信号检测电路。

```
LIBRARY IEEE;
USE IEEE.STD_LOGIC_1164.ALL;
```

```
ENTITY parity_check IS
PORT(a: IN STD_LOGIC_VECTOR(7 DOWNTO 0);
    y: OUT STD_LOGIC);
END parity_check;
ARCHITECTURE example_while OF parity_check IS
BEGIN
  P1: PROCESS(a)
  VARIABLE tmp: STD_LOGIC;
  tmp: = '0';
  i: = 0;
  WHILE (i < 8) LOOP
  tmp: = tmp XOR a(i);
  i: = i+1;
  END LOOP;
  y < = tmp;
END PROCESS P1;
END example_While;
```

此源程序为信号优先权检测电路,在该例子中,I 是循环变量,它可取 0~7 共 8 个值,故表达式"tmp:＝tmp XOR a(i)"共应循环计算 8 次。

5. NEXT 语句

NEXT 语句的书写格式为:

```
NEXT;                         －－第 1 种语句格式
NEXT LOOP 标号;                －－第 2 种语句格式
NEXT LOOP 标号 WHEN 条件表达式;  －－第 3 种语句格式
```

NEXT 语句用于当满足指定条件时结束本次循环迭代,而转入下一次循环迭代。[标号]表明下一次循环的起始位置。如果 NEXT 语句后面既无"标号"也无"WHEN 条件"说明,那么只要执行到该语句就立即无条件地跳出本次循环,从 LOOP 语句的起始位置进入下一次循环,即进入下一次迭代。

6. EXIT 语句

EXIT 语句用在 LOOP 语句执行中,进行有条件和无条件跳转的控制,其书写格式为:

```
EXIT;                         －－第 1 种语句格式
EXIT LOOP 标号;                －－第 2 种语句格式
EXIT LOOP 标号 WHEN 条件表达式;  －－第 3 种语句格式
```

执行 EXIT 语句将结束循环状态,从 LOOP 语句中跳出,结束 LOOP 语句的正常执行。EXIT 语句不含标号和条件时,表明无条件结束 LOOP 语句的执行;EXIT 语句含有[标号]时,表明跳到标号处继续执行;EXIT 语句含有[WHEN 条件]时,如果条件为"真",则跳出 LOOP 语句;如果条件为"假",则继续 LOOP 循环。

7. REPORT 语句

REPORT 语句不增加硬件的任何功能,仿真时可用该语句提高可读性。REPORT 语句的书写格式为:

〔标号〕REPORT "输出字符串"〔SEVERIY 出错级别〕

8. NULL 语句

NULL 是一个空语句,类似汇编的 NOP 语句。执行 NULL 语句只是使程序走到下一个语句。

【例 4 - 25】 NULL 语句举例。

```
LIBRARY IEEE;
  USE IEEE.STD_LOGIC_1164.ALL;
  ENTITY mux41 IS
  PORT (s4,s3, s2,s1 : IN STD_LOGIC;
    z4,z3, z2,z1 : OUT STD_LOGIC);
  END mux41;
  ARCHITECTURE activ OF mux41 IS
  SIGNAL sel : INTEGER RANGE 0 TO 15;
  BEGIN
  PROCESS (sel ,s4,s3,s2,s1 )
    BEGIN
      sel< = 0 ;              - - 输入初始值
      IF (s1 ='1') THEN sel < = sel + 1 ;
    ELSIF (s2 ='1') THEN sel < = sel + 2 ;
    ELSIF (s3 ='1') THEN sel < = sel + 4 ;
    ELSIF (s4 ='1') THEN sel < = sel + 8 ;
    ELSE NULL;             - - 注意,这里使用了空操作语句
    END IF ;
      z1< ='0' ; z2< = '0'; z3< = '0'; z4< = '0'; - -输入初始值
    CASE sel IS
    WHEN 0 = > z1< = '1' ;              - - 当 sel = 0 时选中
    WHEN 13 = > z2< = '1' ;            - - 当 sel 为 1 或 3 时选中
    WHEN 4 To 7? 2 = > z3< = '1';      - - 当 sel 为 2、4、5、6 或 7 时选中
    WHEN OTHERS = > z4< = '1' ;        - - 当 sel 为 8~15 中任一值时选中
    END CASE ;
    END PROCESS ;
  END activ ;
```

4.3.2 并行语句

在 VHDL 中,并行语句有多种语句格式,各种并行语句在结构体中执行是同步

进行的,其执行方式与书写的顺序无关。每个并行语句表示一个功能单元,各个功能单元组织成一个结构体。每个并行语句内部的语句运行方式有两种:并行执行和顺序执行。

VHDL 并行语句用在结构体内,用来描述电路的行为。由于硬件描述的实际系统,其许多操作是并发的,所以在对系统进行仿真时,这些系统中的元件在定义和仿真时刻应该是并发工作的。并行语句就是用来描述这种并发行为的。

在 VHDL 语言中,能够进行并行处理的语句有:进程语句;WAIT 语句;块语句;并行过程调用语句;断言语句;并行信号赋值语句;信号代入语句。WAIT 语句在 4.3.1 小节中已做了介绍,在此对其他语句进行描述。

1. 进程语句(PROCESS)

进程语句是并行处理语句,即各个进程是同时处理的,在一个结构体中多个进程语句是同时并发运行的。进程语句是 VHDL 语言中描述硬件系统并发行为的最基本的语句。

进程语句具有如下特点:

① 进程结构中的所有语句都是按顺序执行的,在系统仿真时,PROCESS 结构中的语句是按书写顺序一条一条向下执行的。

② 多进程之间是并行执行的,并可存取结构体或实体中所定义的信号。

③ 为启动进程,在进程结构中必须包含一个显式的敏感信号量表或者包含一个 WAIT 语句,在进程语句中总是带有一个或几个信号量,这些信号量是进程的输入信号,在 VHDL 中也称敏感量。这些信号无论哪一个发生变化都将启动该进程语句。一旦启动以后,PROCESS 中的语句将从上到下逐句执行一遍。当最后一个语句执行完毕后,就返回到开始的 PROCESS 语句,等待下一次变化的出现。

④ 进程之间的通信是通过信号量传递来实现的。进程语句的书写结构为:

```
[进程名:]PROCESS [敏感信号表]
变量说明语句;
BEGIN
顺序说明语句;
END PROCESS[进程名];
```

如上所述,进程语句结构由三个部分组成,即敏感信号表、变量说明语句和顺序说明语句,进程名为可选。敏感信号表需列出用于启动本程序可读入的信号名,变量说明语句主要定义一些局部变量,顺序说明语句主要有赋值语句、进程启动语句、子程序调用语句、顺序描述语句、进程跳出语句。

【例 4 - 26】　由时钟控制的进程语句设计。

```
ENTITY sync_device IS
  PORT(ina,clk: IN BIT;
    outb:OUT BIT);
```

```
END sync_device;
ARCHITECTURE example OF sync_device IS
BEGIN
  P1:PROCESS(clk)
  BEGIN
    Outb< = ina AFTER 10ns;
  END PROCESS P1;
  END example;
```

该例子结构体中包含一个进程语句。该进程名为 P1,包含一个敏感信号 clk,当 clk 发生了变化,该进程就会启动,按顺序执行一次该进程里的所有顺序处理语句。

2. 块语句

块语句是一个并行语句,它把许多并行语句包装在一起。Block 语句的一般格式如下:

```
块名:Block[(保护表达式)]
{[类属子句              - -用于信号的映射及参数的定义,常用
类属接口表;]}           - -GENERIC 语句、GENERIC_MAP 语句、
{[端口子句              - -PROT 语句、PORT_MAP 语句实现,主要
端口接口表;]           - -对该块用到的客体加以说明。可以
<块说明部分>           - -说明的项目有 USE 子句,子程序说明及
BEGIN                  - -子程序体,类型说明及常数说明、
<并行语句 A>           - -信号说明和元件说明
<并行语句 B>
…
END Block[块标号];
```

【例 4 - 27】 块语句实例。

```
 ENTITY halfadder IS                    - -实体名 halfadder
PORT(a,b:IN Bit;
  S,C:OUT Bit);                         - -端口说明
END ENTITY half;
ARCHITECTURE addr1 OF half adder IS     - -结构体 1 的名字为 addr1
BEGIN
S < = a XOR b;
C < = a AND b;
END ARCHITECTURE addr1;
ARCHITECTURE addr2 OF halfadder IS      - -结构体 2 的名字为 addr2
BEGIN
example:Block                           - -块名 example
PORT(a,b: IN Bit;                       - -端口接口表
```

```
      S,c：OUT Bit);                        ——参数的定义
      PORT MAP（a,b,s,c);                   ——信号的映射
      BEGIN
      P1：PROCESS（a,b）IS                   ——进程 1 的标号 P1
      BEGIN
        S ＜ = a XOR b;
      END PROCESS P1;
      P2：PROCESS（a,b）IS                   ——进程 2 的标号 P2
      BEGIN
        C ＜ = a and b;
      END PROCESS P2;
      END Block example；
      END ARCHITECTURE addr2；
```

通过这个实例看到：实体中含有多个结构体，结构体中含有多个模块，一个块中含有多个进程。如此嵌套、循环，构成一个复杂的电子系统。

在对程序进行仿真时，BLOCK 语句中所描述的各个语句是可以并行执行的，它和书写顺序无关。这一点区别于进程语句。在进程语句中所描述的各个语句是按书写顺序执行的。

3. 并行过程调用语句

所谓子程序就是在主程序调用它以后能将处理结果返回主程序的程序模块，其含义和其他高级语言中的子程序概念相当。它可以反复调用，使用非常方便。调用时，首先要初始化，执行结束后，子程序就终止；再次调用时，再初始化。子程序内部的值不能保持，子程序返回后，才能被再次调用。在 VHDL 语言中，子程序分两类：过程（PROCEDURE）和函数（FUNCTRION）。

（1）过程语句

过程语句的一般书写格式为：

```
 PROCEDURE 过程名（参数 1；参数 2；…）IS
 ［定义语句］;
 BEGIN
 ［顺序处理语句］;
 END 过程名；
```

【例 4 - 28】 过程语句设计。

```
PROCEDURE bitvector_to_integer
   （z：IN STD_LOGIC_VECTOR;
   X_flag：OUT BOOLEAN；
   Q：INOUT INTEGER) IS
BEGIN
    Q：= 0;
```

```
        X_flag: = FALSE;
    FOR I IN z'RANGE LOOP
        Q: = Q * 2;
        IF (z(i) = '1')THEN
            Q: = Q + 1;
        ELSIF (z(i)/ = '0')THEN
            X_flag: = TRUE;
        EXIT;
        END IF;
    END LOOP;
END bitvector_to_integer;
```

这个过程的功能是：当该过程调用时，如果 X_flag＝FALSE，则说明转换失败，不能得到正确的转换整数值。在例 4－28 中，z 是输入，X_flag 是输出，Q 为输入/输出。在 PROCEDURE 结构中，参数可以是输入也可以是输出。在 PROCEDURE 结构中的语句是顺序执行的，调用者在调用过程前应先将初始值传递给过程的输入参数，然后过程语句启动，按顺序自上至下执行过程结构中的语句。执行结束后，将输出值复制到调用者的 OUT 和 INOUT 所定义的变量或信号中。

（2）函数语句

函数语句的书写格式为：

FUNCTION 函数名（参数 1；参数 2；…）

RETURN 数据类型 IS

［定义语句］；

BEGIN

［顺序处理语句］；

RETURN［返回变量名］；

END［函数名］；

在 VHDL 语言中，FUNCTION 语句中括号内的所有参数都是输入参数或称输入信号。因此，在括号内指定端口方向的 IN 可以省略。FUNCTION 的输入值有调用者复制到输入参数中，如果没有特别指定，在 FUNCTION 语句中按常数处理。通常各种功能的 FUNCTION 语句的程序都集中在包集合中。

【例 4－29】 将整数转换为 N 位位矢量的函数。

```
ENTITY PULSE_GEN IS
    GENERIC(N:INTEGER;PER:TIME);
    PORT(START:IN BIT;PGOUT:OUT BIT_VECTOR(N－1 DOWNTO 0);
        SYNC:INOUT BIT);
END PULSE_GEN;
ARCHITECTURE ALG OF PULSE_GEN IS
    FUNCTION INT_TO_BIN (INPUT:INTEGER;N:POSITIVE)
```

```
RETURN BIT_VECTOR IS
VARIABLE FOUT:BIT_VECTOR(0 TO N-1);
VARIABLE TEMP_A:INTEGER:=0;
VARIABLE TEMP_B:INTEGER:=0;
BEGIN
  TEMP_A:=INPUT;
  FOR I IN N-1 DOWNTO 0 LOOP
    TEMP_B:=TEMP_A/(2**I);
    TEMP_A:=TEMP_A REM (2**I);
    IF(TEMP_B=1) THEN
      FOUT(N-1-I):='1';
    ELSE
      FOUT(N-1-I):='0';
    END IF;
  END LOOP;
  RETURN FOUT;
END INT_TO_BIN;
BEGIN
    PROCESS(START,SYNC)
    VARIABLE CNT:INTEGER:=0;
    BEGIN
      IF START'EVENT AND START='1'THEN
        CNT:=2**N-1;
      END IF;
      PGOUT<=INT_TO_BIN(CNT,N)AFTER PER;
      IF CNT/=-1 AND START='1'THEN
        SYNC<=NOT SYNC AFTER PER;
        CNT:=CNT-1;
      END IF;
    END PROCESS;
END ALG;
```

在例 4-29 中,首先在结构体中定义了一个函数 INT_TO_BIN,该函数的功能就是将一个整数转换为 N 位位矢量结构。该函数中有两个参数 INPUT 和 N,它们在函数体中被当作是常量。在进程语句调用该函数时,分别将实参 CNT 和 N 的值传递给函数的两个参数 INPUT 和 N,最后函数的返回值传递 PGOUT,完成函数的调用。

4. 断言语句

断言语句主要用于程序仿真,调试中的人-机对话。在仿真、调用过程中出现问题时,给出一个文字串作为提示信息。提示信息分 4 类:失败、错误、警告和注意。断言语句的书写格式为:

ASSERT 条件〔REPORT 报告信息〕〔SEVERITY 出错级别〕;

断言语句的使用规则如下:

① 报告信息必须是用""括起来的字符串类型的文字。

② 出错级别必须是 SEVERITY_LEVEL 类型。

③ REPORT 子句默认时,默认报告信息为 Assertion Violation,即违背断言条件。

④ 若 SEVERITY 子句默认,则默认出错级别为 error。

⑤ 任何并行断言语句 ASSERT 的条件以表达式定义时,这个断言语句等价于一个无敏感信号的以 WAIT 语句结尾的进程。它在仿真开始时执行一次,然后无限等待下去。

⑥ 延缓的并行断言语句 ASSERT,被映射为一个定价的延缓进程。

⑦ 被动进程语句没有输出,与其等价的并行断言语句的执行,在电路模块上不会引起任何事情的发生。

⑧ 若断言为 FALSE,则报告错误信息。

⑨ 并行断言语句可以放在实体中、结构体中和进程中,放在任何一个要调试的点上。

5. 并行信号赋值语句

并行信号赋值语句有两种形式:条件型和选择型。

(1)条件型

条件信号赋值语句的格式为:

目标信号＜＝表达式 1 WHEN 条件 1 ELSE
表达式 2 WHEN 条件 2 ELSE
…
表达式 N WHEN 条件 N ELSE
表达式 N＋1;

在每个表达式后面都跟有用 WHEN 指定的条件,如果满足该条件,则该表达式值代入目的信号量;如果不满足条件,则再判别下一个表达式所指定的条件。最后一个表达式可以不加条件,它表示在上述表达式所指明的条件都不满足时,则将该表达式的值代入目标信号量。每次只有一个表达式被赋给目标信号量,即使满足多个条件,比如,同时满足条件 1 和条件 2,则由于条件 1 在前,只将表达式 1 赋给目标信号量。例如:

LL1:S＜＝A OR B WHEN XX = 1 ELSE
A AND B WHEN XX = 2 ELSE
A XOR B;

本例等价于下面的一个描述:

```
LL1：PROCESS(A,B,XX)
  BEGIN
    IF XX = 1 THEN S< = A OR B；
    ELSIF XX = 2 THEN S< = A AND B；
    ELSE S< = A XOR B；
    END IF；
  END PROCESS LL1；
```

（2）选择型

选择型信号赋值语句的格式为：

```
WITH 表达式 SELECT
目标信号< = 表达式 1 WHEN 条件 1，
          表达式 2 WHEN 条件 2，
          表达式 3 WHEN 条件 3，
          …
          表达式 N WHEN 条件 N，
          表达式 N + 1 WHEN OTHERS；
```

选择信号代入语句类似于 CASE 语句，它对表达式进行测试，当表达式取值不同时，将使不同的值代入目的信号量。例如：

```
LL2：WITH （S1 + S2） SELECT
  C< = A AFTER 5 ns WHEN 0
      B AFTER 10 ns WHEN 1 TO INTEGER'HIGH，
      D AFTER 15 ns WHEN OTHERS；
```

本例等价于：

```
LL2：PROCESS(S1,S2,A,B,D)
  BEGIN
    CASE （S1 + S2） IS
      WHEN 0  = > C< = A AFTER 5 ns；
      WHEN 1 TO INTEGER'HIGH = > C< = B AFTER 10 ns；
      WHEN OTHERS = > C< = D AFTER 15 ns；
    END CASE；
  END PROCESS LL2；
```

要注意的是：条件信号赋值语句的条件项是有一定优先关系的，写在前面的条件选项的优先级要高于后面的条件项，当该进程被启动后，首先看优先级高的条件项是否满足，若满足则代入该选项对应的表达式，若不满足则判断下一个优先级低的条件项；而选择信号赋值语句的所有条件项是同等，没有优先关系的，当进程被启动后，所有的条件项是同时被判断的。因此，在选择信号赋值语句的条件项应包含所有可能的条件,且所有条件项相互互斥,否则就会出现语法错误。

6. 信号代入语句

信号代入语句分 3 种类型:并发信号代入语句、条件信号代入语句、选择信号代入语句。

(1) 并发信号代入语句

信号代入语句在进程内部使用时,它作为顺序语句的形式出现;信号代入语句在结构体的进程之外使用时,它作为并发语句的形式出现。一个并发信号代入语句是一个等效进程的简略形式。现在介绍并发信号代入语句的并发性和进程的等效性。

若有两个信号代入语句:

```
…
q < = a + b;              - -描述加法器的行为,第 i 行程序
q < = a * b;              - -描述乘法器的行为,第 i+1 行程序
…
```

这个代入语句是并发执行的,加法器和乘法器独立并行工作。第 i 行和第 i+1 行程序在仿真时都并发处理,从而真实地模拟了实际硬件模块中加法器、乘法器的工作情况。这就是信号代入语句的并发性问题。

信号代入语句等效一个进程,可以举例说明:

```
ARCHITECTURE signal_Assignment example OF Signal_Assignment IS
BEGIN
  Q < = a AND b AFTER 5ns;              - -信号代入语句
END ARCHITECTURE signal_Assign ment example;
```

它的等效的进程可以表述为:

```
ARCHITECTURE signal_Assignment example OF signal_Assignment IS
BEGIN
  P1:PROCESS(a,b)                        - -敏感信号 a,b
BEGIN
    Q < = a and b AFTER 5ns;
  END RPOCESS P1;
END ARCHITECTURE signal_Assign ment example;
```

分析:由信号代入语句的功能知道,当代入符号"< ="右边的信号值 a、b 发生任何变化时,代入操作立即发生,新的值 a AND b 赋于代入符号"< ="左边的信号 q。

由进程语句的功能知道,敏感信号中(a,b)的任一个变化,都将触发进程的执行。进程中 q 的变化随敏感量 a、b 的变化而变化。

从以上分析不难得出:信号代入语句等效于一个进程语句,多个信号代入语句等于多个进程语句,而多个进程语句是并行处理的,即多个信号代入语句并行处理。这就是信号代入语句的等效性和并行性。

并发信号代入语句可以用于仿真加法器、乘法器、除法器、比较器以及各种逻辑电路的输出。因此,在代入符号右边的表达式可以是逻辑运算表达式、算术运算表达式和关系比较表达式。

(2) 条件信号代入语句

条件信号代入语句属于并发描述语句的范畴,可以根据不同的条件将不同的表达式的值代入目标信号。条件信号代入语句书写的一般格式为:

目标信号＜＝表达式 1　WHEN 条件 1　ELSE
　　　　　表达式 2　WHEN 条件 2　ELSE
　　　　　…
　　　　　表达式 n-1　WHEN 条件 n-1　ELSE
　　　　　表达式 n;

当条件 1 成立时,表达式 1 的值代入目标信号;当条件 2 成立时,表达式 2 的值代入目标信号;所有条件都不成立时,表达式 n 的值代入目标信号。

注意:

① 条件信号代入语句不能进行嵌套,不能将自身值代入目标自身,所以不能用条件信号代入语句设计锁存器。

② 与 IF 语句比较,IF 是顺序语句,只能在进程内使用。代入语句是并发语句,在进程内外都能使用。

③ 条件信号代入语句与硬件电路贴近,使用该语句编程就像用汇编语言一样,需要丰富的硬件电路知识。而我们主要从事硬件电路设计,必要的电路基础知识还是要掌握的,这样为用好条件信号代入语句打下了坚实的基础。

(3) 选择信号代入语句

选择信号代入语句对选择条件表达式进行测试,当选择条件表达式取值不同时,将使信号表达式不同的值代入目标信号。选择(条件)信号代入语句的书写格式如下:

WITH 选择条件表达式 SELECT
目标信号＜＝信号表达式 1 WHEN 选择条件 1
…
信号表达式 n WHEN 选择条件 n

选择信号代入语句在进程外使用,具有并发功能,所以无论何种类型的信号代入语句,只要在进程之外,就具有并发功能,就有并发执行的特点。当条件满足时,当选择信号变化时,该语句就启动执行。这些语句等效一个进程。利用进程设计信号的代入过程和数值的传递过程,也完全可以。

7. 生成语句

生成语句(GENERATE)用来产生多个相同的结构和描述规则结构,如块阵列、元件例化或进程。GENERATE 语句有两种形式分别为:

标号:FOR 变量 IN 不连续区间 GENERATE

<并发处理的生成语句>

END GENERATE [标号名];

FOR - GENERATE 形式的生成语句用于描述多重模式,结构中所列举的是并发处理语句。这些语句并发执行,而不是顺序执行的,因此结构中不能使用 EXIT 语句和 NEXT 语句。

标号:IF 条件 GENERATE

<并发处理的生成语句>

END GENERATE[标号名];

IF - GENERATE 形式的生成语句用于描述结构的例外的情况,比如边界处发生的特殊情况。IF - GENERATE 语句在 IF 条件为"真"时,才执行结构体内部的语句,因为是并发处理生成语句,所以与 IF 语句不同。在这种结构中不能含有 ELSE 语句。

GENERATE 语句典型的应用范围有:计算机存储阵列、寄存器阵列、仿真状态编译机。

【例 4 - 30】 8 位锁存器 74LS373 的 VHDL 结构体。

```
LIBRARY IEEE;
USE IEEE.STD_LOGIC_1164.ALL;
  ENTITY SN74373 IS
  PORT (D : IN STD_LOGIC_VECTOR( 8 DOWNTO 1 );
    OEN ,G : IN STD_LOGIC;
      Q : OUT STD_LOGIC_VECTOR(8 DOWNTO 1));
  END ENTITY SN74373;
  ARCHITECTURE two OF SN74373 IS
    SIGNAL sigvec_save : STD_LOGIC_VECTOR(8 DOWNTO 1);
  BEGIN
  PROCESS(D, OEN, G , sigvec_save)
  BEGIN
    IF OEN = '0' THEN Q <= sigvec_save;
    ELSE      Q <= "ZZZZZZZZ";
    END IF;
    IF G = '1' THEN Sigvec_save <= D;
    END IF;
  END PROCESS;
  END ARCHITECTURE two;
ARCHITECTURE one OF SN74373 IS
  COMPONENT Latch
PORT (D, ENA : IN STD_LOGIC;
```

```
    Q : OUT STD_LOGIC );
END COMPONENT;
SIGNAL sig_mid : STD_LOGIC_VECTOR( 8 DOWNTO 1 );
BEGIN
GeLatch : FOR iNum IN 1 TO 8 GENERATE
Latchx : Latch PORT MAP(D(iNum),G,sig_mid(iNum));
END GENERATE;
－－当 OEN = 1 时,Q(8)～Q(1)输出状态呈高阻态
Q <= sig_mid WHEN OEN = '0' ELSE "ZZZZZZZZ";
END ARCHITECTURE one;
```

4.4 实 验

4.4.1 实验 4-1 应用 VHDL 完成简单组合电路设计

1. 实验目的

熟悉利用 Quartus II 文本输入方法设计简单组合电路和使用赋值语句,掌握 VHDL 语言的源代码编辑、分析与解析、全编译、建立波形文件和时序仿真等 EDA 设计的流程,并通过一个 2 路数据选择器的设计,把握利用 VHDL 语言进行多层次电路设计的流程。

2. 原理提示

图 4-5(a)所示是一个通过选择信号 S 来控制 2 选 1 的选择器电路。如果 S=0 时,多路选择器的输出 M 就等于输入 X;如果 S=1 时,多路选择器的输出就等于 Y。图 4-5(b)给出了这个多路选择器的真值表,图 4-5(c)和(d)是这个电路的符号。

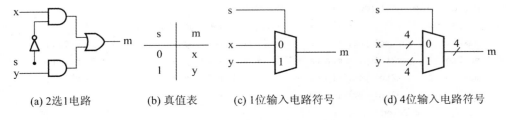

(a) 2选1电路　　　(b) 真值表　　　(c) 1位输入电路符号　　　(d) 4位输入电路符号

图 4-5 2选1多路选择器

这个多路选择器可以由下面的 VHDL 语句来描述:

```
m <= (NOT (s) AND x) OR (s AND y);
```

可编写一个包含 4 个如上所示的赋值语句的 VHDL 实体,来描述图 4-5(a)所示的电路。这个电路有两个 4 位输入 X 和 Y,并且输出也是 4 位的 M。如果 s=0

时,则 m[3..0]=x[3..0],或者 s=1 时,则 m[3..0]=y[3..0]。

【例 4－31】 数据宽度为 1 的 2 选 1 多路选择器 VHDL 源码。

```
LIBRARY ieee;
USE ieee.std_logic_1164.all;
ENTITY mux2to1 IS
PORT (s,x,y : IN STD_LOGIC;
  m : OUT STD_LOGIC);
END mux2to1;
ARCHITECTURE Behavior OF mux2to1 IS
BEGIN
m <= ( not s and x ) or ( s and y );
END Behavior;
```

【例 4－32】 数据宽度为 4 的 2 选 1 多路选择器 VHDL 源码。

```
LIBRARY ieee;
USE ieee.std_logic_1164.all;
ENTITY mux2to1_4 IS
PORT ( iSW : IN STD_LOGIC_VECTOR(8 DOWNTO 0);
     oLEDR : OUT STD_LOGIC_VECTOR(3 DOWNTO 0);
     oLEDG : OUT STD_LOGIC_VECTOR(3 DOWNTO 0));
END mux2to1_4;
ARCHITECTURE Behavior OF mux2to1_4 IS
component mux2to1
PORT ( s ,x,y: IN STD_LOGIC;
     m : OUT STD_LOGIC);
END component;
signal s : std_logic ;
signal x,y,m : std_logic_vector( 3 downto 0 );
s <= isw(8) ;x <= isw(3 downto 0) ;y <= isw(7 downto 4) ;
mux2to1_0 : mux2to1 port map (s => s ,x => x(0) ,y => y(0) ,m => m(0));
mux2to1_1 : mux2to1 port map (s => s ,x => x(1) ,y => y(1) ,m => m(1));
mux2to1_2 : mux2to1 port map (s => s ,x => x(2) ,y => y(2) ,m => m(2));
mux2to1_3 : mux2to1 port map (s => s ,x => x(3) ,y => y(3) ,m => m(3));
oledg <= m ;oledr <= isw ;
END Behavior;
```

3. 实验内容

① 完成 1 位 2 选 1 的选择器的 VHDL 输入设计。实验步骤提示：建立工作库目录文件夹；输入例 4－31 源程序；建立工程项目 mux2to1，并指定规范的编译结果文件路径；编译综合；仿真测试，建立仿真测试波形文件，分析仿真结果。

② 在实验内容①基础上完成 4 位 2 选 1 的选择器的 VHDL 输入设计，分析结果正

确无误后,按表 4-1 完成引脚锁定,再进行一次全程编译,用 USB 下载电缆将对应的 SOF 文件下载到 FPGA 中,观察实验结果与设计需求是否一致,并记录实验结果。

表 4-1　4 位 2 选 1 的选择器电路输入输出引脚分配表

信号名	引脚号 PIN	使用模块信号	备　注
SW[3..0]	PIN_AC27, PIN_AC25,PIN_AB26, PIN_AA23,	拨动开关	输入 x[3..0]
SW[7..4]	PIN_AD25 ,PIN_AC23, PIN_AC24,PIN_AC26	拨动开关	输入 y[3..0]
SW[8]	PIN_AD24	拨动开关	选择开关 s
oLEDR[3..0]	PIN_AJ4 ,PIN_AJ5 ,PIN_AK5,PIN_AJ6	红色发光二级管	显示 x 数据
oLEDG[3..0]	PIN_Y27 ,PIN_w23, PIN_w25, PIN_w27	绿色发光二级管	显示 y 数据

③ DE2-70 开发板上有 8 个共阳极 7 段 LED 数码管,编号分别是 HEX0~HEX7,设计一个 VHDL 程序使数码管 HEX7 显示开关 SW[3..0]所置的十六进制数值。

4. 实验报告

详细叙述实验内容①②③的设计原理及 EDA 设计流程;包括程序设计、软件编译、硬件测试,给出各层次仿真波形图并完成时序分析;最后给出硬件测试流程和结果。

4.4.2　实验 4-2　算术加法运算电路的 VHDL 设计

1. 实验目的

进一步熟悉利用 Quartus II 的文本输入方法设计组合电路,了解计算机中常用的组合逻辑电路加法器原理,掌握 VHDL 设计的方法,利用 DE2-70 开发板关完成 4 位二进制加法器和 1 位 BCD 码加法器的设计。

2. 原理提示

全加器是组成算术加法运算部件的重要单元电路,它们是完成 1 位二进制数相加的一种组合电路。只有两个 1 位二进制加数参加运算的算术加法电路称为半加器,如考虑低位来的进位则称为全加器,全加器能进行加数 A、被加数 B 和低位来的进位信号 C_i 相加,并根据求和结果 S 给出该位的进位输出信号 Co,其逻辑表达式见式(4-3)。

$$S = A \oplus B \oplus C; Co = AB + (A+B)C_i \qquad (4-3)$$

1 个 4 位二进制数加法器,可以由 4 个 1 位全加器构成,加法器间的进位可以串行方式实现,即将低位加法器的进位输出 Co 与相临的高位加法器的最低进位输入信号 Ci 相接。在使用 VHDL 设计时,首先建立一个全加器实体,然后例化此 1 位全加器 4 次,建立一个更高层次的 4 位二进制数加法器。

BCD 码加法器是实现十进制数相加的逻辑电路,用 4 个二进制位表示 1 位十进制数(0~9),4 个二进制位能表示 16 个编码,但 BCD 码只利用了其中的 0000~1010 这 10 个编码,其余 6 个编码为非法编码。尽管利用率不高,但因人们习惯了十进制,所以 BCD 码加法器也是一种常用的逻辑电路。

BCD 码加法器与 4 位二进制数加法运算电路不同。这里是两个十进制数相加，和大于 9 时应产生进位。设被加数为 X、加数为 Y、自低位 BCD 码加法器的进位为 $C-1$。先将 X、Y 及 $C-1$ 按二进制相加，得到的和记为 S。设 X、Y 及 $C-1$ 按十进制相加，产生的和为 Z，进位为 W。显然，$S=X+Y$，若 $S \leqslant 9$，则 S 本身就是 BCD 码，S 的值与期望的 Z 值一致，进位 W 应为 0；但是，当 $S > 9$ 时，S 不再是 BCD 码。此时，需要对 S 进行修正，取 S 的低 4 位按二进制加 6，丢弃进位，就能得到期望的 Z 值，而此时进位 W 应为 1。按此规则可将计算过程描述如下。

【例 4-33】 1 位 BCD 码加法器实体。

```
ENTITY adder_BCD IS
PORT (X,Y: in STD_LOGIC_VECTOR(3 DOWNTO 0);
    S:out STD_LOGIC_VECTOR(4 DOWNTO 0));
END adder_bcd;
ARCHITECTURE logicfunc OF adder_bcd IS
signal z: STD_LOGIC_VECTOR(4 DOWNTO 0);
BEGIN
Z< = ('0'&X) + Y;
Adjust< = '1' when z>9 else '0';
s< = Z when (Adjust< ='0') else z + 6 ;
x< = (Ai AND Bi);
Co< = x OR(Ci AND Ai)OR(Ci AND Bi);
END logicfunc;
```

3. 实验内容

① 完全按照 3.4 节介绍的方法与流程，完成 1 位全加器设计，包括设计输入、编译、综合、适配、仿真，并将此全加器电路设置成一个硬件符号入库。

② 利用层次化的设计方法，完成 4 位串行加法器的设计，包括设计输入、编译、综合、适配、仿真。在 DE2-70 开发板上使用开关 SW[7..4] 和 SW[3..0] 来代表输入 A 和 B，使用 SW[8] 来代表进位输入信号，将开关连接至对应的红色 led 上，将电路的输出，进位输出和结果输出连接至绿色 led 上，完成引脚锁定和硬件测试（在主菜单中选择 Assignments→Import Assignments，选择 DE2-70 系统光盘中提供的文件名为 De2_70_pin_assignment.csv，自动导入引脚配置文件完成引脚锁定）。

③ 请将例 4-33 程序补充完整，完成 1 位 BCD 码加法器的设计，包括设计输入、编译、综合、适配、时序仿真和时序分析。使用 Quartus II 中 RTL 指示器工具来检测自己的 VHDL 编译后产生的电路，并将之与第②部分中的电路对比。使用开关 SW[7..4] 和 SW[3..0] 分别来作为输入 A 和 B，使用 SW8 来作为低位进位。将开关连接至对应的红色 led 上，将电路由 A+B 产生的 1 位 BCD 的和输出与进位输出，显示在 7 段码显示器 HEX1HEX0 上，将 A、B 的 BCD 值显示在 HEX7HEX6 HEX5HEX4 上。

4. 实验报告

详细给出实验原理、设计步骤、编译的仿真波形和波形分析、硬件实验过程和实验结果。

4.4.3 实验 4 - 3 应用 VHDL 完成简单时序电路设计

1. 实验目的

进一步熟悉利用 Quartus II 的文本输入方法设计简单时序电路,学习简单时序电路的 VHDL 设计,了解基本触发器的功能,利用 Quartus II 软件的文本输入,设计一个钟控 R - S 触发器形成的 D 锁存器和边沿触发型 D 触发器,并验证其功能。

2. 原理提示

(1) D 锁存器

图 4 - 6 是一个钟控 R - S 触发器形成的 D 锁存器的电路。D 锁存器的功能表如表 4 - 2 所列,VHDL 代码如图 4 - 7 所示。在 clk 高电平期间 Qa 随着 D 变化而变。clk 从高电平跳变到低电平后,Q 维持之前的状态。

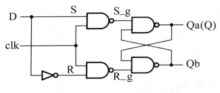

图 4 - 6 D 锁存器的电路

表 4 - 2 D 锁存器的功能表

E(RST)	D(KEY1)	Q(LED4)	功 能
0(按下)	X	不变	保持
1(放开)	0(按下)	0(亮)	置 0
1(放开)	1(放开)	1(灭)	置 1

```
LIBRARY ieee;
USE ieee.std_logic_1164.all;
ENTITY D_latch IS
PORT ( Clk, d : IN STD_LOGIC;
Qa,Qb : OUT STD_LOGIC);
END D_latch;
ARCHITECTURE Structural OF D_latch IS
SIGNAL R, S, S_g, R_g,Qa_g,Qb_g : STD_LOGIC ;
ATTRIBUTE keep : boolean;
ATTRIBUTE keep of R_g, S_g, R, S : SIGNAL IS true;
BEGIN
R <= NOT D;
S <= D;
R_g <= NOT (R AND Clk);
S_g <= NOT (S AND Clk);
Qa_g <= NOT (S_g AND Qb_g);
Qb_g <= NOT (R_g AND Qa_g);
Qa <= Qa_g;
Qb <= Qb_g;
END Structural;
```

图 4 - 7 D 锁存器的 VHDL 代码

(2) D 触发器

图 4 - 8 所示的是一个主从 D 触发器的电路图。D 触发器在 clk 上升沿到来时,Qa 的状态由此时 D 的状态决定(与其相同),并且保持一个时钟周期。

3. 实验内容

① 根据图 4 - 7 所示 D 锁存器 VHDL 程序,通过功能仿真和时序仿真来证实该

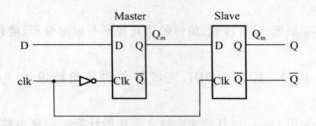

图 4 - 8   主从 D 触发器的电路图

锁存器正常工作。在 DE2 - 70 开发板上,通过拨动开关改变 D(SW0)和 CLK(SW1)的值并观察 LEDR0 的变化来测试电路功能(参考图 4 - 6),并将此电路设置成一个硬件符号入库。

② 为 D 触发器新建一个 Quartus II 工程,参考图 4 - 9 新建一个 VHDL 文件,

```
ENTITY D_flipflop IS
    PORT
    (
            d :  IN  STD_LOGIC;
            CLOCK :  IN  STD_LOGIC;
            Qa :  OUT  STD_LOGIC;
            Qb :  OUT  STD_LOGIC
    );
END D_flipflop;
ARCHITECTURE bdf_type OF D_flipflop IS
COMPONENT d_latch
    PORT(Clk : IN STD_LOGIC;
            d : IN STD_LOGIC;
            Qa : OUT STD_LOGIC;
            Qb : OUT STD_LOGIC
    );
END COMPONENT;
SIGNAL  SYNTHESIZED_WIRE_0 :  STD_LOGIC;
SIGNAL  Qm,Qs :  STD_LOGIC;
ATTRIBUTE keep : boolean;
ATTRIBUTE keep of Qm,Qs : SIGNAL IS true;
BEGIN
b2v_inst : d_latch
PORT MAP(Clk => SYNTHESIZED_WIRE_0,
            d => d,
            Qa => Qm);
b2v_inst1 : d_latch
PORT MAP(Clk => CLOCK,
            d => Qm,
            Qa => Qs,
            Qb => Qb);
SYNTHESIZED_WIRE_0 <= NOT(CLOCK);
Qa<=Qs;
END bdf_type;
```

图 4 - 9   主从 D 触发器实体与结构体代码

或使用步骤①中的两个 D 锁存器来构建主从触发器,该触发器为上升沿触发,并带有两个互补的输出。编译工程,用 RTL Viewer 查看代码生成的门级电路,然后用 Technology Map Viewer 工具查看触发器在 FPGA 中的实现。

③ 利用行为描述的方法设计一个 D 锁存器,使用该 D 锁存器构建主从 D 触发器,,该触发器为下降沿触发,并带有两个互补的输出。编译工程,用 RTL Viewer 查看代码生成的门级电路,然后用 Technology Map Viewer 工具查看触发器在 FPGA 中的实现。

4. 实验报告

详细给出各器件的 VHDL 程序的说明、工作原理、电路的仿真波形图和波形分析,详述实验过程和实验结果。

4.4.4 实验 4-4 设计 VHDL 加法计数器

1. 实验目的

利用 VHDL 语言设计并实现一个计数器的逻辑功能,通过电路的仿真和硬件验证,进一步了解计数器的特性和功能,并掌握 constant 语句和 signal 语句的使用。

2. 原理提示

图 4-10 是一含计数使能、异步复位和计数值并行预置功能的 4 位加法计数器 RTL 图,中间是 4 位锁存器;RST 是异步清信号,高电平有效;CLK 是锁存信号;D[3..0]是 4 位数据输入端。当 ENA 为 '1' 时,多路选择器将加 1 计数器的输出值加载于锁存器的数据端 D[3..0],完成并性置数功能;当 ENA 为 '0' 时将 "0000" 加载于锁存器 D[3..0]。其 VHDL 描述参见图 4-11。

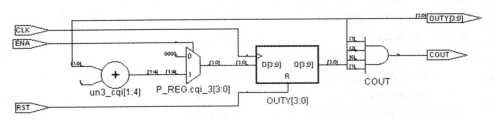

图 4-10 四位加法计数器 RTL 图

3. 实验内容

① 在 Quartus II 中对 counter4b. vhd 进行编辑、编译、综合、适配、仿真,并说明源程序中各语句的作用,详细描述该示例的功能特点,给出所有信号的时序仿真波形。

② 在实验内容①基础上完成引脚锁定以及硬件下载测试。选择 DE2-70 实验平台,用 SW0 控制 RST;SW1 控制 ENA;OUTY[3..0]计数输出接发光管 oLEDG3、oLEDG2、oLEDG1、oLEDG0,计数溢出 COUT 接发光管 oLEDG4;时钟 CLK 接 KEY[0]。参见附录 1 完成引脚锁定后再进行编译、下载和硬件测试实验。

将仿真波形、实验过程和实验结果写进实验报告。

```
LIBRARY IEEE;
USE IEEE.STD_LOGIC_1164.ALL;
USE IEEE.STD_LOGIC_UNSIGNED.ALL;
ENTITY counter4b IS
    PORT (CLK, RST, ENA : IN STD_LOGIC;
                    OUTY : OUT STD_LOGIC_VECTOR(3 DOWNTO 0);
                    COUT : OUT STD_LOGIC      );
    END counter4b;
ARCHITECTURE behav OF counter4b IS
    SIGNAL CQI : STD_LOGIC_VECTOR(3 DOWNTO 0);
BEGIN
P_REG: PROCESS(CLK, RST, ENA)
        BEGIN
        IF RST = '1' THEN   CQI <= "0000";
          ELSIF CLK'EVENT AND CLK = '1' THEN   IF ENA = '1' THEN   CQI <= CQI + 1;  END IF;
        END IF;
        END PROCESS P_REG
        COUT<=CQI(0) AND CQI(1) AND CQI(2) AND CQI(3);  OUTY <= CQI ;
END  behav;
```

图 4-11 4 位加法计数器 VHDL 代码

③ constant 语句常用于定义常数，signal 语句用于定义在结构体中各进程之间传递信息，常出现在进程的敏感表中，请利用这两个语句设计一个简单分频器，其参考程序如例 4-34 所示。在 Quartus II 中对 FreqDivison 进行编辑、编译、综合、适配、仿真，并分析给出仿真波形，说明电路功能。

【例 4-34】 FreqDivison 的 VHDL 结构体。

```
LIBRARY IEEE;                        -- 打开 IEEE 库
USE IEEE.STD_LOGIC_1164.ALL;         -- 打开 IEEE 的 1164 程序包
USE IEEE.STD_LOGIC_UNSIGNED.ALL;     -- 打开 IEEE 的 UNSIGNED 程序包
ENTITY FreqDivison IS                -- 定义实体名 FreqDivison
  PORT (clkin: IN STD_LOGIC;         -- 定义时钟输入
    clkout : OUT STD_LOGIC );        -- 定义时钟输出
  END FreqDivison;                   -- 实体结束
ARCHITECTURE behav OF FreqDivison IS -- 定义结构体
  Constant fa:Integer: = 10;         -- 定义 fa 为分频常数，并规定数据类型和数据
  SIGNAL rfa : Integer range 0 to fa; -- 定义信号实现内部反馈，整数数据需确定范围
BEGIN                                -- 开始电路描述
P_REG: PROCESS(clkin)                -- 进程语句，定义敏感信号
  BEGIN                              -- 进程功能开始描述
    IF rising_edge(clkin)THEN        -- 判断时钟上升沿信号是否有效
      IF rfa<fa THEN
      rfa< = rfa + 1;                -- 利用信号实现进程间的通信
      clkout< = '0';                 -- 输出低电平
      ELSE                           -- 注意条件语句"ELSE"和"ELSIF"的区别使用
```

```
    rfa< = 0;
    clkout< = '1';                 − −输出高电平,产生分频后的输出时钟脉冲
  END IF;
 END IF;
END PROCESS P_REG;                 − −结束进程语句
END behav;                         − −结构体结束语句
```

4. 实验报告

详细给出实验原理、设计步骤、编译的仿真波形图和波形分析、实验过程和实验结果。

4.4.5　实验 4 – 5　设计移位运算器

1. 实验目的

利用 VHDL 语言设计一个具有移位控制的组合功能的移位运算器,通过电路的仿真和硬件验证,进一步了解移位运算的特性和功能。

2. 原理提示

移位运算实验原理图如图 4 – 12 所示,其输入/输出端分别与键盘/显示器 LED连接。电路连接、输入数据的按键、输出显示数码管的定义如下。

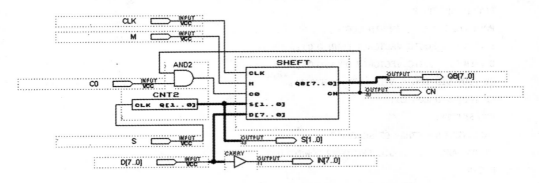

图 4 – 12　移位运算实验原理图

CLK——时钟脉冲,通过 KEY0 产生 0~1;

M——工作模式,M＝1 时带进位循环移位,由 SW[8]控制;

C0——允许带进位移位输入,由 SW[9]控制;

S[1..0]——移位模式 0~3,由 SW[11]、SW[10]控制,显示在数码管 oLED8 上;

D[7..0]——移位数据输入,由键 SW[7]~SW[0]控制,数据显示在 8 个数码管 oLEDG 上;

QB[7..0]——移位数据输出,显示在 8 个数码管 oLEDR[7..0]上;

CN——移位数据输出进位,显示在数码管 oLEDR8 上。

移位运算器 SHEFT 可由移位寄存器构成,在时钟信号到来时状态产生变化, CLK 为其时钟脉冲。由 S0、S1、M 控制移位运算的功能状态,具有数据装入、数据保持、循环右移、带进位循环右移、循环左移、带进位循环左移等功能。移位运算器的具体功能如表 4-3 所列。

表 4-3　移位运算器的功能表

G	S1	S0	M	功　能
0	0	0	任意	保持
0	1	0	0	循环右移
0	1	0	1	带进位循环右移
0	0	1	0	循环左移
0	0	1	1	带进位循环左移
任意	1	1	任意	加载待移位数

【例 4-35】　移位运算器 SHEFT 的 VHDL 代码。

```
LIBRARY IEEE;
USE IEEE.STD_LOGIC_1164.ALL;
ENTITY SHEFT IS
PORT (CLK,M,C0 : IN STD_LOGIC;
S : IN STD_LOGIC_VECTOR(1 DOWNTO 0);
D : IN STD_LOGIC_VECTOR(7 DOWNTO 0);
QB :OUT STD_LOGIC_VECTOR(7 DOWNTO 0);
CN :OUT STD_LOGIC);
END ENTITY;
ARCHITECTURE BEHAV OF SHEFT IS
SIGNAL ABC: STD_LOGIC_VECTOR(2 DOWNTO 0);
BEGIN
ABC < = S & M;
PROCESS (CLK,S)
VARIABLE REG8 : STD_LOGIC_VECTOR(8 DOWNTO 0);
VARIABLE CY : STD_LOGIC;
BEGIN
IF CLK'EVENT AND CLK = '1' THEN
  IF ABC = "010" THEN
    CY: = REG8(8);
    REG8(8 DOWNTO 1) : = REG8(7 DOWNTO 0);
    REG8(0) : = CY;
  END IF;
  IF ABC = "011" THEN
```

```
    CY: = REG8(8);
    REG8(8 DOWNTO 1) : = REG8(7 DOWNTO 0);
    REG8(0): = C0;
END IF;
IF ABC = "100" THEN
    REG8(7 DOWNTO 1) : = REG8(6 DOWNTO 0);
END IF;
IF ABC = "101" THEN
    CY: = REG8(0);
    REG8(7 DOWNTO 0) : = REG8(8 DOWNTO 1);
    REG8(8): = CY;
END IF;
IF ABC = "110" OR ABC = "111" THEN
    REG8(7 DOWNTO 0) : = D(7 DOWNTO 0);
END IF;
QB(7 DOWNTO 1) < = REG8(7 DOWNTO 1);
END IF;
QB(7 DOWNTO 0) < = REG8(7 DOWNTO 0);
CN < = REG8(8);
END PROCESS;
END BEHAV;
```

【例 4 – 36】 CNT2 的 VHDL 代码。

```
LIBRARY IEEE;
USE IEEE.STD_LOGIC_1164.ALL;
USE IEEE.STD_LOGIC_UNSIGNED.ALL;
ENTITY CNT2 IS
    PORT ( CLK : IN STD_LOGIC;
              Q: OUT STD_LOGIC_VECTOR (1 DOWNTO 0));
END CNT2;
ARCHITECTURE behav OF CNT2 IS
    SIGNAL COUNT : STD_LOGIC_VECTOR (1 DOWNTO 0);
BEGIN
    PROCESS( CLK )
    BEGIN
        IF CLK'EVENT AND CLK = '1' THEN
            COUNT < = COUNT + 1;
        END IF;
        Q < = COUNT;
    END PROCESS;
END behav;
```

3. 实验内容

① 在 Quartus II 上分别对例 4-35、例 4-36 进行编辑、编译、综合、适配、仿真，并说明源程序中各语句的作用，描述该示例的功能特点，给出所有信号的时序仿真波形。

② 利用实验内容①的结果，根据图 4-12 完成移位运算的定层设计，并完成时序仿真。

③ 在实验内容②基础上完成引脚锁定以及硬件下载测试。将仿真波形、实验过程和实验结果写进实验报告。按以下步骤完成实验内容②。

1）通过 iSW[7..0] 向 D[7..0] 输入待移位数据 01101011（6BH，显示在数码管 oLEDR[7..0]）。

2）将 D[7..0] 装入移位运算器 QB[7..0]。iSW[10..9] 设置（S1,S0）=3，iSW[8] 设置 M=0，（允许加载待移位数据，显示于数码 oLEDR8）；此时用 KEY0 产生 CLK（0-1-0），将数据装入（加载进移位寄存器，显示在数码管 oLEDR[7..0]）。

3）对输入数据进行移位运算。再用 iSW[10..9] 设置 S 为（S1,S0）=2（允许循环右移）；连续按键 KEY0，产生 CLK，输出结果 QB[7..0]（显示在数码管 oLEDR[7..0]）将发生变化：6BH→B5H→DAH…

4）SW[8] 设置 M=1（允许带进位循环右移），观察带进位移位允许控制 C0 的置位与清零对移位的影响。

5）根据表 4-3，通过设置（M、S1、S0）验证移位运算的带进位和不带进位移位功能。

4. 实验报告

详细给出实验原理、设计步骤、编译的仿真波形图和波形分析，详述硬件实验过程和实验结果。

本章小结

EDA 的关键技术之一是要求用形式化的方法来描述数字逻辑系统的硬件电路，即要用所谓硬件电路语言来描述电路。硬件描述语言主要有两个方面的应用：用文档语言的形式描述数字设计以及用于系统的仿真、验证和设计综合等。目前应用最广泛的主要有两种语言：Verilog 和 VHDL。VHDL 语言是在 20 世纪 80 年代后期由美国国防部开发的，并于 1987 年 12 月由 IEEE 标准化（定为 IEEE std 1076—1987 标准），之后 IEEE 又对 87 版本进行了修订，于 1993 年推出了较为完善的 93 版本（被定为 ANSI/IEEE std 1076—1993 标准），使 VHDL 的功能更强大，使用更方便。

一个完整的 VHDL 语言程序通常是指能被 EDA 综合器综合，并能作为一个独立的设计单元，即以元件形式存在的 VHDL 程序。这里所说的"综合"是指依靠

EDA 工具软件，自动完成电路设计的整个过程。而"元件"是指能独立运行，并可被高层次系统调用的一个电路模块。

一个完整的 VHDL 程序由实体（Entity）、构造体（Architecture）、配置（Configuration）、包集合（Package）和库（Library）5 个部分构成，其中实体和构造体可构成最基本的 VHDL 程序。

实体是一个 VHDL 程序的基本单元，由实体说明和一个或多个构造体组成。实体说明即为接口描述，任何一个 VHDL 程序必须包含一个且只能有一个实体说明。实体说明定义了 VHDL 所描述的数字逻辑电路的外部接口，它相当于一个器件的外部视图，有输入端口和输出端口，也可以定义参数。端口表是对设计实体外部接口的描述，即定义设计实体的输入端口和输出端口。端口即为设计实体的外部引脚，说明端口对外部引脚信号的名称、数据类型和输入/输出方向。端口方向包括 IN（输入）、OUT（输出）、INOUT（双向）、BUFFER（具有读功能的输出）。

构造体用于描述系统的行为、系统数据的流程或者系统组织结构形式。构造体对基本设计单元具体的输入/输出关系可以用三种方式进行描述，即行为描述、寄存器传输描述和结构描述。不同的描述方式，只体现在描述语句上，而构造体的结构是完全一样的。

根据 VHDL 的语法规则，在 VHDL 程序中使用的文字、数据对象、数据类型、都需要预先定义。为了方便使用，IEEE 将预定义的数据类型、元件调用声明、常用子程序收集在一起，形成包集合。包集合说明像 C 语言中的 INCLUDE 语句一样，用来单纯地包含设计中经常要用到的信号定义、常数定义、数据类型、元件语句、函数定义和过程定义等，是一个可编译的设计单元，也是库结构中的一个层次。要使用包集合必须首先用 USE 语句说明。常用的预定义的包集合有：STD_LOGIC_1164 程序包；STD_LOGIC_ARITH 程序包；STANDARD 和 TEXTIO 程序包；STD_LOGIC_UNSIGNED 和 STD_LOGIC_SIGNED 程序包。

若干个程序包构成库。库有两种，一类是设计库，另一类是资源库。STD 库和 WORK 库属于设计库的范畴。其他库均为资源库，它们是 IEEE 库、ASIC 库和用户自定义库。

配置用于从库中选取所需单元来组成系统设计的不同规格的不同版本，使被设计系统的功能发生变化。配置语句用来描述层与层之间的连接关系以及实体与结构体之间的连接关系。在仿真设计中，可以利用配置来选择不同的结构体进行性能对比试验，以得到性能最佳的设计目标。

VHDL 具有计算机编程语言的一般特性，其语言的基本要素有标识符、客体、数据类型、运算符等。VHDL 语言的标识符是最常用的操作符，可以是常数、变量、信号、端口、子程序或参数的名字。在 VHDL 语言中，凡是可以赋于一个值的对象称客体（Object）。VHDL 客体包含有专门数据类型，主要有 4 个基本类型：常量（CONSTANT）、信号（SIGNAL）、变量（VARIABLE）和文件（FILES）。在 VHDL 语言中，信号、变量、常数都要指定数据类型。为此,VHDL 提供了多种标准的数据类型。VHDL 语言为构成计算表达式提供了 23 个运算操作符,VHDL 语言的运算操作符有 4 种:逻辑运算符、算术运算符、关系运算符、并置运算符。

在对电路的描述中,信号属性测试很重要。如属性 EVENT 用来对当前的一个小的时间段内发生事件的情况进行检测,它常用于对时序电路中输入信号的边缘进行测试,假设 clk 是电路的输入时钟,则语句"clk'EVENT"表示检测 clk 当前的一个极小时间段内发生事件,即信号边沿。而"clk'EVENT AND clk='0'"表示 clk 的下降沿;"clk'EVENT AND clk='1'"表示 clk 的上升沿。

VHDL 的基本描述语句为顺序语句和并行语句,顺序描述语句只能出现在进程或子程序中,它将定义进程或子程序所执行的算法。顺序描述语句按照出现的次序依次执行。常用的顺序描述语句有赋值语句、等待语句、子程序调用语句、返回语句、空操作语句。

VHDL 并行语句用在结构体内,用来描述电路的行为。由于硬件描述的实际系统,其许多操作是并发的,所以在对系统进行仿真时,这些系统中的元件在定义和仿真时刻应该是并发工作的。并行语句就是用来描述这种并发行为的。

在 VHDL 语言中,能够进行并行处理的语句有:进程语句;WAIT 语句;块语句;并行过程调用语句;断言语句;并行信号赋值语句;信号代入语句。这些语句不必同时存在,可独立运行,并可用信号来交换信息。进程语句是 VHDL 语言中描述硬件系统并发行为的最基本的语句。

VHDL 的设计流程是在 Quartus II 工具软件支持下进行的,与原理图输入法设计流程基本相同,包括设计输入、编译、综合、适配、仿真、下载和硬件测试等。其设计输入是采用 EDA 工具的文本方式来实现的,亦称文本输入设计法。

思考与练习

4-1 VHDL 中的构件有几种?一个完整的源程序中有几种基本构件?

4-2 试问 VHDL 中的库的种类、特点及其调用方法?

4-3 举例说明 VHDL 中构造体的描述方法和特点。

4-4 实体的端口描述和过程的端口描述有何区别?如何定义两者端口的数据类型?

4-5 举例说明 VHDL 中常用的并行描述语句、顺序描述语句的种类和使用方法。

4-6 分析下面 VHDL 源程序,根据 Quartus II 的仿真结果说明该电路的功能。

```
LIBRARY ieee;
USE ieee.std_logic_1164.all;
```

```
USE ieee.std_logic_unsigned.all;
ENTITY mul3_3v IS
   PORT (A, B  : IN STD_LOGIC_VECTOR(2 downto 0);
      M  : OUT STD_LOGIC_VECTOR(5 downto 0));
END mul3_3v;
ARCHITECTURE a OF mul3_3v IS
   SIGNAL temp1 : STD_LOGIC_VECTOR(2 downto 0);
   SIGNAL temp2 : STD_LOGIC_VECTOR(3 downto 0);
   SIGNAL temp3 : STD_LOGIC_VECTOR(4 downto 0);
BEGIN
   temp1 < = A WHEN B(0) = '1' ELSE "000";
   temp2 < = (A & '0') WHEN B(1) = '1' ELSE "0000";
   temp3 < = (A & "00") WHEN B(2) = '1' ELSE "00000";
   M < = temp1 + temp2 + ('0' & temp3);
END a;
```

4-7　分析下面 VHDL 源程序,根据 Quartus II 的仿真结果说明该电路的功能。

```
LIBRARY ieee;
USE ieee.std_logic_1164.all;
USE ieee.std_logic_unsigned.all;
ENTITY divider IS
   PORT(CLKI : IN   STD_LOGIC;
      CLKO : OUT   STD_LOGIC );
END divider_v ;
ARCHITECTURE a OF divider_v IS
SIGNAL cou :    STD_LOGIC_VECTOR(7 DOWNTO 0);
BEGIN
PROCESS
BEGIN
   WAIT UNTIL CLKI = '1';
   cou < = cou + 1;
END PROCESS;
   CLKO < = cou(7);
END a;
```

4-8　分析下面 VHDL 源程序,根据 Quartus II 的仿真结果说明该电路的功能。

```
LIBRARY ieee;
USE ieee.std_logic_1164.all;
ENTITY shift4 IS
```

```
     PORT(Di, Clk: INSTD_LOGIC;
       Q3,Q2,Q1,Q0 : OUTSTD_LOGIC );
END shift4 ;
ARCHITECTURE a OF shift4 IS
Signal tmp   : STD_LOGIC_VECTOR(3 DOWNTO 0);
BEGIN
PROCESS (Clk)
   BEGIN
   IF (Clk'Event AND Clk = '1') THEN
      tmp(3)< = Di;
      FOR I IN 1 To 3 LOOP
         tmp(3 - I)< = tmp(4 - I);
      END LOOP;
   END IF;
END PROCESS;
Q3< = tmp(3); Q2< = tmp(2); Q1< = tmp(1); Q0< = tmp(0);
END a;
```

4-9   使用 VHDL 描述一个 3 位 BCD 码至 8 位二进制的转换器。

4-10   编写一个低位优先的编码器程序：如果两个输入同时有效时，这个编码器总是对最小的数字进行编码。

4-11   设计一个 16 位二进制收发器的 VHDL 程序。设电路的输入为 A[15..0]和 B[15..0]。OEN 为使能控制端，当 OEN＝0 时电路工作；当 OEN＝1 时电路被禁止。A[15..0]和 B[15..0]为高阻态。DTR 为收发控制端，当 DTR＝1 时，数据由 A[15..0]发送到 B[15..0]；当 DTR＝0 时，数据由 B[15..0]发送到 A[15..0]。

4-12   用 VHDL 设计 7 段数码显示器（LED）的十六进制译码器，要求该译码器有三态输出。

4-13   用 VHDL 设计 8 位同步二进制加减计数器，输入为时钟端 CLK 和异步清除端 CLR；UPDOWN 是加减控制端，当 UPDOWN 为 1 时执行加法计数，为 0 时执行减法计数；进位输出端 C。

4-14   利用 D 触发器设计模 8 二进制加法计数器（VHDL 行为描述方法）。

4-15   以题 4-14 中 VHDL 语言所描述的计数器为基础，增加一个同步复位输入信号，在复位输入信号变为低电平之后下一个时钟允许计数器清零。

4-16   以题 4-14 中 VHDL 语言所描述的计数器为基础，增加一个同步置数的输入信号，当置数输入信号变为低电平时，允许把 3 个数据输入端的数值立即置数到计数器中。

4-17   以题 4-14 中 VHDL 语言所描述的计数器为基础，增加必要的控制信号使这两种方式能同步级联。用 4 个这种计数器级联在一起组成 12 位同步计数器。

第5章

基于 Nios II 的 SOPC 软硬件设计

本章导读

　　SOPC Builder 是 Altera 公司推出的一种可加快在 PLD 内实现 Nios II 嵌入式处理器及其相关接口的设计工具。其功能与 PC 机应用程序中的"引导模板"类似，设计者可以根据需要确定处理器模块及其参数，选择所需的外围控制电路（如存储器控制器、总线控制器、I/O 控制器、定时器等）和外设（如存储器、鼠标、按钮、LED、LCD、VGA 等），创立一个完整的嵌入式处理器系统。SOPC Builder 还允许用户修改已经存在的设计，为其添加新的设备和功能。

　　本章首先介绍 Nios II 处理器系统的基本结构，SOPC 技术的基本概念，Nios II 软核处理器，Avalon 总线架构以及图形化 SOPC 工具 SOPC Builder；然后以一个实例来说明基于 Nios II 的 SOPC 设计流程，逐步阐述了 SOPC 系统的硬件设计和软件设计及各个模块的搭建配置过程。

学习目标

　　通过对本章内容的学习，学生应该能够做到：

● 了解：Nios II 嵌入式处理器的特点

● 理解：基于 Nios II 的 SOPC 软硬件设计流程

● 应用：掌握 Nios II 软核的设计方法；在已经建立好的 Nios II 软核的基础上建立 SOPC 各个外设模块；掌握 Nios II IDE 软件设计方法；熟悉 Quartus II、SOPC Builder 和 Nios II 三种工具的配合使用

5.1　Nios II 处理器系统

5.1.1　Nios II 嵌入式处理器简介

　　随着 SoC 技术的兴起，许多专用芯片公司纷纷把嵌入式处理器内核放在自己的

ASIC 中,构建成片上系统,其中用户较多的是 ARM 处理器内核。两大供应商 Altera 公司和 Xilinx 公司也把 ARM 和 PowerPC 硬核放在自己的 FPGA 中。

Nios 是 Altera 开发的中低端的嵌入式 CPU 软内核,几乎可以用在 Altera 的所有的 FPGA 内部。Nios 处理器和外设都是用 HDL 语言编写的,在 FPGA 内部利用通用逻辑资源实现。所以,在 Altera 的 FPGA 内部实现的嵌入式系统具有极大的灵活性。随着 Nios 的成功,Altera 公司 SOPC 的概念也广泛被用户所接受。

Nios II 嵌入式处理器是 Altera 公司于 2004 年 6 月推出的第二代用于可编程逻辑器件的可配置的软核处理器,性能超过 200 DMIPS。与第一代 Nios 相比,Nios II 嵌入式处理器的最大处理性能提高了 3 倍,CPU 内核部分的面积最大可缩小 1/2(32 位 Nios 处理器占用 1 500 个 LE,Nios II 最少只占用 600 个 LE),广泛应用于嵌入式系统的设计中。Nios II 处理器是一个 32 位 RISC 处理器内核,其主要特性如表 5-1 所列。

表 5-1　Nios II 系列处理器的特性

种　类	特　性
CPU 结构	32 位指令集
	32 位数据宽度线
	32 个通用寄存器
	2 GB 寻址空间
片内调试	基于边界扫描测试(JTAG)的调试逻辑,支持硬件断点、数据触发以及片外和片内的调试跟踪
定制指定	最多达到 256 个用户定义的 CPU 指令
软件开发工具	Nios II IDE(集成开发环境)
	基于 GNU 的编译器
	硬件辅助的调试模块

Nios II 提供 3 种不同的内核,以满足系统对不同性能和成本的需求,包括快速内核 Nios II/f(性能最优,在 Stratix II 中,性能超过 200 DMIPS,仅占用 1 800 个 LE)、标准内核 Nios II/s(平衡性能和尺寸)和经济内核 Nios II/e(占用逻辑单元最少)。

3 种内核的二进制代码完全兼容,具有灵活的性能,当 CPU 内核改变时,无须改变软件。

Nios II 处理器系统由 Nios II CPU 和一系列的外设构成。Nios II CPU、片内外设、片内存储器和片外外设的接口都在 Altera 公司的芯片上实现,相当于在单片上实现一台计算机或微控制器。由于 FPGA 是可编程的,在 FPGA 上实现 Nios II 处理器可以根据设计者的需要对其特性进行裁剪,使其符合性能和成本的要求。因此

184

说，Nios Ⅱ 是一个可配置的软核处理器，"可配置"是指设计者可以根据自己的标准定制处理器，按照需要选择合适的外设、存储器和接口，还可以轻松集成自己专有的功能使设计具有独特的竞争优势。为了满足设计升级的需求，设计人员可以加入多个 Nios Ⅱ CPU、定制指令集、硬件加速器，还可以通过 Avalon 交换架构来调整系统性能。"软核"意味着 Nios Ⅱ 处理器不像 ARM 那样是由固定的硬芯片来实现，而是由软件处理器来实现，然后用设计文件来配置 FPGA 芯片。

一个典型 Nios Ⅱ 处理器系统如图 5-1 所示，它包括 Nios Ⅱ 处理器内核（Nios Ⅱ Processor Core），Avalon 总线（Avalon Switch Fabric）和系统外设。系统外设包括片内 ROM、两个定时器（Timer1，Timer2）、URAT、SDRAM 控制器、LCD 显示驱动、GPIO 接口、以太网接口、SD 卡接口（Compact Flash Interface）、连接外部 Flash 和 SRAM 的三态桥（Tristate bridge）。系统中还配置了一个用于调试软件的 JTAG 模块。

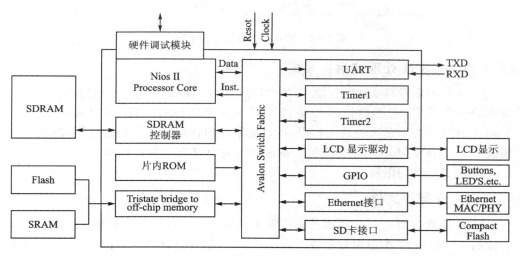

图 5-1   典型 Nios Ⅱ 处理器系统

Nios Ⅱ 软核处理器系统的开发任务包括两方面的内容：一是使用 SOPC Builder 进行硬件设计（定制）；二是使用 Nios Ⅱ IDE 进行软件开发。Quartus Ⅱ 软件通过 SOPC Builder 工具定制 Nios Ⅱ 处理器，在设计中对 Nios Ⅱ 软核处理器进行例化，并自动生成该处理器系统的低层驱动程序。

5.1.2   Nios Ⅱ 处理器结构

可以将 Nios Ⅱ 软核处理器理解为对 Nios Ⅱ 架构的一种实现。Nios Ⅱ 架构是一个指令集架构，Nios Ⅱ 软核处理器并不包括外设及处理器与外部的连接电路，而只包括实现指令集架构的电路。如图 5-2 所示，Nios Ⅱ 架构定义用户可见的单元电路，包括寄存器文件、算术逻辑单元（ALU）、与用户自定义指令逻辑的接口、异常控制器、中断控制器、指令总线、数据总线、指令及数据缓存、紧密耦合存储器接口电路及 JTAG 调试模块等。

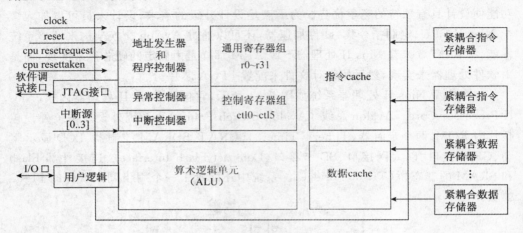

图 5-2　Nios II 处理器结构框图

5.1.3　Nios II 处理器运行模式

Nios II 处理器有 3 种运行模式：用户模式（User Mode），它是超级用户模式功能访问的一个子集，它不能访问控制寄存器和一些通用寄存器；调试模式（Debug Mode），该模式拥有最大的访问权限，可以无限制地访问所有的功能模块；超级用户模式（Supervisor Mode），该模式除了不能访问与调试有关的寄存器（bt、ba 和 bstatus）外，无其他访问限制。

5.1.4　寄存器文件

Nios II 处理器有一个较大的寄存器堆（register file，也称寄存器文件），它由 6 个控制寄存器和 32 个通用寄存器组成。其中，控制寄存器的读/写访问只能在超级用户态由专用的控制寄存器读/写指令（rdctl 和 wrctl）实现。控制寄存器组各位的含义如表 5-2 所列。通用寄存器组各位的含义如表 5-3 所列。

表 5-2　控制寄存器组

寄存器	名　字	bit 位意义（31～2）	1	0
ctl0	status	保留	U	PIE
ctl1	estatus	保留	EU	EPIE
ctl2	bstatus	保留	BU	BPIE
ctl3	ienable	中断允许位		
ctl4	ipending	中断发生标志位		
ctl5	cpuid	唯一的 CPU 序列号		

表 5-3 通用寄存器组

寄存器	助记符	功　能	寄存器	助记符	功　能
r0	zero	清零	r16		子程序要保存的寄存器
r1	at	汇编中的临时变量	r17		子程序要保存的寄存器
r2		函数返回值(低 32 位)	r18		子程序要保存的寄存器
r3		函数返回值(高 32 位)	r19		子程序要保存的寄存器
r4		传递给函数的参数	r20		子程序要保存的寄存器
r5		传递给函数的参数	r21		子程序要保存的寄存器
r6		传递给函数的参数	r22		子程序要保存的寄存器
r7		传递给函数的参数	r23		子程序要保存的寄存器
r8		调用者要保存的寄存器	r24	er	为异常处理保留
r9		调用者要保存的寄存器	r25	bt	为异常处理保留
r10		调用者要保存的寄存器	r26	gp	全局指针
r11		调用者要保存的寄存器	r27	sp	堆栈指针
r12		调用者要保存的寄存器	r28	fp	帧指针
r13		调用者要保存的寄存器	r29	ea	异常返回地址
r14		调用者要保存的寄存器	r30	ba	断点返回地址
r15		调用者要保存的寄存器	r31	ra	函数返回地址

status,状态寄存器:只有第 1 位和第 0 位有意义。第 1 位 U 反映计算机当前状态 1 表示处于用户态,1 表示允许外设中断;第 0 位 PIE,外设中断允许位,0 表示处于超级用户态,0 表示禁止外设中断。

estatus、bstatus,都是 status 寄存器的影子寄存器。发生者异常时,保存 status 寄存器的值;异常处理返回时,恢复 status 寄存器的值。

ienable,中断允许寄存器:每一位控制一个中断通道。如第 0 位为 1,允许第 0 号中断发生;第 0 位为 0,禁止第 0 号中断发生。

ipending,中断发生标志位,每一位反映一个中断发生。如第 0 位为 1,表示第 0 号中断发生;第 0 位为 0,表示第 0 号中断未发生。

cpuid,此寄存器中装载着处理器的 id 号。该 id 号在生成 Nios II 系统时产生。id 号在多处理器系统中可以作为分辨 CPU 的标识。

5.1.5　算术逻辑单元 ALU

Nios II ALU 对通用寄存器中的文件进行操作。ALU 操作从寄存器中取 1 个或 2 个操作数,并将结果存回寄存器中,ALU 支持的操作如表 5-4 所列。有些情况下处理器不提供硬件来实现乘法和除法,但可以用软件模拟指令 mul、muli、div、divu

等,那么这些指令就被认为是未实现的。当处理器遇到未实现指令时,会产生一个异常,异常管理器调用相应软件来模拟该指令操作。

表 5 - 4　Nios II ALU 支持的操作

种　类	描　述
算术运算	ALU 支持有符号和无符号的加、减、乘和除法
关系运算	支持有符号和无符号的等于、不等于、大于等于和小于(==,!=,>=,<)关系运算
逻辑运算	支持 AND、OR、NOR 和 XOR 逻辑运算
移位运算	支持移位和循环移位运算,在每条指令中可以将数据移位和环移 0～31 位。支持算术右移和算术左移,还支持左、右循环移位

Nios II 仍然支持用户定制指令。Nios II ALU 直接和定制指令逻辑相连,使用户指令和 Nios II 指令一样被访问和使用。浮点指令以定制指令的方式实现。

5.1.6　异常和中断控制

Nios II 结构提供一个简单的非向量异常控制器来处理所有类型的异常。Nios II 处理器异常分为软件异常和硬件中断。软件异常又包括软件陷阱异常、未定义指令异常、其他异常。

软件陷阱异常:当程序遇到软件陷阱指令时,将产生软件陷阱异常,这在程序需要操作系统服务时常用到。操作系统的异常处理程序判断产生软件陷阱的原因,然后执行相应任务。

未定义指令异常:当处理器执行未定义指令时产生未定义指令异常。异常处理可以判断哪个指令产生异常,如果指令不能通过硬件执行,可以在一个异常服务程序中通过软件方式仿真执行。

其他异常:其他异常类型是为将来准备的。

Nios II 结构支持 32 个外部硬件中断,即 irq0～irq31。每个中断对应一个独立的中断通道 IRQ,IRQ 的优先级由软件决定。

要实现异常嵌套,需在用户 ISR 中打开外部中断允许(PIE=1)。在处理异常事件的过程中,可以响应由 trap 指令引起的软件陷阱异常和未实现指令异常。在异常嵌套之前,为了确保异常能正确返回,必须保存 estatus 寄存器(ctl1)的 ea 寄存器(r29)。

当执行异常返回指令(eret)后,处理器会把 estatus 寄存器(ctl1)内容复制到 status 寄存器(ctl0)中,恢复异常前的处理器状态,然后把异常返回地址从 ea 寄存器(r29)写入程序计数器。异常发生时,ea 寄存器(r29)保存了异常发生处下一条指令所在的地址。当异常从软件陷阱异常或未定义指令异常返回时,程序必须从软件陷阱指令 trap 或未定义指令后执行,因此,ea 寄存器(r29)就是争取的异常返回地址。如果是硬件中断异常,程序必须从硬件中断异常发生处继续执行,因此,必须将 ea 寄存器器(r29)中的地址减去(ea－4)作为异常返回地址。

5.1.7　存储器与 I/O 组织

Nios II 存储器与 I/O 组织的灵活性是 Nios II 处理器系统与传统的微处理器最为显著的区别。因为 Nios II 处理器系统是可配置的,对于不同系统,存储器和外设都不一样,所以每个系统的存储器与 I/O 组织都不一样。Nios II 的硬件细节对应编程人员是透明的,一个 Nios II 处理器内核与 I/O 结构如图 5－3 所示。

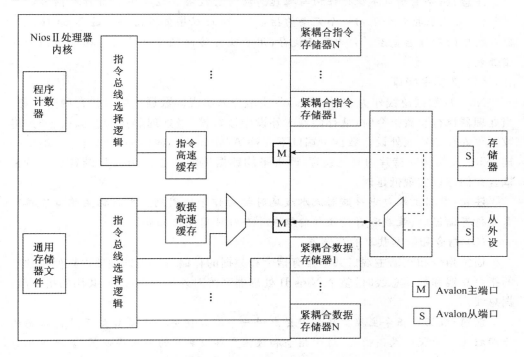

图 5－3　Nios II 存储器内核与 I/O 结构

1. **指令与数据总线**

Nios II 结构支持分离的指令和数据总线,属于哈佛结构。指令和数据总线都作为 Avalon 主端口实现,遵从 Avalon 接口规范。主数据端口连接存储器和外设,指令主端口仅连接存储器构件。

（1）小端对齐的存储器组织方式

Nios II 的存储器采用小端对齐的方式,在存储器中,字和半字最高有效位字节存储在较高地址单元中。

（2）存储器与外设访问

Nios II 结构提供映射为存储器的 I/O 访问。数据存储器和外设都被映射到数据主端口的地址空间。存储器系统中处理器数据总线低 8 位分别连接存储器数据线 7～0。

(3) 指令主端口

Nios II 指令总线作为 32 位 Avalon 主端口实现,通过 Avalon 交换架构连接到指令存储器的 Avalon 主端口。指令主端口只执行一个功能:对处理器将要执行的指令进行取指。指令主端口是具有流水线属性的 Avalon 主端口。它依赖 Avalon 交换结构中的动态总线对齐逻辑始终能接收 32 位数据。Nios II 结构支持片内高速缓存还支持紧耦合存储器,对紧耦合存储器的访问能实现低延时。

注意:指令主端口不执行任何写操作。动态总线对齐逻辑不管目标存储器的宽度如何,每次取指都会返回一个完整的指令字,因而程序员不需要知道 Nios II 处理器系统中的存储器宽度。片内高速缓存,用于改善访问较慢存储器时的平均指令取指性能。

(4) 数据主端口

Nios II 数据总线作为 32 位 Avalon 主端口来实现。数据主端口执行两个功能:当处理器执行装载指令时,从存储器或外设中读数据;当处理器执行存储指令时,将数据写入存储器或外设。数据主端口不支持 Avalon 流水线传输。同指令主端口一样,Nios II 结构支持片内高速缓存,改善平均数据传输性能。Nios II 结构也支持紧耦合存储器以实现低延时。

注意:数据主端口中存储器流水线延时被看作等待周期。当数据主端口连接到零等待存储器时,装载和存储操作能够在一个时钟周期内完成。

(5) 指令和数据共享的存储器

通常指令和数据主端口共享含有指令和数据的存储器。当处理器内核使用独立的指令总线和数据总线时,整个 Nios II 处理器系统对外呈现单一的、共用的指令/数据总线。

注意:数据和指令主端口从来不会出现一个端口使另一个端口处于等待状态的停滞状况。为获得最高性能,对于指令和数据主端口共享的任何存储器,数据主端口被指定为更高的优先级。

2. 高速缓存

Nios II 结构的指令主端口和数据主端口都支持高速缓存。作为 Nios II 处理器组成部分的高速缓存在 SOPC Builder 中是可选的,这取决于用户对系统存储性能以及 FPGA 资源的使用要求。包含高速缓存不会影响程序的功能,但会影响处理器取指和读/写数据时的速度。

高速缓存改善性能的功效是基于以下前提的:

① 常规存储器位于片外,访问时间比片内存储器要长。
② 循环执行的最大的、关键性能的指令序列长度小于指令高速缓存。
③ 关键性能数据的最大模块小于数据高速缓存。

3. 紧耦合存储器

实际上,紧耦合存储器是 Nios II 处理器内核上的一个独立的主端口,与指令或数据主端口类似。Nios II 结构指令和数据访问都支持紧耦合存储器。Nios II 内核可以不包含紧耦合存储器,也可以包含一个或多个紧耦合存储器。每个紧耦合存储器端口直接与具有固定的低延时的存储器相连,该存储器在 Nios II 内核的外部,通常使用 FPGA 片内存储器。紧耦合存储器与其他通过 Avalon 交换结构连接的存储器件一样,占据标准的地址空间。它的地址范围在生成系统时确定。系统在访问指定的代码或数据时,能够使用紧耦合存储器来获得最高性能。例如,中断频繁的应用能够将异常处理代码放在紧耦合存储器中来降低中断延时。类似的,计算密集型的数字信号处理(DSP)应用能够将紧耦合存储器指定为数据缓存区,实现最快的数据访问。

4. 处理器系统地址映射

在 Nios II 处理器系统中,存储器和外设的地址映射是与设计相关的,由设计人员在系统生成时指定。这里要特别提到的是 3 个 CPU 相关的地址,复位地址、异常地址以及断点处理(break handler)程序的地址。程序员通过使用宏和驱动程序来访问存储器和外设,灵活的地址映射并不会影响应用程序开发人员。

5.2 Avalon 交换结构总线

Avalon 总线由 Altera 公司提出,在基于 FPGA 的片上系统中连接片内处理器和片内外设的总线结构,连接到 Avalon 总线的设备分为主/从设备,并各有其工作模式。

Avalon 总线本身是一个数字逻辑系统,它在实现"信号线汇接"这一传统总线功能的同时,增加了许多内部功能模块,引用了很多新的方法,比如从端仲裁模式、多主端工作方式、延时数据传输,这些功能使得在可编程逻辑器件中可以灵活地实现系统增减和 IP 复用。

Avalon 总线规范是为 SOPC 系统的外设开发而设计的。一个 SOPC 系统包括一些主外设和从外设,如微处理器、存储器、UART 和定时器等,系统会自动为这些外设分配地址空间,而 Avalon 总线规范为 SOPC 设计者描述这些外设端口提供了基础。

5.2.1 Avalon 总线基本概念

Nios II 系统的所有外设都是通过 Avalon 总线与 Nios II CPU 相连接的。Avalon 总线是一种协议较为简单的片内系统,Nios II 通过 Avalon 总线与外界进行数据交换。在 SOPC Builder 中添加外设之后会自动生成 Avalon 总线,并且会随着外设的添加和删减而自动调整,最终的 Avalon 总线结构是针对外设配置而生成的一个最佳结构。所以对于用户来说,如果只是使用已经定制好的符合 Avalon 总线规范的外设来构建系统,则不需要了解 Avalon 总线规范的细节。但是对于要自己设计外设的用户来说,开发的外设必须要符合相应的 Avalon 总线的规范,否则设计的外设也无法集成到系统中去。

Avalon 总线可使用最少的逻辑资源来支持数据总线的复用、地址译码、等待周期的产生、外设的地址对齐（包括支持静态和动态地址对齐）、中断优先级的指定以及高级的交换式总线传输。Avalon 交换式总线所定义的内连线策略使得任何一个 Avalon 总线上的主外设，都可以与任何一个从外设进行通信。Avalon 总线结构构成的基本原则是：所有外设的接口与 Avalon 总线的时钟同步，并与 Avalon 总线的握手/应答信号一致；同时所有信号均为高电平或低电平，并由多路选择器完成选择功能，它没有三态信号，地址、数据和控制信号使用分离的专用端口，外设无须识别总线地址周期和数据总线周期。

1. Avalon 外设和交换架构

一个基于 Avalon 接口的系统会包含很多功能模块，这些功能模块就是 Avalon 存储器映射外设，通常简称 Avalon 外设，如图 5-4 所示。所谓存储器映射外设是指外设和存储器使用相同的总线来寻址，并且 CPU 使用访问存储器的指令也用来访问 I/O 设备。为了能够使用 I/O 设备，CPU 的地址空间必须为 I/O 设备保留地址。

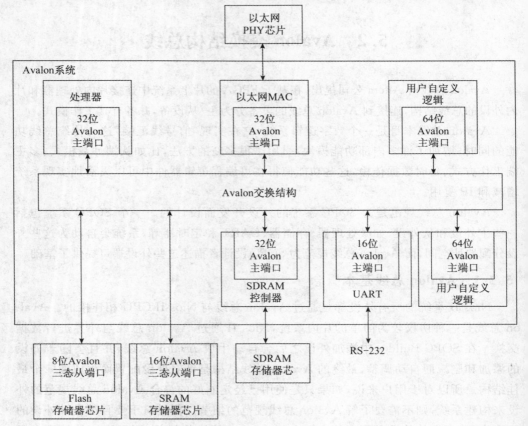

图 5-4　Avalon 总线实例

Avalon 外设分为主外设和从外设，能够在 Avalon 总线上发起总线传输的外设是主外设，从外设只能响应 Avalon 总线传输，而不能发起总线传输。主外设至少拥有一个连接在 Avalon 交换架构上的主端口，主外设也可以拥有从端口，使得该外设也可以响应总线上其他主外设发起的总线传输。Avalon 外设包括存储器、处理器、UART、PIO、定时器和总线桥等。还可以有用户自定义的 Avalon 外设，用户自定义的外设要能称之为 Avalon 外设，要有连接到 Avalon 总线的地址、数据和控制信号。

Avalon 交换架构就是将 Avalon 外设连接起来，构成的一个大的系统的片上互连逻辑。它是一种可自动调整的结构，随着设计者不同的设计而做出最优的调整。由图 5－4 可以看出，外设和存储器可以拥有不同的数据宽度，并且这些外设可以工作在不同的时钟频率。Avalon 交换架构支持多个主外设，允许多个主外设同时与不同的从外设进行通信，增加了系统的带宽。这些功能的实现都是靠 Avalon 交换架构中的地址译码、信号复用、仲裁、地址对齐等逻辑实现的。

2. Avalon 信号

Avalon 接口定义了一组信号类型，如片选、读使能、写使能、地址、数据等，用于描述主/从外设上基于地址的读/写接口。Avalon 外设只使用和其内核逻辑进行接口的必需的信号，而省去其他会增加不必要的开销的信号。

Avalon 信号的可配置特性是 Avalon 接口与传统总线接口的主要区别之一。Avalon 外设可以使用一小组信号来实现简单的数据传输，或者使用更多的信号来实现复杂的传输类型。例如，ROM 接口只需要地址、数据和片选信号就可以了，而高速的存储控制器可能需要更多的信号来支持流水线的突发传输。

Avalon 的信号类型为其他的总线接口提供了一个超集，例如大多数分离的 SRAM、ROM 和 Flash 芯片上的引脚都能映射成 Avalon 信号类型，这样就能使 Avalon 系统直接与这些芯片相连接。

3. 主端口和从端口

Avalon 端口就是完成通信传输的接口所包含的一组 Avalon 信号。Avalon 端口分为主端口和从端口，主端口可以在 Avalon 总线上发起数据传输。一个 Avalon 外设可能有一个或多个主端口，一个或多个从端口；也可能既有多个主端口，又有多个从端口。从端口在 Avalon 总线上响应主端口发起的数据传输。

Avalon 的主端口和从端口之间没有直接的连接，主、从端口都连接到 Avalon 交换架构上，由交换架构来完成信号的传递。在传输过程中，主端口和交换架构之间传递的信号与交换架构和从端口之间传递的信号可能有很大的不同。所以，在讨论 Avalon 传输的时候，必须区分主、从端口。

4. 传 输

传输是指在 Avalon 端口和 Avalon 交换架构之间的数据单元的读/写操作。

Avalon 传输一次可以传输高达 1 024 位的数据,需要一个或多个时钟周期来完成。在一次传输完成之后,Avalon 端口在下一个时钟周期可以进行下一次的传输。Avalon 的传输分为主传输和从传输。

Avalon 主端口发起对交换架构的主传输,Avalon 从端口响应来自交换架构的传输请求。传输是和端口相关的:主端口只能执行主传输,从端口只能执行从传输。

5. 周 期

周期是时钟的基本单位,定义为特定端口的时钟信号的一个上升沿到下一个上升沿之间的时间。完成一次传输最少要一个时钟周期。

5.2.2 Avalon 总线特点

① 所有外设的接口与 Avalon 总线时钟同步,不需要复杂的握手/应答机制。这样就简化了 Avalon 总线的时序行为,而且便于集成高速外设。Avalon 总线以及整个系统的性能,可以采用标准的同步时序分析技术来评估。

② 所有的信号都是高电平或低电平有效,便于信号在总线中高速传输。在 Avalon 总线中,由数据选择器(而不是三态缓冲器)决定哪个信号驱动哪个外设。因此,外设即使在未被选中时也不需要将输出置为高阻态。

③ 为了方便外设的设计,地址、数据和控制信号使用分离的、专用的端口。外设不需要识别地址总线周期和数据总线周期,也不需要在未被选中时使输出无效。分离的地址、数据和控制通道还简化了与片上用户自定义逻辑的连接。

④ Avalon 总线还包括许多其他特性和约定,用以支持 SOPC Builder 软件自动生成系统、总线和外设,包括:最大 4 GB 的地址空间,存储器和外设可以映像到 32 位地址空间中的任意位置;内置地址译码,Avalon 总线自动产生所有外设的片选信号,极大地简化了基于 Avalon 总线的外设的设计工作;多主设备总线结构,Avalon 总线上可以包含多个主外设,并自动生成仲裁逻辑;采用向导帮助用户配置系统,SOPC Builder 提供图形化的向导帮助用户进行总线配置(添加外设、指定主从关系、定义地址映像等),Avalon 总线结构将根据用户在向导中输入的参数自动生成;动态地址对齐,如果参与传输的双方总线宽度不一致,Avalon 总线自动处理数据传输的细节,使得不同数据总线宽度的外设能够方便连接。

5.2.3 Avalon 总线为外设提供的服务

① 数据通道多路转换:Avalon 总线模块的多路复用器从被选择的从外设向相关主外设传输数据。

② 地址译码:地址译码逻辑为每一个外设提供片选信号。这样,单独的外设不需要对地址线译码以产生片选信号,从而简化了外设的设计。

③ 产生等待状态(Wait-State):等待状态的产生拓展了一个或多个周期的总线传输,这有利于满足某些特殊的同步外设的需要。当从外设无法在一个时钟周期内应答的时候,产生的等待状态可以使主外设进入等待状态。在读使能和写使能信号

需要一定的建立时间/保持时间要求的时候,也可以产生等待状态。

④ 动态总线宽度:动态总线宽度隐藏了窄带宽外设与较宽的 Avalon 总线(或者 Avalon 总线与更高带宽的外设)相接口的细节问题。举例来说,一个 32 位的主设备从一个 16 位的存储器中读数据的时候,动态总线宽度可以自动地对 16 位的存储器进行两次读操作,从而传输 32 位的数据。这便减少了主设备的逻辑及软件的复杂程度,因为主设备不需要关心外设的物理特性。

⑤ 中断优先级(Interrupt－Priority)分配:当一个或者多个从外设产生中断的时候,Avalon 总线模块根据相应的中断请求号(IRQ)来判定中断请求。

⑥ 延时传输(Latent Transfer)能力:在主、从设备之间提供带有延时传输的逻辑。

⑦ 流式读/写(Streaming Read and Write)能力:在主、从设备之间提供流传输使能的逻辑。

5.2.4　Avalon 总线传输模式

Avalon 总线拥有多种传输模式,以适应不同外设要求。基本的 Avalon 总线传输可以在主、从设备之间传送一个字节、半字或字(8、16 或 32 位)。当一次传输完成后,总线可以迅速地在下一个时钟到来的时候,在相同的主、从设备之间或其他的主、从设备间开始新的传输。Avalon 总线也支持一些高级功能,如"延时型外设"、"流外设"及多总线主设备并发访问。这些高级功能使其允许在一个总线传输中进行外设间的多数据传输。多主设备结构为构建 SOPC 系统及高带宽外设提供了很大程度上的稳定性。例如,一个主外设可以进行直接存储器访问(DMA),而不需要处理器的参与。

5.3　SOPC 技术简介

5.3.1　SOPC 概念

SOPC(System On a Programming Chip)即可编程片上系统,用可编程逻辑技术把整个系统放到一块硅片上,称作 SOPC。可编程片上系统 SOPC 是一种特殊的嵌入式系统,首先它是片上系统(SoC),即由单个芯片完成整个系统的主要逻辑功能;其次,它是可编程系统,具有灵活的设计方式,可裁剪、可扩充、可升级,并具备软硬件在系统可编程的功能。

SOPC 结合了 SoC 和可编程逻辑器件各自的优点,其基本特征有:至少包含一个嵌入式处理器内核;具有小容量片内高速 RAM 资源;丰富的 IP Core 资源可供选择;足够的片上可编程逻辑资源;处理器调试接口和 FPGA 编程接口;包含部分可编程模拟电路;单芯片、低功耗、小封装。

SOPC 是 FPGA 在嵌入式方向的一种应用。SOPC 技术是一门全新的综合性电子设计技术,涉及面广。因此,在知识构成上对于新时代嵌入式创新人才有更高的要求,除了必须了解基本的 EDA 软件、硬件描述语言和 FPGA 器件相关知识外,还必须熟悉计算机组成与接口、汇编语言或 C 语言、DSP 算法、数字通信、嵌入式系统开发、片上系统构建与测试等知识。显然,知识面的拓宽必然推动电子信息及工程类各学科分支与相应的课程类别间的融合,而这种融合必将有助于学生的设计理念的培养和创新思维的升华。

5.3.2 SOPC 设计流程

SOPC 是一种基于 FPGA 的 SoC 解决方案,它将微处理器、存储器、I/O 接口、LVDS、各种控制器、DSP 模块等系统设计需要的数字逻辑模块集成到单片 FPGA 芯片上,构成一个可编程的片上系统。SOPC 系统既有 FPGA 内硬件设计,又有 Nios II CPU 的软件设计,因此整个嵌入式系统设计非常灵活,根据具体的情况对系统结构灵活裁剪和升级,其设计的基本流程如图 5-5 所示。软硬件协同设计是 SOPC 设计中一个重要方法上的突破。目前,在数字 IC 设计特别是 SoC 或 SOPC 系统的设计中,除了需要强有力的 IP 库和 EDA 工具作为支持外,还特别需要设计方法学上的突破。在 SOCP 设计中,为了既可缩短开发周期,又能取得更好的设计效果,要求使用软硬件协同设计方法。

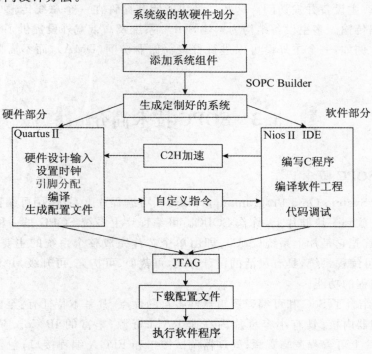

图 5-5 SOPC 系统设计流程图

软硬件协同的方法可以使软件设计者在硬件完成之前接触到硬件模块,从而更好地设计硬件驱动、应用程序、操作系统等软件,同时使硬件设计者尽早接触软件,为软件设计者提供高性能的硬件平台,减少设计的盲目性。完整的基于 Nios II 的 SOPC 系统是一个软硬件复合的系统,因此在设计时可分为硬件和软件两部分。Nios II 的硬件设计是为了定制合适的 CPU 和外设,在 SOPC Buider 和 Quartus II 中完成。在这里可以灵活定制 Nios II CPU 的许多特性甚至指令,可使用 Altera 公司提供的大量 IP 核来加快开发 Nios II 外设的速度,提高外设性能,也可以使用第三方的 IP 核或 VHDL 来自行定制外设。完成 Nios II 的硬件开发后,SOPC Buider 可自动生成与自定义的 Nios II CPU 和外设系统、存储器、外设地址映射等相应的软件开发包 SDK,在生成的 SDK 基础上,进入软件开发流程。用户可使用汇编、C/C++来进行嵌入式程序设计,使用 GNU 工具或其他第三方工具进行程序的编译、链接以及调试。

1. SOPC 硬件设计

硬件开发使用 Quartus II 和 SOPC Builder 软件。SOPC Builder 是自动化系统开发工具,可以有效简化、建立高性能 SOPC 设计的任务。SOPC Builder 允许选择系统组件,定义和自定义系统,并在集成之前生成和验证系统。该系统开发工具自动加入参数化并连接 IP 核,如嵌入式处理器、协处理器、外设存储器和用户定义的逻辑,无需底层的 HDL 或原理图。

SOPC Builder 与 Quartus II 软件一起,为建立 SOPC 提供标准化的图形环境。SOPC 设计由 CPU、存储器接口、标准外设和用户定义的外设等组件组成,并允许选择和自定义系统模块的各个组件和接口。SOPC Builder 将这些组件组合起来,生成对这些组件进行实例化的单个系统模块,并自动生成必要的总线逻辑,以将这些组件连接到一起。

使用 SOPC Builder 可以构建包括 CPU、存储器接口和 I/O 外设的嵌入式微处理器系统,还可以生成不包括 CPU 的数据流系统。它允许指定具有多个主连接和从连接的系统拓扑结构。SOPC Builder 还可以导入或提供连接用户定义逻辑块的接口,其中,逻辑块作为自定义外设连接到系统上。图 5-6 为 SOPC Builder 图形配置界面。

SOPC Builder 构建系统时,主要分三个步骤:从组件库中选择组件;定制组件并集成系统;验证构建系统。可以选择用户定义模块或由模块集组件库中提供的模块,可以导入或连接到达用户定义逻辑块的接口。

SOPC Builder 系统与用户定义逻辑配合使用时具有四种机制:简单的 PIO 连接;系统模块内实例化;到达外部逻辑的总线接口;发布本地 SOPC Builder 组件。可以使用 SOPC Builder 的 System Contents 定义系统。可以在模块集中选择库组件,并在模块表中显示添加的组件。

SOPC Builder 中的每个工程包含系统描述文件(.ptf 文件),它包含 SOPC

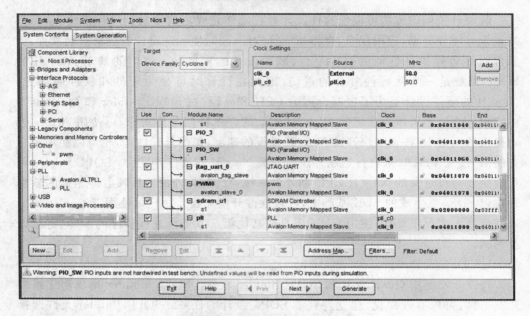

图 5 - 6　SOPC Builder 图形配置界面

Builder 中输入的所有设置、选项和参数。此外,每个组件都具有相应的 .ptf 文件,在生成系统期间,SOPC Builder 使用这些文件为系统生成源代码、软件组件和仿真文件。完成系统定义之后,可以使用 SOPC Builder 的 System Generation 生成系统。

SOPC Builder 软件自动生成所有必要逻辑,用以将处理器、外设、存储器、总线、仲裁器、IP 功能以及多时钟域内至系统外逻辑和存储器的接口集成在一起,并建立将组件捆绑在一起的 HDL 源代码。SOPC Builder 还可以建立软件开发工具包(SDK)软件组件,例如,头文件、通用外设驱动程序、自定义软件库和 OS 实时操作系统(RTOS 内核),以便在生成系统时提供完整的设计环境。为了仿真,SOPC Builder 建立了 Mentor Graphics ModelSim 仿真目录,它包含 ModelSim 工程文件、所有存储器组件的仿真数据文件、提供设置信息的宏文件、别名和总线接口波形初试装置。它还建立仿真激励,可以实例化系统模块、驱动时钟和复位输入,并可以实例化和连接仿真模型;还可以生成 Tcl 脚本,用于在 Quartus II 软件中设置系统编译所需的所有文件。

2. 软件开发

软件开发使用 Nios II IDE,它是一个基于 Eclipse IDE 架构的集成开发环境,它包括:GNU 开发工具(标准 GCC 编译器、链接器、汇编器、makefile 工具等);基于 GDB 的调试器,包括软件仿真和硬件调试;提供用户一个硬件抽象层 HAL;提供帮助用户快速入门的软件模板;提供嵌入式操作系统 MicroC/OS-II 和 LwTCP/IP 协议栈的支持;提供 Flash 下载支持(Flash Programmer 和 Quartus II Programmer)。

Nios II IDE 提供了 Nios II 处理器系统软件开发的图形界面,如图 5 - 7 所示。

在 Nios II IDE 中可以完成 Nios II 软核处理器软件开发的所有工作。

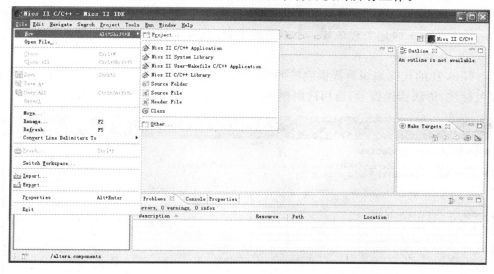

图 5 - 7 Nios II IDE 图形界面

（1）建立工程

在图 5 - 11 中，Nios II 可以建立 4 种类型的工程，即 C/C++应用工程（C/C++ Application）、系统库工程（System Library）、被管理的库工程 User - Makefile C/C++ Application、C/C++ Library。一般需要建立 C/C++应用工程，该工程中至少包含一个 C/C++程序（含工程的 main()函数），通过编译 C/C++代码，生成可以在目标器件上运行的.elf 文件，如图 5 - 8 所示。

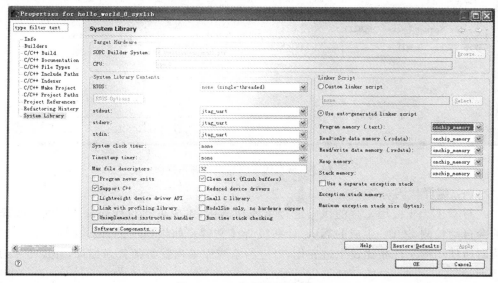

图 5 - 8 工程属性设置界面

199

（2）设置工程属性

对于可执行的 C/C++应用工程，其属性决定了编译器如何对工程进行编译，而每一个 C/C++应用工程依赖一个系统库工程，也可在工程属性中配置 RTOS。

（3）编辑代码

Nios II 的代码编辑器提供完整的 C/C++编辑环境，编辑过程中可提供关键词颜色标注、语法错误提示、通用代码模板。图 5-9 为通用代码模板模板调用界面。

图 5-9 通用代码模板模板调用界面

（4）编译代码

对 C/C++应用工程的代码进行编译和链接，生成可执行代码.elf 文件。编译前会自动检测 SOPC 生成的 Nios II 系统.ptf 文件。如果当前的.ptf 文件与建立工程时所使用的文件相比发生过变化，对应的系统库工程就必须重新编译，如图 5-10所示。

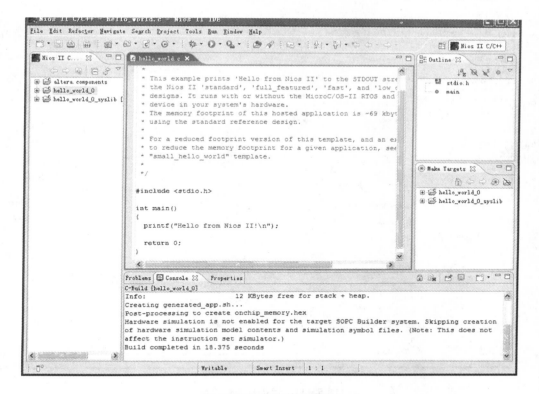

图 5 - 10 代码编译界面

（5）运行与调试代码

Nios II IDE 提供了完整的代码运行与调试工具，可以直接在硬件平台上运行和调试，也可以在 Nios II 指令模拟器中运行与调试。运行与调试界面如图 5 - 11 所示。

（6）评判代码执行性能

GNU 自动收集运行工程中的函数调用关系，并计算每个函数运行的时间向用户报告代码执行性能，帮助用户优化代码。

（7）将固件存储在目标板上

当软件工程调试完成后，需将生成的系统固件（可执行代码. elf 文件）保存到目标芯片上，可以将固件保存在串行配置器件上，也可保存在开发平台的 Flash 存储器中。Nios II IDE 提供了完整的代码转换与编程工具。

3. HAL 系统库

用户在进行嵌入式系统的软件开发时，会涉及与硬件的通信问题。HAL（Hardware Abstraction Layer，硬件抽象层）系统库可为与硬件通信的程序提供简单的设备驱动接口。它是用户在 Nios II IDE 中创建一个新的工程时，由 IDE 基于用户在 SOPC Builder 中创建的 Nios II 处理器系统自动生成的。HAL 应用程序接口（API）

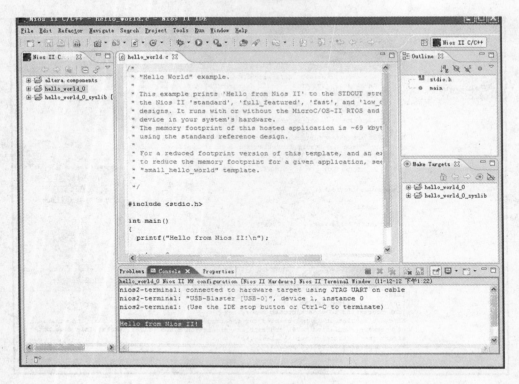

图 5-11 运行与调试界面

和 ANSI C 标准库综合在一起,它使用户用类似 C 语言的库函数来访问硬件设备或文件,如 printf()、fopen()、fwrite()等函数。

HAL 系统库提供的服务有:与 ANSI C 合成标准库,提供类似 C 语言的标准库函数;设备驱动,提供访问系统中每个设备的驱动程序;通过 HAL API 提供标准的接口程序,如设备访问、中断处理等;系统初始化,在 main()函数之前执行对处理器的初始化;设备初始化,在 main()函数之前执行对系统中外围设备的初始化。

(1)应用程序开发

应用程序开发是用户软件开发的主要部分,包括系统的主程序和其他子程序。应用程序与系统设备的通信主要是通过 C 语言标准库或 HAL 系统库 API 来实现。

(2)驱动程序开发

驱动程序开发指编写供应用程序访问设备的程序。驱动程序直接和底层硬件的宏定义打交道。

一旦用户所访问设备的驱动程序编写好,用户的程序开发只要利用 HAL 提供的各种函数就可以编写各种应用程序了。

(3)通用设备模型

在基于 HAL 的系统设计中,软件人员要做的是编写设备驱动程序和应用软件,

HAL 为嵌入式系统中常见的外围设备提供了以下通用的设备模型,使用户无需考虑底层硬件,只需利用与之一致的 API 编写应用程序即可。

① 字符模式设备:发送和接收字符串的外围硬件设备,如 UART。

② 定时器设备:对时钟脉冲计数并能产生周期性中断请求的外围硬件设备。

③ 文件子系统:提供访问存储在物理设备中的文件的操作,如用户可以利用有关 Flash 存储器设备的 HAL API 编写 Flash 文件子系统驱动来访问 Flash。

④ 以太网设备:对 Altera 提供的轻量级的 IP 协议提供访问以太网的连接。

⑤ DMA 设备:执行大量数据在数据源和目的地之间传输的外围设备。数据源和目的地可以是存储器或其他设备,如以太网连接。

⑥ Flash 存储器设备:利用专门编程协议存储数据的非易失性存储设备。

(4)C 标准库 Newlib

HAL 系统库与 ANSI C 标准库一起构成 HAL 的运行环境(Runtime Environment)。HAL 使用的 Newlib 是 C 语言标准库的一种开放源代码的实现,是在嵌入式系统上使用的 C 语言程序库,正好与 HAL 和 Nios II 处理器相匹配。

4. 使用 HAL 开发程序

HAL 和 SOPC Builder 紧密相关,如果硬件配置有了变化,HAL 设备驱动配置也会自动随之改动,从而避免了由于底层硬件的变化而产生的程序错误。用户不用自己创建或复制 HAL 文件,而且用户也不用编辑 HAL 中的任何源代码。Nios II IDE 会为用户自动创建和管理 HAL 文件。

(1)Nios II IDE 工程结构

Nios II IDE 将 HAL 系统库与用户设计紧密结合在一起,在 Nios II IDE 中每建立一个新的用户工程,IDE 同时也会根据用户选择的 Nios II 系统建立一个新的 HAL 系统库工程。一方面,HAL 系统库相当于用户程序与底层硬件之间的桥梁,用户在程序中使用 HAL API,即可与硬件进行通信;当 SOPC Builder 系统改变时,Nios II IDE 会处理 HAL 系统库,并更新驱动配置来适应系统硬件。另一方面,HAL 系统库将用户程序与底层的硬件相分离,用户在开发和调试程序代码时不必考虑程序与硬件是否匹配。

(2)System. h 系统描述文件

System. h 文件是 HAL 系统库的基础,它提供了关于 Nios II 系统硬件的软件描述。它描述了系统中的每个外围设备,并给出以下一些详细信息:外围设备的硬件配置;基地址;中断优先级;外围器件的符号名称。用户无须编辑 system. h 文件,它是由 Nios II IDE 自动生成的。可以到以下目录中查看 system. h 文件:

[Quartus 工程]\software\[Nios II 工程名]_syslib\Debug\system_description

(3)数据宽度和 HAL 类型定义

alt_types. h 头文件定义了 HAL 的数据类型。在以下路径可以查看该文件:

[Nios II 安装路径]\components\altera_nios2\HAL\inc

（4）文件系统

HAL 提出了文件系统的概念，可以使用户操作字符模式的设备和文件。在整个 HAL 文件系统中将文件子系统注册为载入点，要访问这个载入点下的文件就要由这个文件子系统管理。字符模式的设备寄存器常作为 HAL 文件系统中的节点。通常情况下，system.h 文件中将设备节点的名字定义为：前缀/dev/＋在 SOPC Builder 中指定给硬件元件的名称。如 lcd 就是一个字符模式的设备，其设备节点的名字为"/dev/lcd_display"。例 5-1 完成了从一个只读文件的文件子系统 rozipfs 中读取字符的功能。

【例 5-1】 从文件子系统中读取字符。

```
# include <stdio.h>
# include <stddef.h>
# include <stdlib.h>
# define BUF_SIZE (10)
int main() {
    FILE * fp;
    char buffer[BUF_SIZE];
    fp = fopen("/mount/rozipfs/test","r");
    if ( fp = = NULL ) {
        printf("cannot open file.\n");
        exit(1);
    }
    fread(buffer,BUF_SIZE,1,fp);
    Fclose();
    return 0;
```

（5）外围设备的使用

现以字符模式外围设备为例，介绍在用户程序中如何对外围设备进行操作。字符模式外围设备在 HAL 文件系统中被定义为节点。一般情况下，程序先将一个文件和设备名称联系起来，再通过使用 file.h 中定义的 ANSI C 文件操作向文件写数据或从文件读取数据。

① 标准输入（stdin）、标准输出（stdout）和标准错误（stderr）函数。使用这些函数是最简单的控制 I/O 的方法；HAL 系统库在后台管理 stdin、stdout 和 stderr 函数。

【例 5-2】 发送 Hello world 给任何一个和 stdout 连接的设备。

```
# include <stdio.h>
int main() {
    printf("Hello world! /n");
```

```
  return 0;
}
```

② 字符模式设备的通用访问方法。除 stdin、stdout 和 stderr 函数外,访问字符模式设备还可以通过打开和写文件的方式进行。

【例 5 - 3】 向 UART 写入字符"hello world"。

```
# include <stdio.h>
# include <string.h>
int main() {
char * msg = "hello world";
FILE * fp;
fp = fopen("/dev/uart1","w");
if ( fp ) {
  fprintf(fp," % s",msg);
  fclose(fp);
}
return 0;
}
```

③ /dev/null 设备。

所有的系统都包括/dev/null 设备。向/dev/null 写数据对系统没有什么影响,所写的数据将被丢弃。/dev/null 用来在系统启动过程中重定向安全 I/O,也可以用在应用程序中丢弃不需要的数据。这个设备只是个软件指令,不与系统中任何一个硬件设备相关。

5.4 基于 Nios II 的 SOPC 开发实例

本节将通过一个具体实例,用 SOPC 系统在 DE2 - 70 平台上实现一个跑马灯实验来熟悉 SOPC 系统的软硬件协同设计流程。跑马灯实验通过程序控制实验箱上的 LED 来实现一个流水灯以及实现一个按键检测的显示,用户可以适当改变程序来改变灯的流动方向以及闪烁时间间隔,通过软件控制的流水灯,对比用 VHDL 语言编写的硬件控制程序,体会软核的一些使用灵活、节省资源等特点。

5.4.1 硬件部分

1. 建立 QuartusII 工程

① 新建工程 pipeline_light,顶层文件名为 pipeline_light,可选择 ModelSim 为第三方工具)。

② 设置编译输出目录为 ···/pipeline _ light/dev,选择目标芯片为

EP2C70F896C6。

2. 建立 SOPC 系统

① 选择 Tools→SOPC Builder 菜单项,弹出图 5-12 所示 Create New System 对话框。在 System Name 文本框中键入 nios2,选择语言为 VHDL 后单击 OK,关闭对话框。

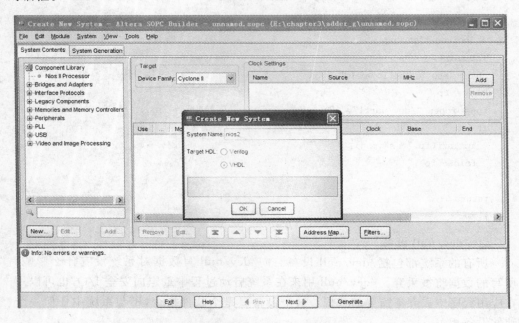

图 5-12　添加 SOPC 系统名称并指定语言

② 添加 Nios II Processor。

在图 5-12 左面元件池中选择元件双击 Nios II Processor 或者选中后单击 Add 按钮,弹出的 Nios II Processor 设置对话框如图 5-13 所示,选择 NiosII/f 作为本设计的处理器。从界面可以看出 Nios II/f 占用约 1 400～1 800 个逻辑单元,2 个 M4kRAM,可以添加指令缓存和数据缓存。

图 5-13 中,选择 Caches and Memeory Interfaces,可设置处理器的指令缓存、紧密偶合指令存储器、数据缓存、紧密偶合数据存储器。本设计需求简单,此处均选择默认参数。

图 5-13 中,选择 JTAG Debug Module,设置 JTAG 调试模块级别,每个级别占用的逻辑资源不同,本设计选用占用的逻辑资源最少的 Level 1,其他设置保持默认选项,如图 5-14 所示。选择 Custom Instructions 可以添加自定义指令。本例不添加自定义指令,单击 Finish 按钮,返回 SOPC Builder 主窗口,将 cpu_0 重新命名为 cpu,如图 5-15 所示。

③ 添加 JTAG UATR Interface。此接口为 Nios II 系统嵌入式处理器新添加的

Nios II Processor - cpu_0

Nios II Processor

Parameter Settings

Core Nios II | Caches and Memory Interfaces | Advanced Features | MMU and MPU Settings | JTAG Debug Module

Core Nios II

Select a Nios II core:

Nios II	○Nios II/e	○Nios II/s	◉Nios II/f
Selector Guide	RISC 32-bit	RISC 32-bit **Instruction Cache** **Branch Prediction** **Hardware Multiply** **Hardware Divide**	RISC 32-bit Instruction Cache Branch Prediction Hardware Multiply Hardware Divide **Barrel Shifter** **Data Cache** **Dynamic Branch Prediction**
Performance at 50.0 MHz	Up to 5 DMIPS	Up to 25 DMIPS	Up to 51 DMIPS
Logic Usage	600-700 LEs	1200-1400 LEs	1400-1800 LEs

Family: Cyclone II
f_system: 50.0 MHz
cpuid: 0

Hardware Multiply: Embedded Multipliers   ☐ Hardware Divide

Reset Vector: Memory: Offset: 0x0
Exception Vector: Memory: Offset: 0x20

☐ Include MMU

Only include the MMU when using an operating system that explicitly supports an MMU
Fast TLB Miss Exception Vector: Memory: Offset: 0x0

☐ Include MPU

⚠ Warning: Reset vector and Exception vector cannot be set until memory devices are connected to the Nios II processor

图 5 - 13 Nios II Processor 设置对话框

Nios II Processor   About | Documentation

Parameter Settings

Core Nios II | Caches and Memory Interfaces | Advanced Features | MMU and MPU Settings | JTAG Debug Module | Custom Instructions

JTAG Debug Module

Select a debugging level:

○No Debugger	◉Level 1	○Level 2	○Level 3	○Level 4
	JTAG Target Connection **Download Software** **Software Breakpoints**	JTAG Target Connection Download Software Software Breakpoints **2 Hardware Breakpoints** **2 Data Triggers**	JTAG Target Connection Download Software Software Breakpoints 2 Hardware Breakpoints 2 Data Triggers **Instruction Trace** **On-Chip Trace**	JTAG Target Connection Download Software Software Breakpoints **4 Hardware Breakpoints** **4 Data Triggers** Instruction Trace **Data Trace** On-Chip Trace **Off-Chip Trace**
No LEs	300-400 LEs	800-900 LEs	2400-2700 LEs	3100-3700 LEs
No M4Ks	Two M4Ks	Two M4Ks	Four M4Ks	Four M4Ks

☐ Include debugreq and debugack signals

These signals appear on the top-level SOPC Builder system.
You must manually connect these signals to logic external to the SOPC Builder system.

Break Vector

Memory: cpu_0   Offset: 0x20   0x00000820

Advanced Debug Settings

图 5 - 14 设置 JTAG 调试模块级别

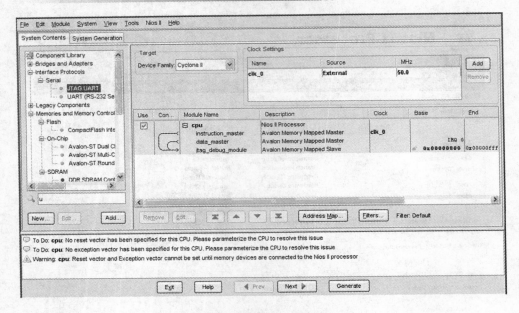

图 5 - 15　CPU 成功设置窗口

接口元件。通过它可以在 PC 主机和 SOPC Builder 系统之间进行串行字符通信,主要用来调试、下载数据等,也可以作为标准输入/输出使用。在图 5 - 15 中选择 Interface Protocols→Serial,双击 JTAG UART,弹出 JTAG UART 设置对话框,如图 5 - 16 所示,保持默认选项,单击 Finish 后返回 SOPC Builder 窗口,重新命名为 jtag_uart。

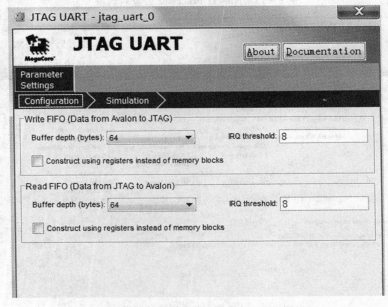

图 5 - 16　JTAG UART 设置对话框

④ 添加内部 RAM,RAM 为程序运行空间,类似于计算机的内存。选择 Memories and Memory Controllers→On‐Chip Memory,双击 On‐Chip Memory,弹出如图 5‐17 所示的 On‐Chip Memory 设置对话框,其中 Total memory size 设为 4 096 Bytes,然后单击 Finish 返回 SOPC Builder 窗口,重新命名为 ram。

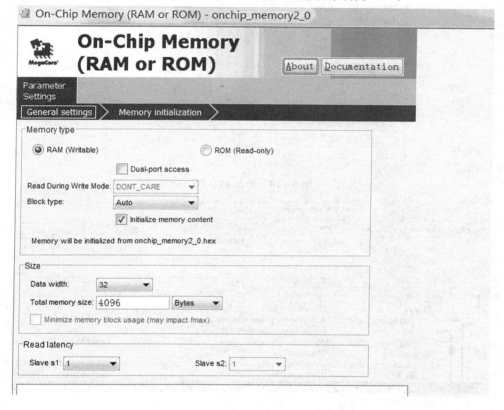

图 5‐17　On‐Chip Memory 设置对话框其

⑤ 添加 PIO 口,此元件为 I/O 口。选择 Peripheral→Microcontroller Peripherals,双击 PIO,弹出 PIO 设置对话框,如图 5‐18 所示。选中 Output ports only 选项,8 个输出用 I/O 口,分别控制开发板上的 8 个绿色 LED 灯,单击 Finish 后返回 SOPC Builder 窗口,右击名称重新命名为 led_pio。

⑥ 指定基地址和分配 IRQ 中断号。

至此已添加了系统所有需要的组件,SOPC Builder 根据组件添加的顺序及组件需要的地址范围,自动为组件指定基地址,如图 5‐19 所示,ram 地址是从 0x00001000 开始的,如果希望从 0x00002000 开始,可手动修改。某些组件如定时器(Interval Timer)还需要分配一个 IRQ 号。系统 IRQ 可以是 0~31 的整数,数字越小级别越高。

⑦ 系统设置。双击 cpu,弹出图 5‐20 对话框,分别在 Reset Vector 和 Excep-

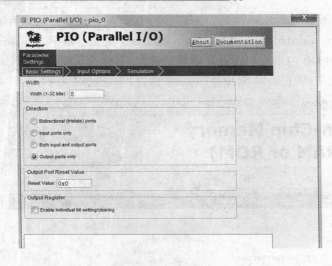

图 5-18 添加 PIO 口

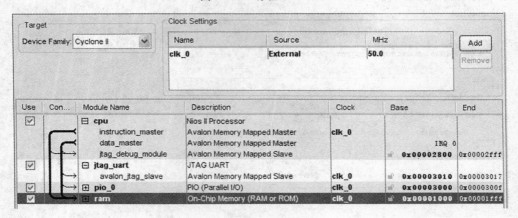

图 5-19 系统中的组件信息

tion Vector 栏的 Memory 下拉菜单中选择 ram。单击 Finish,最后完成的硬件配置图如图 5-21 所示。

⑧ 加入 System ID 模块。如果需要可以在系统中加入 System ID,在 SOPC 的组件中选择 System ID Peripheral,如图 5-22 所示。

⑨ 生成系统模块。在图 5-21 中,单击 Generate,SOPC Builder 便根据用户的设定生成系统,当系统生成成功后,单击 Exit 退出 SOPC Builder,如图 5-23 所示。

3. 例化 Nios II 处理器

① 将刚生成的 nios2 模块以符号文件形式添加到.bdf 文件中。选择 File→New 菜单项,在弹出的对话框中选择 Block Diagram→Schematic File 选项创建图形设计文件,单击 OK。在图形设计窗口中双击,在弹出的快捷菜单中选择 Insert→System,保存设计文件为 pipeline_light。添加 nios2。在 Libraries 中选择打开 Project

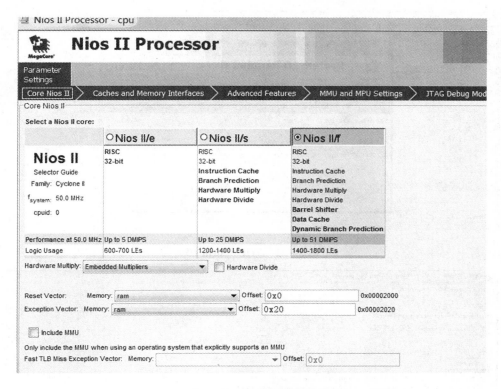

图 5 - 20 分配程序指针入口地址

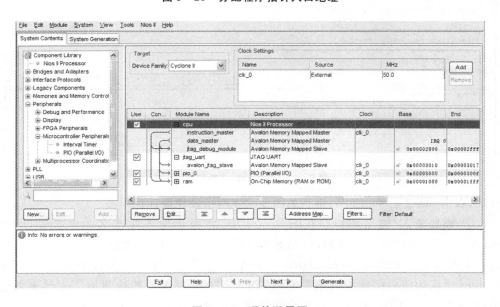

图 5 - 21 硬件配置图

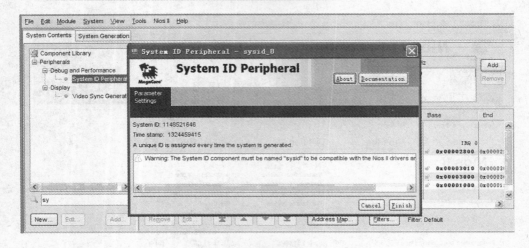

图 5 – 22　添加 System ID

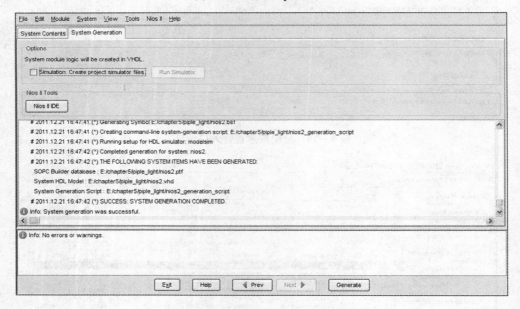

图 5 – 23　生成 nios2 系统界面

目录,双击 nios2 后单击 OK,得到如图 5 – 24 所示硬件设计顶层图。

　　② 添加输入/输出端口。在图 5 – 24 中,将两个输入端改名为 iCLK_50 和 iKEY[0],代表开发板上 50 MHz 晶振和 KEY0 按钮;输出端改为 oLEDR[7..0],代表开发板上的 oLEDR7～oLEDR0 共 8 个红色 LED 灯。需要注意的是,SOPC Builder 生成的重启信号为低电平有效,DE2 – 70 开发板上的按钮按下去代表低电平,弹起代表高电平。最后将这几个元件连接起来,保存设计顶层文件,执行编译分析与综合,完成硬件仿真。

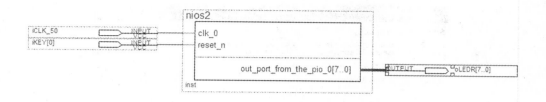

图 5 - 24　硬件设计顶层图

③ 引脚锁定。利用. qsf 文件,参考附录 1 可得其引脚锁定文件如图 5 - 25 所示。

④ 再次编译工程,其结果如图 5 - 26 所示。

```
set_location_assignment PIN_T29 -to iKEY[0]
set_location_assignment PIN_AD15 -to iCLK_50
set_location_assignment PIN_AJ6 -to oLEDR[0]
set_location_assignment PIN_AK5 -to oLEDR[1]
set_location_assignment PIN_AJ5 -to oLEDR[2]
set_location_assignment PIN_AJ4 -to oLEDR[3]
set_location_assignment PIN_AK3 -to oLEDR[4]
set_location_assignment PIN_AH4 -to oLEDR[5]
set_location_assignment PIN_AJ3 -to oLEDR[6]
set_location_assignment PIN_AJ2 -to oLEDR[7]
```

图 5 - 25　引脚锁定文件图

图 5 - 26　nios2 模块顶层设计原理图

4. 配置 FPGA

选择 Tools→Programmer 菜单项,将 SOF 文件下载到 DE2 - 70 目标板上,完成硬件设计。由于目前还没编写软件,因此开发板上没什么现象。

5.4.2　软件部分

1. 启动 Nios II IDE

可以从 Windows 系统开始菜单中启动 Nios II IDE,也可从 SOPC Builder 中的生成页面启动 Nios II IDE。启动 Nios II IDE 时,Nios II IDE 提示选择工作空间 (Workspace)。依旧设置"工程所在目录"\software,如图 5 - 27 所示。单击 OK 后,在欢迎界面中选择 Workbench 后进入 Nios II IDE 主界面。

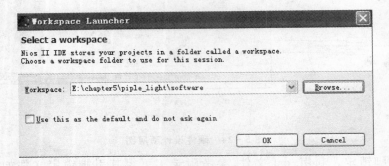

图 5 - 27　选择工作空间

2. 建立新工程

在 Nios II IDE 主界面中,选择 File→New→Nios II C/C＋＋Application 菜单项,单击 Next 进入下一步,新工程配置界面如图 5 - 28 所示。先利用一个空白模板建立一个新工程,在 Select Project Template 中选择 Blank Project,工程名称自动变为 blank_project_0,也可以改为其他名称,注意工程名称中不要出现空格。Nios II IDE 的任务是为 Nios II 软核处理器提供软件开发环境,因此必须选择一个目标硬件。在 Select Target Hardware 中选择 SOPC Builder System PTF File,找到所建立的软核处理器 nios2.ptf,如图 5 - 28 所示。单击 Next 为工程选择系统库,如图 5 - 29 所示。建立新工程之后的 IDE 界面如图 5 - 30 所示。

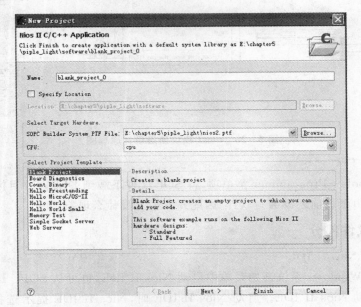

图 5 - 28　建立新工程

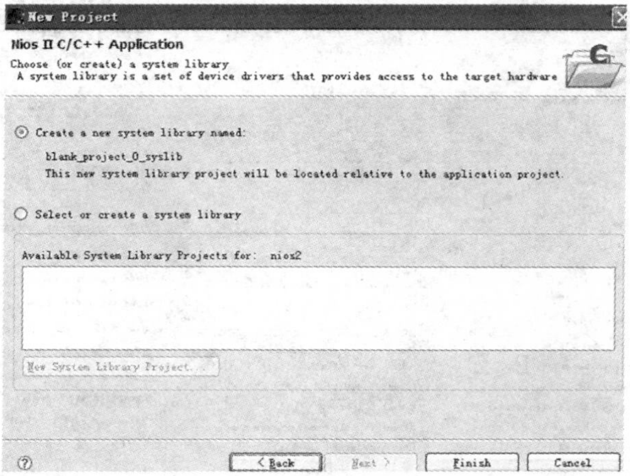

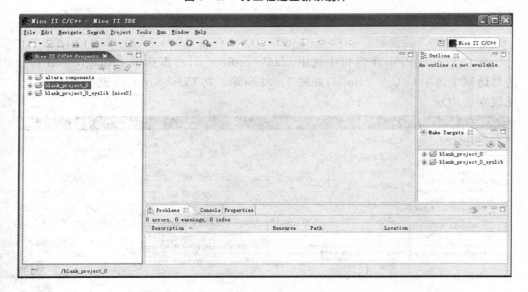

图 5 - 29　为工程建立新系统库

图 5 - 30　建立新工程之后的 IDE 界面

3. 修改系统库属性

新工程实际上包含两个工程,即 blank_project_0 和 blank_project_0_syslib。前者是用户工程,后者是 Nios II IDE 在 Nios II 硬件基础上自动生成的系统库,用户最好不要修改。在 C/C++ Project 窗口中选中 blank_project_0,右击并在弹出的菜单中选中 System Library Properties,如图 5 - 31 所示。本实例选择 Program never exits、Reduced device drivers 和 Small C library,以减少程序的容量,其他保持默认设置。注意:如果选用 LCD 输出,则不能勾选 Reduced device drivers。单击 OK 后返回 Nios II IDE。

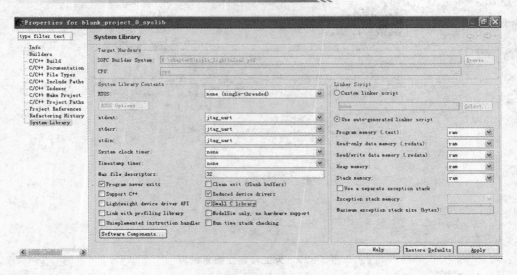

图 5-31　修改系统库属性

4. 配置编译器参数

在 C/C++ Project 窗口中选中 blank_project_0,右击选中 Properties,在弹出的对话框中选中 C/C++Build,如图 5-32 所示。将 Configuration 设为 Release,优化级别选-Os。

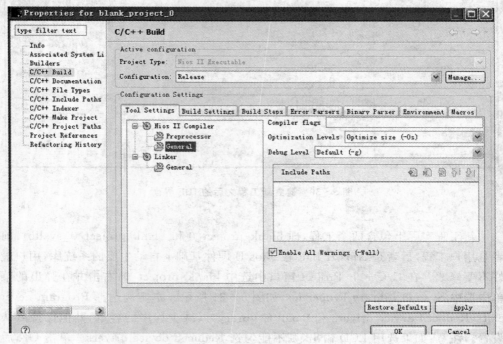

图 5-32　配置编译器参数

5. 输入 C/C++代码

在工程窗口中选择 blank_project_0,右击,在弹出的快捷菜单中选择 New→Source File 创建源文件 ledl8. c,如图 5 - 33 所示,单击 Finish 返回,并将例 5 - 4 代码复制进去并保存。

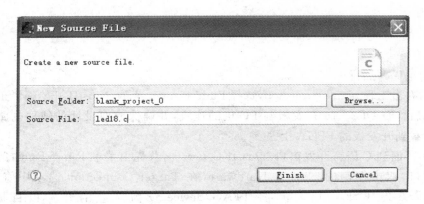

图 5 - 33 创建源文件

【例 5 - 4】 设计 C 代码实现对应 pio_0 输出 8 位数据,逐个点亮开发板 LED 灯。

```
# include "system. h"
# include "altera_avalon_pio_regs. h"
# include "alt_types. h"
int main(void) __attribute__((weak,alias ("alt_main")));
int alt_main (void)
  { alt_u8 led = 0x2;
    alt_u8 dir = 0;
    volatile int i;
  while (1)
      { if (led & 0x81)
        { dir = (dir ^ 0x1);
        }
      if (dir)
        { led = led >> 1;
        }
      else
        { led = led<<1;
        }
```

```
        IOWR_ALTERA_AVALON_PIO_DATA(PIO_0_BASE,led);
    i = 0;
while(i<200000) --LED灯点亮延时时间,根据50 MHz调整
        i++;
}
    return 0;
}
```

6. 编译并运行工程

① 右击工程 blank_project_0,选择 Build Project 菜单,Nios II 开始编译工程,编译完成后检查 DE2-70 开发板与 PC 机的连线,并确保前面设计的硬件电路 nios2 已经下载到开发板的 FPGA 上。

② 再回到 C 语言开发窗口 Nios II C/C++,首先由菜单 Run→Run 打开运行设置窗口,双击左侧的 Nios II Hardware,在 Target Connection 选项中将 JTAG cable 设置为 USB-Blaster,将 JTAG device 设为对应的开发板目标芯片 EPCS16/EP2C70。

③ 在 C/C++ Project 窗口中选中 blank_project_0,右击,并在弹出的菜单中选中 Nios II Hardware,如图 5-34 所示,之后在目标板子上就可以观测到 LED 灯循环点亮状态,到此一个简单的流水灯控制电路就设计完成了。

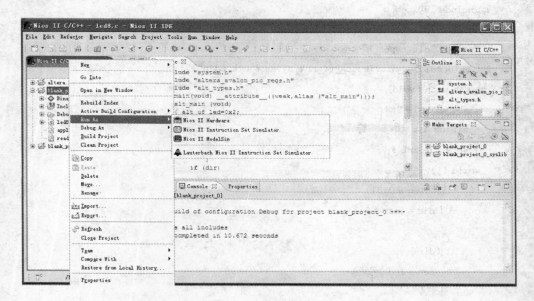

图 5-34   下载运行 C 程序

5.5　实　验

5.5.1　实验 5-1　LCD 显示实验

1. 实验目的

学习使用 SOPC Builder 定制 Nios II 系统的硬件开发过程,学习使用 Nios II IDE 编写简单应用程序的软件开发过程,熟悉 Quartus II、SOPC Builder 和 Nios II 三种工具配合使用。

2. 实验内容

本实验通过 SOPC Builder 定制一个只含 cpu、on_chip_ram、JTAG URAT、LCD 的 Nios II 系统,从而完成硬件开发;使用 Nios II IDE 编写简单应用程序,实现在 LCD 上滚动显示"Hello From Nios II"实验,编译完成软件开发;最后用 Quartus II 分配引脚,编译,下载,完成 Nios II 系统整个开发过程。观察实验结果。

3. 实验步骤

① 建立 Quartus II 工程 hello_lcd,顶层实体名 hello_lcd。

② 重新设置编译输出目录…/hello_lcd/release。

③ 选择 Tools→SOPC Builder 菜单项,弹出 Create New System 对话框。在 System Name 文本框中输入 lcd_cpu(此名称不可以与工程名相同),选择语言为 VHDL 后单击 OK。

④ 添加 On-Chip Memory,重新命名为 ram,ram 容量大小选择 40 KB,如图 5-35 所示。

⑤ 进入 Nios II Processor 设置对话框,添加 Nios II Processor,在弹出对话框中选择第一个 Nios II/e,分别在 Reset Vector 和 Exception Vector 栏的 Memory 下拉菜单中选择 ram,其他选择默认设置,单击 Finish 添加 Nios II Processor 核,如图 5-36 所示。

⑥ 添加 JTAG UART,选择默认设置。

⑦ 添加 LCD,选默认设置,如图 5-37 所示。

⑧ 保存 SOPC 工程设计,单击 SOPC 工程界面下方的 Generate 生成 SOPC 软核系统。

⑨ 使用 QuartusII 符号框图完成 hello_lcd 的例化。新建符号文件,添加第⑧步生成的 SOPC 系统 hello_lcd,执行 Processing→Start Compilation,完成顶层文件的分析与综合,以检查顶层实体是否有错,如图 5-38 所示。

⑩ 引脚锁定。编译正确无误后,通过导入.csv 文件添加引脚定义,如图 5-39 所示。

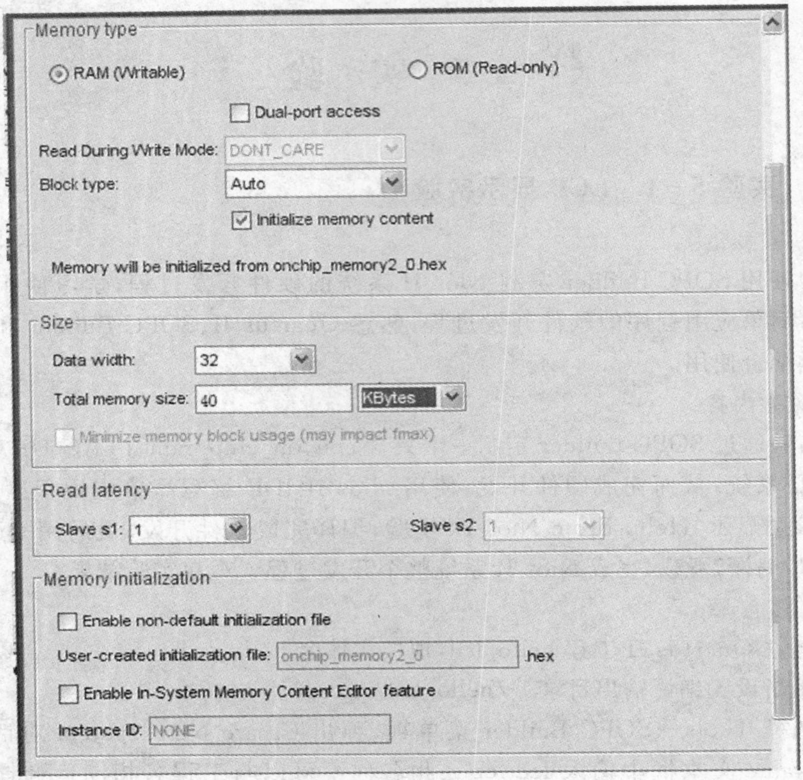

图 5 – 35　On – Chip Memory 设置对话框

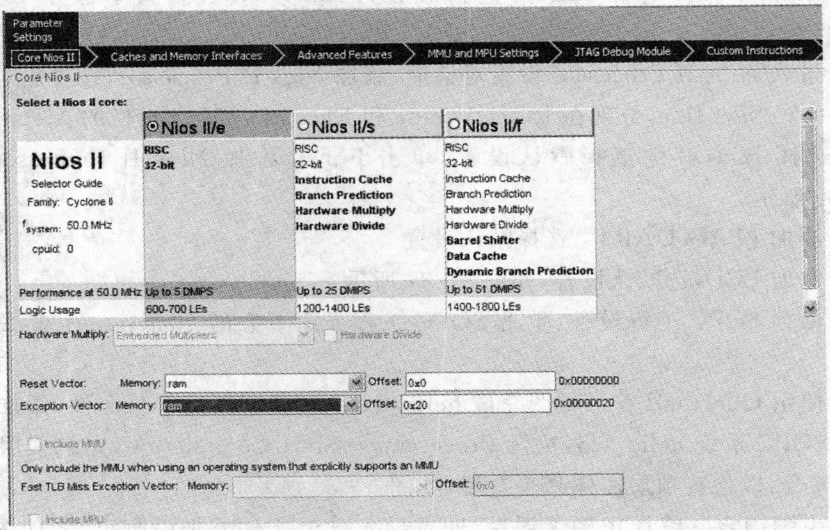

图 5 – 36　Nios II Processor 设置对话框

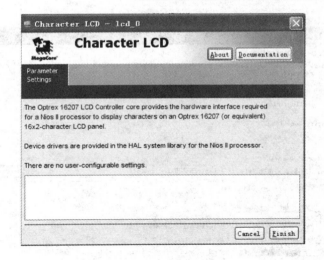

图 5-37　添加 LCD

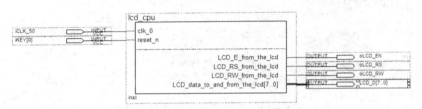

图 5-38　顶层电路图

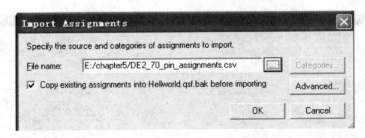

图 5-39　导入 DE2-70 的引脚定义文件

⑪ 进行 Nios II 软件设计,打开 Nios II IDE,选择工作空间(Workspace)。依旧设置"工程所在目录"\software,如图 5-40 所示。单击 OK,进入 Nios II IDE 主界面。

⑫ 选择 File→New→Nios II C/C++Application 菜单项,单击 Next 进入下一步,新工程配置界面如图 5-40 所示。

⑬ 修改系统库属性和 C/C++编译器参数,如图 5-41 所示。

⑭ 右击工程 hello_world_0,选择 Build Project 菜单,Nios II 开始编译工程,编译完成后选择 Run As→Nios II Hardware 运行 C 代码。

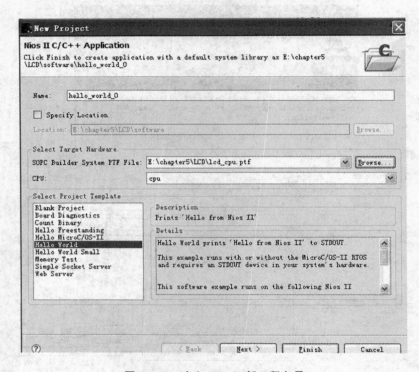

图 5 - 40　建立 Nios II 新工程向导

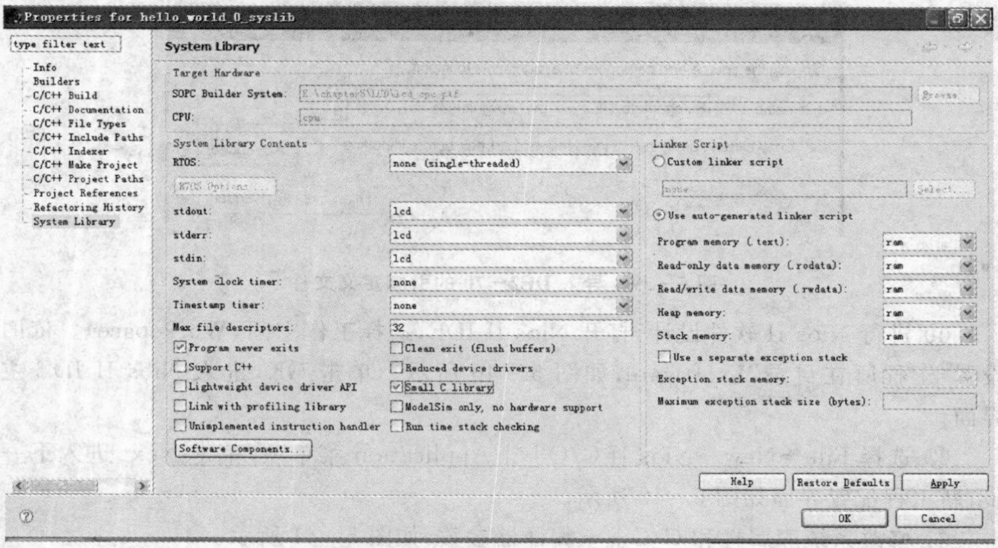

图 5 - 41　修改系统库属性

⑮ 查看实验板上的结果,在 LCD 上可显示:Hello from Nios,因字符较长后面的 II 看不见,为显示较长字符,DE2－70 的做法是在 LCD 屏上滚动显示,方法是加入一个间隔定时器 Interval timer。

⑯ 加入间隔定时器 Interval timer。回到 SOPC 操作界面,在系统中添加间隔定时器,保持默认设置即可。最后单击 Generate,重新生成系统 lcd_cpu 模块。然后在 hello_world_0 应用工程的 System Library Properties 选择 timer 作为 System clock timer。

⑰ 编译运行,即可在实验板上的 LCD 屏上滚动显示 Hello from Nios II。实验结束。

5.5.2 实验 5－2 按键控制数码管递增实验

1. 实验目的

学习使用 SOPC Builder 定制 Nios II 系统的硬件开发过程,学习使用 Nios II IDE 编写简单应用程序的软件开发过程,熟悉并行输入/输出内核中断的配置及边沿寄存器的使用。

2. 实验内容

本实验通过 SOPC Builder 定制一个只含 cpu、on_chip_ram、pio 的 Nios II 系统,从而完成硬件开发;使用 Nios II IDE 编写简单应用程序完成按键控制数码管数字递增实验,编译完成软件开发;最后用 Quartus II 分配引脚,编译,下载,完成 Nios II 系统整个开发过程。观察实验结果,比较软件实现的数码管显示和纯硬件实现数码管显示实验有何不同。

3. 实验步骤

① 新建 Quartus II 工程 key1,定层实体名 key1。

② 建立工作库目标文件夹以便设计工程项目的存储。

③ 创建 Nios II 软核处理器系统,选择 Tools→SOPC Builder 菜单项,弹出 Create New System 对话框。在 System Name 文本框中输入 key1_cpu(此名称不可以与工程名相同),选择语言为 VHDL 后单击 OK。

④ 配置 Nios II 软核处理器系统,选择 Nios II/e 作为本设计的处理器。单击 Finish,完成 cpu_0 的配置,系统中已经具有了处理器 cpu_0,并重命名为 cpu。

⑤ 配置存储器,在 Nios II 软核处理器系统配置窗口的 System Contents 选项卡中,在 Memories and Memory Controllers 双击 On－Chip 下的 On－Chip Memory (RAM or ROM),存储器容量为 32 KB。单击 Finish,就出现了 Onchip－memory2_0,进行重命名为 data。

⑥ 添加 JTAG UATR Interface。

⑦ 添加两个 PIO 口,一个 PIO 口设为输出口(数据宽为 8),与开发板数码管相连产生输出显示,命名为 seg7_pio。另一个 PIO 口设为输入口(数据宽为 1),作为

key1 输入用,设置重命名为 key1_pio。

⑧ 单击 Generate,生成 key1_cpu 系统模块。所定制的全部组件图如图 5-42 所示。

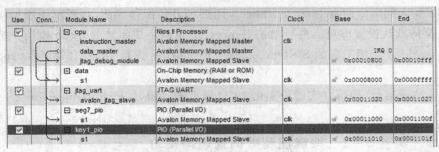

Use	Conn...	Module Name		Description	Clock	Base	End
☑		⊟ cpu		Nios II Processor			
			instruction_master	Avalon Memory Mapped Master	clk		
			data_master	Avalon Memory Mapped Master		IRQ 0	
			jtag_debug_module	Avalon Memory Mapped Slave		0x00010800	0x00010fff
☑		⊟ data		On-Chip Memory (RAM or ROM)			
			s1	Avalon Memory Mapped Slave	clk	0x00008000	0x0000ffff
☑		⊟ jtag_uart		JTAG UART			
			avalon_jtag_slave	Avalon Memory Mapped Slave	clk	0x00011020	0x00011027
☑		⊟ seg7_pio		PIO (Parallel I/O)			
			s1	Avalon Memory Mapped Slave	clk	0x00011000	0x0001100f
☑		⊟ key1_pio		PIO (Parallel I/O)			
			s1	Avalon Memory Mapped Slave	clk	0x00011010	0x0001101f

图 5-42　key1_cpu 组件图

⑨ 使用 Quartus II 符号框图完成 key1_cpu 的例化。新建符号文件,添加步骤 ⑧生成的 SOPC 系统 key1_cpu,执行 Processing→Start Compilation 完成顶层文件 的分析与综合,以检查顶层实体是否有错,如图 5-43 所示。

⑩ 引脚锁定。编译正确无误后,通过导入.csv 文件添加引脚定义。

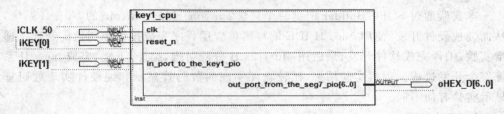

图 5-43　key1_cpu 电路图

⑪ 将开发板连接好,在 Quartus II 开发窗口中,由 Tools→Programmer 打开编 程/配置窗口,将 Nios II 软核处理器系统配置到目标 FPGA 芯片中。DE2-70 采用 USB-Blaster 接口下载线,模式为 JTAG,然后单击 Start 完成下载。

⑫ 进行 Nios II 软件设计,打开 Nios II IDE,选择工作空间(Workspace)。依旧 设置"工程所在目录"\software。单击 OK,进入 Nios II IDE 主界面。

⑬ 选择 File→New→Nios II C/C++Application 菜单项,单击 Next 进入下一 步,新工程配置界面如图 5-44 所示。选中 Blank Project,在 Select Target Hard- ware 中选择 SOPC Build System PTF File,找到所建立的软核处理器。参照实验 5-1, 修改系统库属性和 C/C++编译器参数。

⑭ 右击 blank_project_1,在 New→New Source File 窗口中,创建源文件 key1_ int. c,在 key1_int. c 中编辑输入例 5-5 用户 C 程序。

【例 5-5】 用户 C 程序 key1_int. c。

```
#include"stdio. h"
```

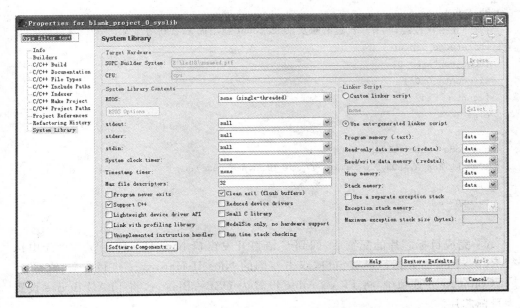

图 5 - 44 修改 C/C++编译器参数

```c
# include"altera_avalon_pio_regs. h"
# include"sys/alt_irq. h"
# include"alt_types. h"
volatile alt_u32 edge_capture;
static void key1_interrupts(void * context,alt_u32 id)
{
volatile alt_u32 * edge_capture_ptr = (volatile alt_u32 * )context;
* edge_capture_ptr = IORD_ALTERA_AVALON_PIO_EDGE_CAP(KEY1_PIO_BASE);
IOWR_ALTERA_AVALON_PIO_EDGE_CAP(KEY1_PIO_BASE,0);
}
static void init_button_pio()
{
void * edge_capture_ptr = (void * )&edge_capture;
IOWR_ALTERA_AVALON_PIO_IRQ_MASK(KEY1_PIO_BASE,0xf);
IOWR_ALTERA_AVALON_PIO_EDGE_CAP(KEY1_PIO_BASE,0x0);
alt_irq_register(KEY1_PIO_IRQ,edge_capture_ptr,key1_interrupts);
}
int main(void)
{alt_u8 count,seg_code;
alt_u8 code_table[] = {0x40,0x79,0x24,0x30,0x19,0x12,0x02,0x78,0x00,0x10,
0x08,0x03,0x46,0x21,0x06,0x0e,0x0c,0x18,0x09,0x3f};
init_button_pio();－－ 初始化按键 key1
IOWR_ALTERA_AVALON_PIO_DATA(SEG7_PIO_BASE,code_table[0x0f]);
```

```
while(1)
{ - - 按一次按键,就有一次边沿触发,那么 count 就增加 1,直到增加为 f
while(edge_capture)
{edge_capture = 0;
if(count<0x0f)
{count + + ;}
else
{count = 0;}
seg_code = code_table[count];
IOWR_ALTERA_AVALON_PIO_DATA(SEG7_PIO_BASE,seg_code);
}}
return 0;
}
```

⑮ 完成目标芯片的配置后,回到 C 语言开发窗口 Nios II C/C++。首先由执行 Run→Run 打开运行设置窗口,双击左侧的 Nios II Hardware 进行配置,在 Target Connection 选项中,将 JTAG cable 设置为 USB - Blaster,将 JTAG device 设置为目标芯片。

⑯ 右击工程 hello_world_0,选择 Build Project 菜单,Nios II 开始编译工程,编译完成后选择 Run As→Nios II Hardware 运行 C 代码。单击 Apply,再单击 Run,回到 C 语言编辑窗口,此时将 C 语言程序代码下载到目标电路板上。下载完成后,在实验板上按一下按键 key1,数码管开始增加 1,直到增加到 F,又开始从 0 变化。

5.5.3　实验 5 - 3　自定义 PWM 组件实验

1. 实验目的

熟悉使用 Quartus II、SOPC Builder 和 Nios II 三种工具的配合使用;学习使用 SOPC Builder 定制 Nios II 系统的硬件开发过程,学习使用 Nios II IDE 编写应用程序的软件开发过程,掌握自定义外设设计的方法。

2. Avalon Slave 接口信号的设计

一个 Avalon Slave 接口可以有 clk、chipselect、address、read、readdata、write 及 writedata 等信号,但这些信号都不是必需的。本实验中所用的 PWM 组件接口信号如下:

① clk,为 PWM 提供时钟。

② write,写信号,可以通过 Avalon Slave 总线将 period 和 duty 值从 Nios II 应用程序传送到组件逻辑中。

③ writedata,写数据。通过此数据线传送 period 和 duty 值。

④ address,本例中有两个寄存器,因此可用一根地址线表示。

⑤ 全局信号。本例中 PWM 的输出用来驱动 LED 灯显示,该信号不属于 Avalon 接口。

【例 5 – 6】 PWM 自定义组件的 VHDL 模型。

```vhdl
library ieee;
use ieee.std_logic_1164.all;
use ieee.std_logic_unsigned.all;
entity Pwm is                                   - - Custom PWM Component(AvalonPwm.vhd)
port(clk: in std_logic;                         - - clk signal
  wr_n: in std_logic;                           - - write signal
  addr: in std_logic;                           - - address signal
  WrData: in std_logic_vector(7 downto 0);      - - writedata signal
  PwmOut: out std_logic);                       - - Global signal
end Pwm;
architecture one of Pwm is
signal period: std_logic_vector(7 downto 0);
signal duty: std_logic_vector(7 downto 0);
signal counter: std_logic_vector(7 downto 0);
begin
  process(clk,WrData)
  begin
    if rising_edge(clk) then
    if (wr_n = '0') then        - - 当 wr_n 为低电平时,如果 addr 为低电平
      if addr = '0' then        - - 则写入 period 值,否则写入 duty 值
      period< = WrData;
      duty< = duty;
      else
      period< = period;
      duty< = WrData;
      end if;
    else          - - 当 wr_n 为高电平时,period 和 duty 值都保持不变
      period< = period;
      duty< = duty;
    end if;
    end if;
  end process;
process(clk)
begin
  if rising_edge(clk) then
    if counter = 0 then counter< = period;
    else counter< = counter - '1';
    end if;
    if counter>duty then PwmOut< = '0';
    else PwmOut< = '1';
```

```
          end if;
        end if;
       end process;
end one;
```

【例 5 - 7】 PWM 自定义组件的 Verilog HDL 模型。

```verilog
module pwm(clk,wr_n,addr,i_data,o_pwm);
inputclk,wr_n,addr;
input [7:0] i_data;
outputo_pwm;
reg[7:0]period,duty,counter;
always@(posedge clk)
begin
if(! wr_n)
  begin
   if (! addr)
     begin
       period< = i_data;
       duty< = duty;
     end
   else
     begin
       duty< = i_data;
       period< = period;
     end
   end
else
   begin
   period< = period;
   duty< = duty;
   end
end
always@(posedge clk)
begin
if(! counter)
  counter < = period;
else
  counter< = counter - 1;
end
  assign o_pwm = ( counter>duty)? 0:1;
endmodule
```

3. 实验内容

自定义外设的作用是把用户自己设计的模块连接到 Avalon 总线上,使用 Nios Ⅱ 软核通过 Avalon 总线控制用户设计的模块。根据例 5 - 6 设计一个 Avalon Slave 接口的 PWM 组件,完成 PWM 的输出驱动 LED 灯渐变的实验,内容包括 Nios Ⅱ 软核处理器系统的产生、编译、综合、Nios Ⅱ IDE 工程创建、C 语言源文件的编辑及编译、配置目标 FPGA 器件、下载观察实验结果。

4. 实验步骤

① 新建 Quartus Ⅱ 工程 pwm,定层实体名 pwm。

② 建立工作库目标文件夹以便设计工程项目的存储。

③ 选择 Assignments→Device 菜单项,出现界面后单击 Device and Pins Options,将选项 unused pins 设为 As input tri – stated,Dual – Purpose 中的 nCEO 设为 Use as regular I/O。

④ 利用文本输入法输入例 5 – 7 PWM 自定义组件的 HDL 模型,并保存文件名为 pwm.v。

⑤ 创建 Nios Ⅱ 软核处理器系统,选择 Tools→SOPC Builder 菜单项,弹出 Create New System 对话框。在 System Name 文本框中输入 pwmcpu(此名称不可以与工程名相同),选择语言为 VHDL 后单击 OK。

⑥ 配置 Nios Ⅱ 软核处理器系统,选择 Nios Ⅱ/f 作为本设计的处理器。单击 Finish,完成 cpu_0 的配置,系统中已经具有了处理器 cpu_0,并重命名为 cpu。

⑦ 配置存储器,在 Nios Ⅱ 软核处理器系统配置窗口的 System Contents 选项卡中,在 Memories and Memory Controllers 中双击 On – Chip 下的 On – Chip Memory (RAM or ROM),存储器容量为 32 KB。单击 Finish,就出现了 Onchip – memory2_0,进行重命名为 data。

⑧ 添加 JTAG UATR Interface。

⑨ 添加自定义组件 PWM。在 SOPC 配置界面中,选项 File→New Component 菜单项,出现如图 5 - 45 所示的 HDL Files 标签,找到所刚才所建立的 PWM.v 文件进行添加,出现 close 时,单击即可。可以看到 SOPC Builder 自动对 HDL 文件进行分析,检查其中的错误。编译完成后会发现方框中会出现很多 warning,这是因为没有定义该组件的 Avalon 接口信号。

⑩ 定义 Avalon 接口信号 Signals。在 Signals 下进行接口描述,如图 5 - 46 所示。

⑪ 选择 Interfaces→Avalon slave Settings→Slave Addressing,设为 NATIVE 模式。单击 Finish 完成自定义组件 PWM 的设计,在 SOPC 中会出现 PWM 组件。

⑫ 向 SOPC Builder 添加 SDRAM 控制器(32 MB)。设定 Presets:Custom;Data:16;Chip select:1;Banks:4;Row:13;Colum:9;Issue one refresh command every: 7.812 5 μs;Delay after powerup before initialization:200 μs。将 sdram_0 改为

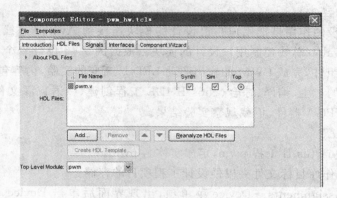

图 5 - 45　HDL Files 标签

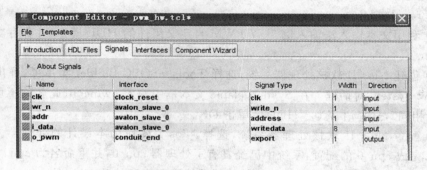

图 5 - 46　Signals 标签中 Avalon 接口配置

sdram_u1。

⑬ 添加 PLL 模块。因为 SDRAM 的时序需要与 Avalon 有个偏移(此处为-10 deg),如图 5 - 47 所示。

⑭ 单击 Generate,生成 pwmcpu 系统模块。所定制的全部组件图如图 5 - 48 所示。

⑮ 本实验使用 Verilog HDL 语言完成 pwm 的顶层实体的设计。顶层实体的作用是决定顶层的输入/输出使用哪个器件,实例化 pwmcpu 模块。

```
module pwm_top (
iCLK_50,
iKEY,
iSW,
oLEDG,
//sdram
    DRAM_DQ,              //SDRAM Data bus 16 Bits
    oDRAM0_A,             //SDRAM0 Address bus 13 Bits
    oDRAM0_LDQM0,         //SDRAM0 Low - byte Data Mask
```

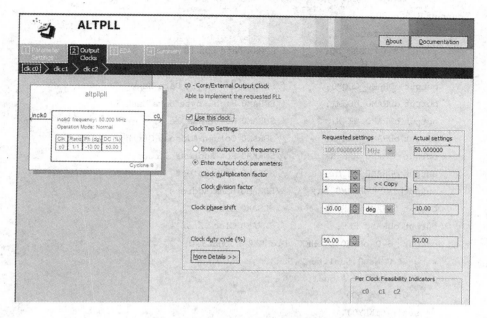

图 5 - 47 设置 PLL 的 clock 相位偏移

Use	Con...	Module Name	Description	Clock	Base	End
☑		⊟ **cpu**	Nios II Processor			
		instruction_master	Avalon Memory Mapped Master	**clk_0**		
		data_master	Avalon Memory Mapped Master		IRQ 0	IRQ 31
		jtag_debug_module	Avalon Memory Mapped Slave		0x04010800	0x04010fff
☑		⊟ **data**	On-Chip Memory (RAM or ROM)			
		s1	Avalon Memory Mapped Slave	**clk_0**	0x04008000	0x0400ffff
☑		⊟ **jtag_uart_0**	JTAG UART			
		avalon_jtag_slave	Avalon Memory Mapped Slave	**clk_0**	0x04011070	0x04011077
☑		⊟ **PWM0**	pwm			
		avalon_slave_0	Avalon Memory Mapped Slave	**clk_0**	0x04011078	0x0401107f
☑		⊟ **sdram_u1**	SDRAM Controller			
		s1	Avalon Memory Mapped Slave	**clk_0**	0x02000000	0x03ffffff
☑		⊟ **pll**	PLL	pll_c0		

图 5 - 48 pwmcpu 系统模块全部组件

```
    oDRAM0_UDQM1,          //SDRAM0 High - byte Data Mask
    oDRAM0_WE_N,           //SDRAM0 Write Enable
    oDRAM0_CAS_N,          //SDRAM0 Column Address Strobe
    oDRAM0_RAS_N,          //SDRAM0 Row Address Strobe
    oDRAM0_CS_N,           //SDRAM0 Chip Select
    oDRAM0_BA,             //SDRAM0 Bank Address
    oDRAM0_CLK,            //SDRAM0 Clock
    oDRAM0_CKE,            //SDRAM0 Clock Enable
);
inputiCLK_50;
input iKEY0;
input [15:0] iSW;
```

```
output[8:0]oLEDG;
////sdram interface/////
    inout[15:0] DRAM_DQ;            //SDRAM Data bus 16 Bits
    output [12:0] oDRAM0_A;         //SDRAM0 Address bus 13 Bits
    output oDRAM0_LDQM0;            //SDRAM0 Low - byte Data Mask
    output oDRAM0_UDQM1;            //SDRAM0 High - byte Data Mask
    output oDRAM0_WE_N;             //SDRAM0 Write Enable
    output oDRAM0_CAS_N;            //SDRAM0 Column Address Strobe
    output oDRAM0_RAS_N;            //SDRAM0 Row Address Strobe
    output oDRAM0_CS_N;             //SDRAM0 Chip Select
    output[1:0] oDRAM0_BA;          //SDRAM0 Bank Address
    output oDRAM0_CLK;              //SDRAM0 Clock
    output oDRAM0_CKE;              //SDRAM0 Clock Enable
    output [6:0]oHEX0_D,oHEX1_D,oHEX2_D,oHEX3_D;
    wire [7:0]Num0,Num1,Num2,Num3;
pwmcpu u0 ( //global signal:
    .clk_0 (iCLK_50),
    .reset_n (iKEY0),
    .pll_c0_out(oDRAM0_CLK),
    . in_port_to_the_PIO_SW (iSW),
    .o_pwm_from_the_PWM0(oLEDG[0]), //pwm
    //the sdram
    .zs_addr_from_the_sdram_u1(oDRAM0_A),
    .zs_ba_from_the_sdram_u1(oDRAM0_BA),
    .zs_cas_n_from_the_sdram_u1(oDRAM0_CAS_N),
    .zs_cke_from_the_sdram_u1(oDRAM0_CKE),
    .zs_cs_n_from_the_sdram_u1(oDRAM0_CS_N),
    .zs_dq_to_and_from_the_sdram_u1(DRAM_DQ),
    .zs_dqm_from_the_sdram_u1({oDRAM0_UDQM1,oDRAM0_LDQM0}),
    .zs_ras_n_from_the_sdram_u1(oDRAM0_RAS_N),
    .zs_we_n_from_the_sdram_u1(oDRAM0_WE_N),
    );
endmodule
```

⑯ 将开发板连接好,在 Quartus II 开发窗口中,由 Tools→Programmer 打开编程/配置窗口,将 Nios II 软核处理器系统配置到目标 FPGA 芯片中,DE2 - 70 采用 USB - Blaster 接口下载线,模式为 JTAG,然后单击 Start 完成下载。

⑰ 进行 Nios II 软件设计,打开 Nios II IDE,选择工作空间(Workspace)。依旧设置"工程所在目录"\software。单击 OK,进入 Nios II IDE 主界面。

⑱ 选择 File→New→Nios II C/C + + Application 菜单项,选中 Blank Project,在 Select Target Hardware 中选择 SOPC Build System PTF File,找到所建立的软核

处理器。参照实验 5-1,修改系统库属性和 C/C++编译器参数。输入例 5-8 的 C
代码。

【例 5-8】　pwm 控制 C 代码 pwmtest.c。

```
# include <stdio.h>
# include <io.h>
# include <unistd.h>
# include "system.h"
int main()
{ int rx_char,duty;
char line[100];
IOWR(AVALONPWM_0_BASE,0,0xff);
while (1)
{ printf("Please enter an LED intensity between 1 to 255 (0 to demo)\n");
fgets(line, sizeof(line),stdin);
sscanf(line," % d",&rx_char);
switch (rx_char)
{ case 0:
for(duty = 1;duty<256;duty + + )
{IOWR(AVALONPWM_0_BASE,1,duty);
usleep(10000);
}
break;
default:
IOWR(AVALONPWM_0_BASE,1,rx_char);
break;
}
}
return 0;
}
```

例 5-8 程序中用到了 4 个头文件,printf、fgets 和 sscanf 函数的原型在 stdio.h
中定义,IOWR 函数的原型在 io.h 中定义,usleep 函数的原型在 unistd.h 中定义。
system.h 则是一个重要的头文件,它由 Nios II 编译器在编译前根据 SOPC Builder
系统自动产生,主要定义系统中的寄存器映射,从而建立起软件工程师和硬件工程师
之间的桥梁。

程序首先设置 period 值为 0xFF,即 255,duty 的值则可以根据用户输入更改。
当用户输入 1~255 之间的值时,灯的亮暗则会随输入值改变而变化。输入值越大,
灯指示就越亮。

PWM 最典型的应用是用来驱动电机。用灯的亮暗来指示脉宽比,是因为不同
脉宽的信号含直流分量不同。

实验结果：当用户输入 0 时，LED 灯会从暗到亮缓慢变化一次。当用户输入 1～255 之间的值时，灯的亮暗则会随输入值改变而变化。输入值越大，灯指示就越亮。

 **本章小结**

SOPC 系统的开发流程一般分为硬件和软件两部分，硬件开发主要是创建以 Nios II 处理器为核心，并包含了相应的外设系统，作为应用程序运行的平台；软件开发主要是根据系统应用的需求，利用 C/C++语言和系统所带的 API 函数编写实现所需功能的程序。这样软件运行在相应的硬件上，构成了完整的 SOPC 应用系统。具体开发步骤如下所述。

① 定义 Nios II 嵌入式处理器系统：使用 SOPC Builder 系统综合软件选取合适的 CPU、存储器以及外围器件，并定制其功能。

② 指定目标器件、分配引脚、编译硬件：使用 Quartus II 选取 Altera 器件系列，并对 SOPC Builder 生成的 HDL 设计文件进行布局布线；再选取目标器件，分配引脚，进行硬件编译选项或时序约束的设置。编译，生成网表文件和配置文件。

③ 硬件下载：使用 Quartus II 软件和下载电缆，将配置文件下载到开发板上的 FPGA 中。当校验完当前硬件设计后，还可再次将新的配置文件下载到开发板上的非易失存储器里。

④ 使用 SOPC Builder 进行硬件设计完成后，开始编写独立于器件的 C/C++软件，比如算法或控制程序。用户可以使用现成的软件库和开放的操作系统内核来加快开发过程。

⑤ 在 Nios II IDE 中建立新的软件工程时，IDE 会根据 SOPC Builder 对系统的硬件配置自动生成一个定制 HAL（硬件抽象层）系统库。这个库能为程序和底层硬件的通信提供接口驱动程序。

⑥ 使用 Nios II IDE 对软件工程进行编译、调试。

⑦ 将硬件设计下载到开发板后，就可以将软件下载到开发板上并在硬件上运行。

⑧ 利用 Nios II IDE 在计算机窗口上所显示的信息，结合观察到的实验现象，不断改进电路的功能直到满意为止。编写设计文档，鼓励重复使用。

 **思考与练习**

5-1 基于 Nios II 的 UART 串口控制器设计。

设计提示：UART（Universal Asynchronous Transmitter，通用异步收发器），一般称为串口。由于在两个设备间使用串口进行传输所用的连线较少，而且相关的工业标准 RS-232、RS-485、RS-422 提供了标准的接口电平规范，因此在工业控制领域被广泛采用，在嵌入式系统的应用中也日益广泛。SOPC Builder 中提供了一个

UART 的 IP Core，IP Core 定义了 6 个寄存器(具体名称及应用可以参考手册)，来实现对 UART 的控制。

另外，对于 Nios II 处理器的用户，Altera 提供了 HAL(Hardware Abstraction Layer)系统库驱动，它可以让用户把 UART 当作字符设备，通过 ANSI. C 的标准库函数来访问，例如可以应用 printf()、getchar()等函数(具体细节请参考软件设计手册)。

设计步骤：

① 用直连串口线将计算机和实验箱上的串口相连接；

② 打开 Quartus II 并下载程序，同时打开串口调试程序，选择 Com1，波特率为 115 200；

③ 打开 Nios II IDE 软件，选择 uart_test. c 程序，右击选择 Run As→Nios II Hardware；

【例 5 - 9】 基于 Nios II CPU 发送识别符号 t 和 v 的 C 代码 uart_test. c。

```
# include <stdio. h>
# include <string. h>
int main()
{
char * msg = "Dectected the charactert… \n";
File * fp;
char promt = 0
printf("Hello ! \nThe urat_0 is<stdin,stdoput,stderr>\n");
printf("close the uart_0:press'v'\n");
printf("transmit message:press't'\n");
fp = fopen("/dev/uart_0","r + +");//打开文件等待读/写
if(fp)
{
  while(promt ! = 'v')
  {//循环直到接收一概个字符 'v'?
    promt = get(fp);//通过 URAT 发送字符
      if (promt = = 't') //如果字符是 't' 则写入信息
      fwrite(msg,string(msg),1,fp);
  }
  }
  printf(fp,"close the URAT file. \n");
  fclose(fp);
  }
return 0;
}
```

④ 在串口调试助手中任意输入单个英文字母，单击"手动发送"，上方的接收区

会显示 UART 反馈的语句"Detected the character"。输入数字"1"则结束通信并显示"closeing the uartfile"。若要再次启动通信,需要重新运行程序。

5-2 基于 SOPC 技术在 DE2-70 实验板上设计的智能时钟系统。

设计提示:本系统实现的是一个智能的时钟系统。本系统在正常情况下可以正常计时,在有特殊日子的时候可以通过 LCD 或串口发送祝贺的信息。比如:当时钟上显示新的一年开始的时候,LCD 可以显示"Happy New Year!",在春节或者其他的节日也可以有相同的祝贺语显示出来,充分体现了智能信息系统的人性化和智能化。智能日历系统功能有:当系统启动的时候自动进入计时状态,用户可以看到 LCD 时钟的计时;按下 KEY0 可以实现日期的调整;按下 KEY1 可以实现月份的调整;按下 KEY2 可以实现分钟的调整;按下 KEY3 可以实现小时的调整。

设计步骤:

① 硬件设计:本系统采用的是 32 位的 Nios II/f,其 On-Chip Memory 数据宽度为 32 位,容量为 2 KB。选用的是 SOPC Builder 提供的定时器组件 Interval timer,定时的计数值为 1 ms。每当计时 1 ms 时,就会发生计数溢出事件,等同于一个中断源。

在本系统中,一共有 4 个按键输入,需要用相应的 4 位的 I/O 口。它们的输入/输出模式为输入,同时是下降沿触发。

本系统采用的是 Flash 作 CPU 系统的内存,用于存放正在执行的程序与数据。在 SOPC Builder 中建立系统要添加的模块包括:Nios II 32 位 CPU;定时器;按键 PIO;LCD Display;外部 RAM 总线(Avalon 三态桥);外部 RAM 接口;外部 Flash 接口;重新配置请求 PIO;JTAG UART Interface;EPCS Serial Flash Controller,如图 5-49 所示。

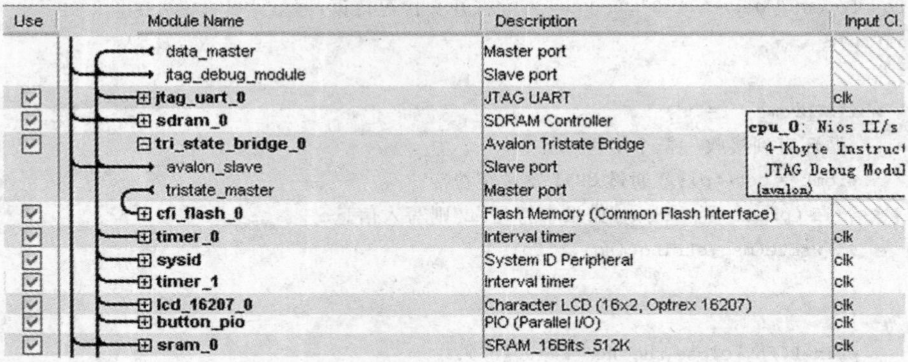

Use	Module Name	Description	Input Cl.
	▸ data_master	Master port	
	▸ jtag_debug_module	Slave port	
☑	⊞ jtag_uart_0	JTAG UART	clk
☑	⊞ sdram_0	SDRAM Controller	
☑	⊟ tri_state_bridge_0	Avalon Tristate Bridge	
	▸ avalon_slave	Slave port	
	▸ tristate_master	Master port	
☑	⊞ cfi_flash_0	Flash Memory (Common Flash Interface)	
☑	⊞ timer_0	Interval timer	clk
☑	⊞ sysid	System ID Peripheral	clk
☑	⊞ timer_1	Interval timer	clk
☑	⊞ lcd_16207_0	Character LCD (16x2, Optrex 16207)	clk
☑	⊞ button_pio	PIO (Parallel I/O)	clk
☑	⊞ sram_0	SRAM_16Bits_512K	clk

(框内注释:cpu_0: Nios II/s 4-Kbyte Instruc... JTAG Debug Modul... (avalon))

图 5-49 时钟系统模块全部组件

② 系统软件设计:在本系统中用软件来完成重要的系统实现功能。主要是通过软件的延时来对系统中设置的计时数组计数。当数组的数值溢出时通过+1 来调整时间,并完成整个时间的调整。当有按键中断到来时,响应按键中断,并做相应的时

间调整,在完成调整之后,再把中断的标志位给清 0,方便下一次中断的到来。当
year 数组的数值每加一次 1 时,LCD 上显示相应的提示信息,在显示一段时间以后
再恢复时间的计时。

【例 5 - 10】 基于 Nios II CPU 的智能时钟系统 C 代码。

```c
# include "count_binary. h"
# include <stdio. h>
static alt_u8 count;
volatile int edge_capture;
# ifdef BUTTON_PIO_BASE
static void handle_button_interrupts(void * context, alt_u32 id)
{
  volatile int * edge_capture_ptr = (volatile int * ) context;
   * edge_capture_ptr = IORD_ALTERA_AVALON_PIO_EDGE_CAP(BUTTON_PIO_BASE);
  IOWR_ALTERA_AVALON_PIO_EDGE_CAP(BUTTON_PIO_BASE, 0);
}
static void init_button_pio()
{
  void * edge_capture_ptr = (void * ) &edge_capture;
  IOWR_ALTERA_AVALON_PIO_IRQ_MASK(BUTTON_PIO_BASE, 0xf);
  IOWR_ALTERA_AVALON_PIO_EDGE_CAP(BUTTON_PIO_BASE, 0x0);
  alt_irq_register( BUTTON_PIO_IRQ, edge_capture_ptr, handle_button_interrupts );
}
# endif
void count_time();
int hl = 7, hh = 0, ml = 9, mh = 5, sl = 0, sh = 0;
  int count_en = 1;
  char c = 0;
  unsigned char month = 10;
  unsigned char data = 27;
  unsigned int year = 2006;
main()
{ init_button_pio();
  while(1)
  {
  switch(edge_capture)
  {
    case 0x08:
    hl + = 1;
    if(hl = = 10){hl = 0; hh + = 1;}
    edge_capture = 0;
    break;
```

```
    case 0x04:
    ml + = 1;
    if(ml = = 10){
      ml = 0;
      mh + = 1;
      if(mh = = 6){mh = 0;hl + = 1;}
      };
    edge_capture = 0;
    break;
    case 0x02:
    month + = 1;
    if(month = = 2){printf("Spring Festival! \n\n");usleep(2800000);}
    if(month = = 5){printf("Labour Day! \n\n");usleep(2800000);}
    if(month = = 10){printf("National Day! \n\n");usleep(2800000);}
    if(month = = 11){printf("My Birthday! \n\n");usleep(2800000);}
    if(month = = 13)
    {year + = 1;month = 1;
    printf("Happy New Year! \n\n");usleep(2800000);
    }
    edge_capture = 0;
    break;
    case 0x01:
    data + = 1;
    if(data = = 31){month + = 1;data = 1;}
    edge_capture = 0;
    break;
  }
  count_time();
  printf(" % d % d % d ECNU\n",year,month,data);
  printf(" % d % d: % d % d: % d % d CHENBO\n",hh,hl,mh,ml,sh,sl);
  }
}
void count_time()
{ if(count_en)
  {
    if(sl = = 9)
      {sl = 0;sh + = 1;
        if(sh = = 6)
          {sh = 0;ml + = 1;
            if(ml = = 10)
              {ml = 0,mh + = 1;
                if(mh = = 6)
```

```
            {mh = 0;hl + = 1;
              if(hl = = 10||(hl = = 4&&c = = 2))
              {if(c = = 2&&hl = = 4){c = 0;hl = 0;}
                else{c + = 1;hl = 0;hh + = 1;} // if(hh = = 2)
            // hh = 0;
            }
          }
        }
      }
    }
  else
  sl + = 1;
  usleep(1200000);
}
  return;
}
```

5 - 3 使用 Quartus II、SOPC Builder、Nios II IDE 构建一个在 DE2 - 70 平台上运行的 μC/OS - II 操作系统(选择 Hello MicroC/OS - II 模板)。编写 μC/OS - II 的多任务控制程序,能成功执行 Hello World 与 Hello MicroC/OS - II,其 hello_ucosii. c 代码如例 5 - 11 所示。

【例 5 - 11】 多任务控制 C 程序。

```
# include <stdio. h>
# include "includes. h"
# include "system. h"/ * 记录 SOPC 内各 controller 的信息参见节 5.3 节 * /
# include <io. h>/ * 定义 IORD()与 IOWR()宏,利用此宏存取各 controller 的 register/
# include "alt_types. h"
/ * Definition of Task Stacks * /
# define TASK_STACKSIZE 2048
OS_STK task1_stk[TASK_STACKSIZE];
OS_STK task2_stk[TASK_STACKSIZE];
/ * Definition of Task Priorities * /
# define TASK1_PRIORITY    1
# define TASK2_PRIORITY    2
/ * Prints "Hello World" and sleeps for three seconds * /
void task1(void * pdata)
{
  while (1)
  {
    printf("Hello from task1\n");
    OSTimeDlyHMSM(0, 0, 3, 0); / * sleeps for three seconds * /
```

```
  }
}
/ * Prints "Hello World" and sleeps for three seconds * /
void task2(void * pdata)
{
  unsigned int I;
  while (1)
  {
  i = IORD(PIO_SW_BASE,0); //通过 IORD 读取 SW(PIO_SW controller)目前的值
  IOWR(PIO_LEDR_BASE,0,i);//将 SW 的值送给 ledr 显示,SW = 1 时灯亮,SW = 0 时灯灭
  } //通过 IOWR,将值写入 PIO_LEDR controller 的寄存器
  }
/ * The main function creates two task and starts multi - tasking * /
int main(void)
{
  OSTaskCreateExt(task1,
       NULL,
       (void * )&task1_stk[TASK_STACKSIZE - 1],
       TASK1_PRIORITY,
       TASK1_PRIORITY,
       task1_stk,
       TASK_STACKSIZE,
       NULL,
       0);
  OSTaskCreateExt(task2,
       NULL,
       (void * )&task2_stk[TASK_STACKSIZE - 1],
       TASK2_PRIORITY,
       TASK2_PRIORITY,
       task2_stk,
       TASK_STACKSIZE,
       NULL,
       0);
  OSStart();
  return 0;
}
```

注意:PIO_SW 的位置由 Nios II IDE 根据 nios_ii. ptf 生成的 system. h 文件定义为:

```
# define PIO_SW_BASE 0x094110c0
# define PIO_LEDR_BASE 0x094110a0
```

设计提示：本系统可通过 SOPC Builder 定制一个含 cpu、on_chip_memory、JTAG URAT、SDRAM controller、PIO_sw、PIO_led 的 Nios II 系统。外部输入器件采用 SW[17..0]，外部输出器件采用 LEDG[8..0]，最后设计结果希望在 μC/OS-II 下实现的多任务控制，并且 LEDR[17..0]能通过软件被 SW[17..0]控制。其设计步骤如下：

① 在 Quartus II 中建立工程 hello_ucosii，定义系统名称 hello_ucosii。

② 在 SOPC Builder 中建立 Nios II 系统模块，输入 system name 为 nios_ii，HDL 选 Verilog 或 VHDL，器件为 Cyclone II，时钟频率为 50 MHz，由于 DE2-70 可运行 100 MHz，建议用 PLL 将 clk 倍频为 100 MHz。

③ 添加 PLL，产生 Nios II CPU 与 SDRAM 的时钟信号，PLL 输出 C0（相位偏移为 0）设为 100 MHz 用于 CPU 软核的时钟，PLL 输出 C1（相位偏移为 -65 deg）设为 100 MHz，作为 SDRAM 的时钟信号。注意此步骤完成后，会出现 Error：altpll_0：altpll_0.pll_slave must be connected to an Avalon-MM master，因为 altpll_0 是个 slave ip，必须被动接受 masre ip（即 NiosIICPU）的控制，下一步加入 Nios II CPU 后即可解决。

④ 添加 Nios II Processor，选择 Nios II/f 作为本设计的处理器。cpu_0 改成 cpu，此时 SOPC 自动将 cpu(master)与 pll(slave)相连。Reset Vector 和 Exception Vector 暂时不设定，因为存储器还未挂上，最后再设，其他均接受默认值。

⑤ 添加内部 RAM，RAM 为程序运行空间，类似于计算机的内存。选择 Memories and Memory Controllers→On-Chip Memory，Total Memory Size 设为 40 KB。若 Nios II 程序很小，可将软件完全运行在 On-Chip Memory 上，而不需 SSRAM、SDRAM、Flash，也可将常用的变量、阵列放在 On-Chip Memory 上，加快读取速度，或将 Exception Vector 指定于 On-Chip Memory，加快 interrupt 处理。

⑥ 向 SOPC Builder 添加三态桥和 SSRAM。因为 SSRAM 与 Flash 的 databus 是 tristate，所以 Nios II CPU 与 SSRAM、Flash 需要通过三态桥，如图 5-50 和图 5-51 所示，将 SSRAM 与 tristate_bridge_ssram 相连即可，DE2-70 的 SSRAM 容量为 2 MB。

⑦ 向 SOPC Builder 添加三态桥和 Flash。Flash width 的地址宽为 22，数据宽为 16。

⑧ 向 SOPC Builder 添加 SDRAM 控制器（64 MB）。设定 Presets：Custom；Data：32；Chip select：1；Banks：4；Row：13；Colum：9；Issue one refresh command every：7.812 5 μs；Delay after powerup before initialization：200 μs。将 sdram_0 改写为 sdram_u1。

⑨ 向 SOPC Builder 添加 JTAG UATR Interface。JTAG UATR 是 PC 与 SOPC 进行序列传输的一种方式，也是 Nios II 标准输入/输出的设备。如 print()通过 JTAG UATR，将输出结果显示在 PC 的 Nios II EDS 上的 console，scanf()通过

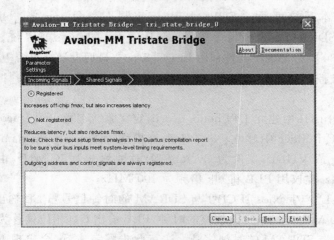

图 5 - 50　向 SOPC Builder 添加三态桥

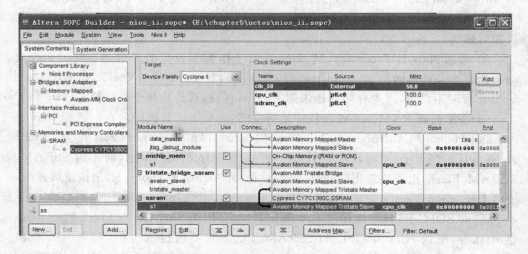

图 5 - 51　将 SSRAM 与 tristate_bridge_ssram 相连

USB Blaster 经 JTAG UATR 将输入传给 SOPC 的 Nios II 。

⑩ 向 SOPC Builder 添加 UATR(RS - 232 Serial Port) 和 Timer。JTAG UA-TR 是 PC 与 SOPC 进行序列传输的另一种方式,配置时选 Include CTS/RTS pins and control register bits。

本设计加入 2 个 Timer,一个作为时钟即 sys_clk_timer,另一个作为 μC/OS - II 操作系统的 tinerstamp_timer。

⑪ 向 SOPC Builder 添加 System ID。

⑫ 向 SOPC Builder 添加字符号 LCD(参见实验 5 - 1)。DE2 - 70 带有 Avalon 接口的 16270LCD 为 Nios II 提供了它所需的硬件接口及软件驱动,可以在面板上显示 16×2 字符。Nios II 使用标准的 ANSIC 库文件,如 printf()让 LCD 显示字符。

16207 提供 11 根信号线:oLCD_EN(输出使能);oLCD_RS(4 个输出寄存器的选择信号);oLCD_RW(读/写);LCD_D[7..0](双向数据线)。

⑬ 添加 PIO 接口。本设计有 4 个 PIO 外设。它们分别为红色 LED 发光管 18 个(pio_ledr),绿色 LED 发光管 9 个(pio_ledg),KEY 弹性按钮 4 个(pio_key),SW 开关(pio_sw)。

⑭ 设定 Nios II CPU 的 Reset Vector 和 Exception Vector。Reset Vector 就是当系统 Reset 时,CPU 会跳到 Reset Vector 所指定的位地址执行,所以 Reset Vector 所指定的存储器应该是非易失性存储器,在 DE2-70 中只有 cfi_flash。而 Exception Vector 则是发生在硬件中断或软件中断时,CPU 会跳到 Exception Vector 所指定的地址执行,通常会将 Exception Vector 指向速度最快的存储器,此处为 On-Chip Memory 或 SSRAM。

⑮ 检查每个模块的基地址、意外地址、中断等设置,在 SOPC Builde 生成 Nios II 嵌入式处理器系统 nios_ii.ptf。

⑯ 在 Quartus II 中,利用图形编辑的方法或使用 HDL 语言完成顶层实体(top module)的设计,设置时钟、复位、输入信号名称输出,利用.csv 文件进行引脚锁定。设定所有未使用引脚为三态输入,设定 nCEO 的属性为 Use as regular I/O,下载.sof 文件到 FPGA。

⑰ 在 Nios II EDS 中根据硬件设置软件工作空间、建立软件工程项目、配置 Nios II IDE 的工作环境。

⑱ 测试硬件设计是否成功。为进一步验证 SOPC 硬件设计的正确性,首先使用 hello world 工程模板以测试硬件是否成功。Nios II EDS 会根据你所选的 project template 和 SOPC Builder System File 产生 2 个工程:hello_world_0 和 hello_world_0_syslib。配置 hello_world_0 的系统库属性,选择 System clock timer 为 sys_clk_timer。将全部软件运行在 SDRAM 上。

⑲ 参考例 5-10 模版程序,编写 C/C++程序,将 C 代码和有关头文件添加到软件工程项目中去。链接必要的函数库,核对程序中的接口信号名是否和 Nios II 嵌入式处理器系统吻合。编译 C/C++程序,经过设置后下载到 FPGA 中进行调试、验证。

5-4 将题 5-3 中的 hello world 代码执行在 On-Chip Memory 上,将例 5-10 改写为 3 个多任务的 hello world 代码,输出到实验板上的 LCD 和 LEDR 上。

```
# include <stdio.h>
# include "includes.h"
/* Definition of Task Stacks */
# define TASK_STACKSIZE 2048
OS_STK task1_stk[TASK_STACKSIZE];
OS_STK task2_stk[TASK_STACKSIZE];
```

```
OS_STK task3_stk[TASK_STACKSIZE];
/* Definition of Task Priorities */
# define TASK1_PRIORITY      1
# define TASK2_PRIORITY      2
# define TASK2_PRIORITY      3
/* Prints "Hello World" and sleeps for 1 seconds */
void task1(void * pdata)
{
  while (1)
  {
    printf("Hello from task1\n");
    OSTimeDlyHMSM(0, 0, 1, 0); /* sleeps for 1 seconds */
  }
}
/* Prints "Hello World" and sleeps for 1 seconds */
void task2(void * pdata)
{
  while (1)
  {
    printf("Hello from task2\n");
    OSTimeDlyHMSM(0, 0, 2, 0);
  }
}
void task3(void * pdata)
{
  while (1)
  {
    printf("Hello from task3\n");
    OSTimeDlyHMSM(0, 0, 3, 0);
  }
}
  /* The main function creates 3 task and starts multi-tasking */
int main(void)
{
  OSTaskCreateExt(task1,
        NULL,
        (void * )&task1_stk[TASK_STACKSIZE-1],
        TASK1_PRIORITY,
        TASK1_PRIORITY,
        task1_stk,
        TASK_STACKSIZE,
        NULL,
```

```
            0);
    OSTaskCreateExt(task2,
            NULL,
            (void *)&task2_stk[TASK_STACKSIZE],
            TASK2_PRIORITY,
            TASK2_PRIORITY,
            task2_stk,
            TASK_STACKSIZE,
            NULL,
            0);
    OSTaskCreateExt(task3,
            NULL,
            (void *)&task3_stk[TASK_STACKSIZE],
            TASK3_PRIORITY,
            TASK3_PRIORITY,
            task3_stk,
            TASK_STACKSIZE,
            NULL,
            0);
    OSStart();
    return 0;
}
```

第6章
EDA 技术的应用

📧 本章导读

　　本章通过 VHDL 实现的设计实例,进一步介绍了 EDA 技术在组合逻辑、时序逻辑、状态机设计和存储器设计方面的应用。最后通过 3 个综合实例,说明怎样利用基于 VHDL 的层次化结构的设计方法来构造较复杂的数字逻辑系统,逐步讲解设计任务的分解、层次化结构设计的重要性、可重复使用的库、程序包参数化的元件引用等方面的内容。进一步了解 EDA 技术在组合逻辑和时序逻辑电路设计方面的应用,以及在计算机方面的应用。

📧 学习目标

　　通过对本章内容的学习,学生应该能够做到:
- 了解:VHDL 编程特点
- 理解:VHDL 设计流程和层次化设计方法
- 应用:掌握常用数字逻辑部件 VHDL 建模的方法与设计技巧

6.1　组合逻辑电路的设计应用

　　在本节所要描述的组合逻辑电路有编码器、选择器、译码器、加法器、三态门、奇偶检验电路、码制转换器等。下面逐一地对它们进行介绍。

6.1.1　编码器设计

　　在数字系统中,往往需要改变原始数据的表示形式,以便存储、传输和处理。这一过程称为编码。例如,将二进制码变换为具有抗干扰能力的格雷码,能减少传输和处理时的误码;对图像、语音数据进行压缩,使数据量大大减少,能降低传输和存储开销。实现编码操作的数字逻辑电路称为编码器,常见的有二进制码编码器和优先编码器。二进制 BCD 码编码器有若干个输入,在某一时刻只有一个输入信号被转换为二进制码。而优先编码器则是对某一时刻输入信号的优先级别进行识别和编码的数字逻辑器件,在优先编码器中优先级别高的信号排斥级别低的,即具有单方面排斥的特性,每一个信号都有一个优先级,编码器的输出指明具有最高优先级的有效信号。当具有最高优先级的信号有效时,其他优先级较低的信号无效。优先编码器的应用之一是在嵌入式系统中为中断安排优先次序。

【例 6-1】 一个 8 到 3 的优先级编码器功能真值表如表 6-1 所列。其优先级别依次为 DIN8~DIN1(从高到低)。输出 DO[2..0]代表一个二进制数,指明被设置为 1 的输入信号中优先级别最高者。E0(高电平有效)用于指示输入是否为有效信号。请给出该 8-3 优先编码器的 VHDL 实现方案。

表 6-1 8-3 优先编码器真值表

输 入								输 出			
DIN1	DIN2	DIN3	DIN4	DIN5	DIN6	DIN7	DIN8	DO[2]	DO[1]	DO[0]	E0
0	0	0	0	0	0	0	0	0	0	0	0
X	X	X	X	X	X	X	1	1	1	1	1
X	X	X	X	X	X	1	0	1	1	0	1
X	X	X	X	X	1	0	0	1	0	1	1
X	X	X	X	1	0	0	0	1	0	0	1
X	X	X	1	0	0	0	0	0	1	1	1
X	X	1	0	0	0	0	0	0	1	0	1
X	1	0	0	0	0	0	0	0	0	1	1
1	0	0	0	0	0	0	0	0	0	0	1

解:为便于理解优先编码器的功能,首先观察表 6-1,可知如果 DIN8＝1 时,则输出 DO[2..0]＝111,因为 DIN8 的级别最高,只要 DIN8＝1,则 DIN6~DIN1 的取值就无关紧要。据此可利用条件赋值语句 IF-THEN-ELSE,其 VHDL 源程序如下所示。在程序中,当 DIN(8)＝1 时,不考虑其他情况直接将输出 DO 置为 111;依此类推,当执行最后一个 ELSE 时,将输出 DO 置为 000。其仿真波形输出如图 6-1 所示。编码器元件符号如图 6-2 所示。

```
LIBRARY IEEE;
USE IEEE.STD_LOGIC_1164.ALL;
ENTITY CODER8_3 IS
   PORT( DIN: IN STD_LOGIC_VECTOR(8 downto 1);
      DO : OUT STD_LOGIC_VECTOR(2 downto 0);
      E0 : OUT STD_LOGIC);
END ENTITY CODER8_3;
ARCHITECTURE BEHAV OF CODER8_3 IS
   BEGIN
      PROCESS(DIN)
```

```
BEGIN
  IF(DIN(8) = '1') THEN DO< = "111";
  ELSIF(DIN(6) = '1') THEN DO< = "101";
  ELSIF(DIN(5) = '1') THEN DO< = "100";
  ELSIF(DIN(4) = '1') THEN DO< = "011";
  ELSIF(DIN(3) = '1') THEN DO< = "010";
  ELSIF(DIN(2) = '1') THEN DO< = "001";
    ELSE          DO< = "000";
    END IF;
  END PROCESS;
  EO< = '0' when DIN = "00000000" ELSE '1';
END BEHAV;
```

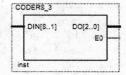

图 6-1　8-3 优先编码器仿真波形　　　　图 6-2　编码器元件符号

6.1.2　译码器的设计

译码是编码的逆过程,它的功能是把代码状态的特定含义翻译出来,并转换成相应的控制信号,实现译码操作的电路称为译码器。译码器分为两类:一类是唯一地址译码,它是将一系列代码转换成与之一一对应的有效信号;另一类是码制转换器,其功能是将一种代码转换成另一种代码。

1. 唯一地址译码器

常见的唯一地址译码有 3-8 译码器,其真值表如表 6-2 所列。

表 6-2　3-8 译码器真值表

选通输入			二进制输入			译码输出							
G1	G2A	G2B	c	b	a	Y0	Y1	Y2	Y3	Y4	Y5	Y6	Y7
X	1	X	X	X	X	1	1	1	1	1	1	1	1
X	X	1	X	X	X	1	1	1	1	1	1	1	1
0	X	X	X	X	X	1	1	1	1	1	1	1	1
1	0	0	0	0	0	0	1	1	1	1	1	1	1
1	0	0	0	0	1	1	0	1	1	1	1	1	1
1	0	0	0	1	0	1	1	0	1	1	1	1	1
1	0	0	0	1	1	1	1	1	0	1	1	1	1
1	0	0	1	0	0	1	1	1	1	0	1	1	1
1	0	0	1	0	1	1	1	1	1	1	0	1	1
1	0	0	1	1	0	1	1	1	1	1	1	0	1
1	0	0	1	1	1	1	1	1	1	1	1	1	0

表 6-2 中输入变量为 d0、d1、d2 这 3 个,输出变量有 8 个,即 y0～y7,对输入变量 d0、d1、d2 译码,就能确定输出端 y0～y7 变为有效(低电平),从而达到译码目的。它常用于计算机中对存储器单元地址译码,即将每一个地址代码转换为一个有效信号,从而选中对应的单元。

【例 6-2】 3-8 译码器 VHDL 程序设计。

```
LIBRARY IEEE;
USE IEEE.STD_LOGIC_1164.ALL;
ENTITY decoder3_8 IS
  PORT (a,b,c,g1,g2a,g2b:IN STD_LOGIC;
       Y:OUT STD_LOGIC_VECTOR(7 DOWNTO 0));
END decoder3_8;
ARCHITECTURE rtl OF decoder3_8 IS
SIGNAL indata:STD_LOGIC_VECTOR (2 DOWNTO 0);
BEGIN
  Indata < = c & b & a;
  PROCESS (indata,g1,g2a,g2b)
    BEGIN
      IF (g1 = '1' AND g2a = '0' AND g2b = '0') THEN
        CASE indata IS
          WHEN "000" = > y < = "11111110" ;
          WHEN "001" = > y < = "11111101" ;
          WHEN "010" = > y < = "11111011" ;
          WHEN "011" = > y < = "11110111" ;
          WHEN "100" = > y < = "11101111" ;
          WHEN "101" = > y < = "11011111" ;
          WHEN "110" = > y < = "10111111" ;
          WHEN "111" = > y < = "01111111" ;
          WHEN OTHERS = > y < = "XXXXXXXX" ;
        END CASE;
      ELSE
        Y < = "11111111" ;
      END IF;
    END PROCESS;
  END rtl;
```

在例 6-2 中,y(0)对应真值表中的 y0,y(1)对应 y1,依次类推。以上是利用 VHDL 语言的 CASE-WHEN 语句实现的译码器电路。其波形仿真输出与元件符号如图 6-3 所示。

2. 码制转换器

码制转换器有很多类型,如 BCD 码到 7 段数码管的译码器,将 1 位 BCD 码译为

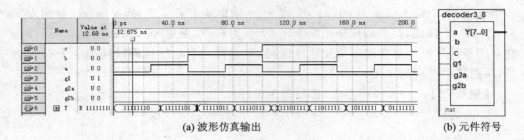

(a) 波形仿真输出   (b) 元件符号

图 6-3 3-8 译码器仿真输出

驱动数码管各电极的 7 个输出量 a～g。输入量 DCBA 是 BCD 码,a～g 是 7 个输出端,分别与数码管上的对应笔划段相连。在 a～g 中,输出为 1 能使对应的笔划段发光,否则对应的笔划段熄灭。例如,要使数码管显示"0"字形,则 g 段不亮,其他段都亮,即要求 abcdefg=1111110。

【例 6-3】 利用 VHDL 设计 BCD 码到 7 段数码管的译码器,并添加一个使能信号 EN,该输入信号可以不顾及 BCD 码的输入,使所有 7 段数码管的灯都不亮,其真值表如表 6-3 所列。

表 6-3 7 段译码器逻辑的真值表

	输　　入		输　　出						
十进制数	8421 码 DCBA		a	b	c	d	e	f	g
0	0　0　0　0		1	1	1	1	1	1	0
1	0　0　0　1		0	1	1	0	0	0	0
2	0　0　1　0		1	1	0	1	1	0	1
3	0　0　1　1		1	1	1	1	0	0	1
4	0　1　0　0		0	1	1	0	0	1	1
5	0　1　0　1		1	0	1	1	0	1	1
6	0　1　1　0		1	0	1	1	1	1	1
7	0　1　1　1		1	1	1	0	0	0	0
8	1　0　0　0		1	1	1	1	1	1	1
9	1　0　0　1		1	1	1	1	0	1	1

解: 用 4 位二进制数表示 1 位十进制数的编码,称为 BCD(Binary Coded Decimal)码或二-十进制编码。如表 6-3 所列,若要表示多个十进制数位的信息,则需要用多组 4 位码即可,每组对应 1 个十进制数位数字。根据表 6-3 所列出的每个 BCD 码的 7 位码字(直接控制片段灯的点亮),可以完成该任务的 VHDL 代码如下,仿真结果如图 6-4 所示。

```
LIBRARY IEEE;
USE IEEE.STD_LOGIC_1164.ALL;
ENTITY BCDTOLED7 IS
```

```
PORT ( A ：IN STD_LOGIC_VECTOR(3 DOWNTO 0);
    en：IN STD_LOGIC;
    LED7S ：OUT STD_LOGIC_VECTOR(6 DOWNTO 0) ) ;
END ;
ARCHITECTURE one OF BCDTOLED7 IS
BEGIN
PROCESS( A ,en)
BEGIN
if en = '1' then
CASE A IS
    WHEN "0000" = ＞ LED7S ＜ = "0111111" ; － － 0
    WHEN "0001" = ＞ LED7S ＜ = "0000110" ; － － 1
    WHEN "0010" = ＞ LED7S ＜ = "1011011" ; － － 2
    WHEN "0011" = ＞ LED7S ＜ = "1001111" ; － － 3
    WHEN "0100" = ＞ LED7S ＜ = "1100110" ; － － 4
    WHEN "0101" = ＞ LED7S ＜ = "1101101" ; － － 5
    WHEN "0110" = ＞ LED7S ＜ = "1111101" ; － － 6
    WHEN "0111" = ＞ LED7S ＜ = "0000111" ; － － 7
    WHEN "1000" = ＞ LED7S ＜ = "1111111" ; － － 8
    WHEN "1001" = ＞ LED7S ＜ = "1101111" ; － － 9
    WHEN OTHERS = ＞ LED7S ＜ = "1000000" ; － － "－"对应非法码
    END CASE ;
else
    LED7s＜ = "0000000" ;
end if;
    END PROCESS ;
END one;
```

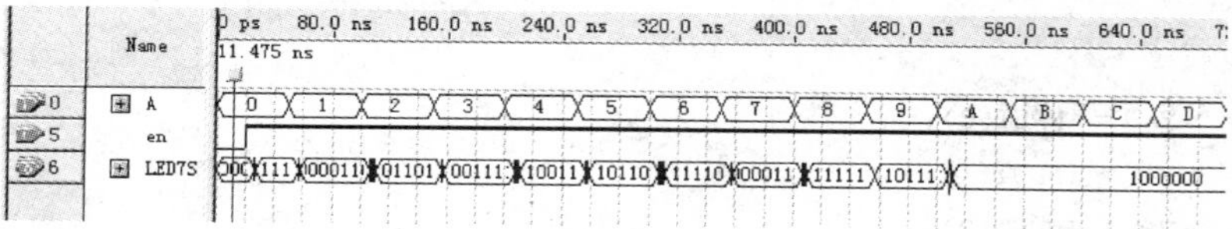

(a) 波形仿真输出 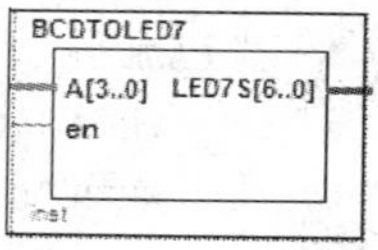   (b) 元件符号

图 6－4　BCD 码到 7 段数码管译码器仿真输出

6.1.3　多路选择器的设计

多路选择器是指经过选择,把多个通道的数据传送到唯一的公共数据通道上去的数字逻辑电路,其功能相当于多刀单掷开关,也称数据选择器。数据选择器常用于信号的切换、数据选择、顺序操作、并-串转换、波形产生和逻辑函数发生器。

【例 6－4】　用 VHDL 语言描述 4 选 1 选择器的程序,设计 4 选 1 多路选择器真值表如表 6－4 所列。

表 6-4　4 选 1 多路选择器真值表

选择输入		数据输入				数据输出
A	B	INPUT(0)	INPUT(1)	INPUT(2)	INPUT(3)	Y
0	0	0	X	X	X	0
0	0	1	X	X	X	1
0	1	X	0	X	X	0
0	1	X	1	X	X	1
1	0	X	X	0	X	0
1	0	X	X	1	X	1
1	1	X	X	X	0	0
1	1	X	X	X	1	1

```
LIBRARY IEEE;
USE IEEE.STD_LOGIC_1164.ALL;
ENTITY mux4 IS
PORT(INPUT:IN STD_LOGIC_VECTOR(3 DOWNTO 0);
     A,B :IN STD_LOGIC;
     Y :OUT STD_LOGIC);
END mux4;
ARCHITECTURE rtl OF mux4 IS
  SIGNAL SEL : STD_LOGIC_VECTOR(1 DOWNTO 0);
BEGIN
  SEL< = B&A;
  PROCESS(INPUT,SEL)
  BEGIN
  CASE SEL IS
    WHEN "00" = >Y< = INPUT(0);
    WHEN "01" = >Y< = INPUT(1);
    WHEN "10" = >Y< = INPUT(2);
    WHEN OTHERS = >Y< = INPUT(3); - -用 others 表示选择条件,以表示其他所有可能
                                  - -取值
  END CASE;
  END PROCESS;
END rtl;
```

其时序仿真波形输出和元件符号如图 6-5 所示。

【例 6-5】　用 VHDL 语言描述位宽 w 的 2 选 1 多路选择器,并给出 w=4 的时序仿真波形。

解:本题考虑使用多路选择器在数据位宽为 w 的两路编码数据源之间进行选

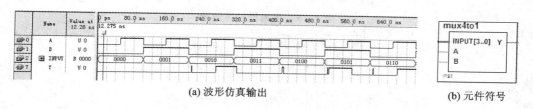

(a) 波形仿真输出   (b) 元件符号

图 6 - 5   4 选 1 多路选择器仿真输出

择,如果数据长度为 w(每个数据有 w 位),可以用 w 个 2 选 1 多路选择器来实现,也可以用多位信号和算术运算的赋值语句实现(本例采用此方案),仿真结果如图 6 - 6 所示。

```
PACKAGE const IS
    CONSTANT w :INTEGER: = 4;          - - set total number of bits
    CONSTANT n :INTEGER: = w - 1;      - - MSB index number
END const;
USE work.const.all;
LIBRARY IEEE;
USE IEEE.STD_LOGIC_1164.ALL;
ENTITY mux2to1_n IS
PORT(A0,A1:IN STD_LOGIC_VECTOR( n DOWNTO 0);
        S :IN STD_LOGIC;
        Y :OUT STD_LOGIC_VECTOR( n DOWNTO 0));
END mux2to1_n;
ARCHITECTURE rtl OF mux2to1_n IS
    BEGIN
    Y< = A0 WHEN S = '0' ELSE A1;
    END;
```

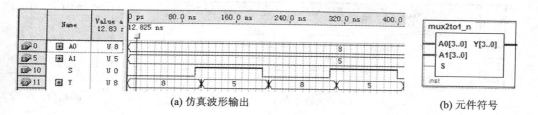

(a) 仿真波形输出   (b) 元件符号

图 6 - 6   2 选 1 多路选择器仿真输出(数据位宽为 4)

6.1.4   加法器设计

1. 半加器

半加器有两个二进制输入、一个和输出、一个进位输出。其真值表如表 6 - 5 所列。

表 6 - 5 半加器的真值表

二进制输入		和输出	进位输出
B	A	S	CO
0	0	0	0
0	1	1	0
1	0	1	0
1	1	0	1

【例 6 - 6】 半加器的 VHDL 程序设计。

```
LIBRARY IEEE;
USE IEEE.STD_LOGIC_1164.ALL;
ENTITY half_adder IS
PORT(A,B:IN STD_LOGIC;
   S,CO:OUT STD_LOGIC);
END half_adder;
ARCHITECTURE half1 OF half_adder IS
   SIGNAL C,D:STD_LOGIC;
BEGIN
        C< = A OR B;
        D< = A NAND B;
        CO< = NOT D;
        S< = C AND D;
END half1;
```

其仿真输出如图 6 - 7 所示。

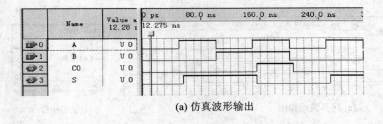 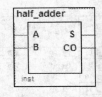

(a) 仿真波形输出　　　　　　　　(b) 元件符号

图 6 - 7 半加器仿真输出

2. 二进制加法器

使用 VHDL 设计加法器可采用层次化结构描述,首先创建一个 1 位全加器实体,然后例化此 1 位全加器 4 次,建立一个更高层次的 4 位加法器。

【例 6 - 7】 1 位全加器的 VHDL 程序设计。

解:1 位全加器的 VHDL 代码如下,其输入为 CIN、X 和 Y,输出为和 S、进位输出 COUT。S 和 COUT 均以逻辑表达式形式描述。

```
LIBRARY IEEE;
USE IEEE.STD_LOGIC_1164.ALL;
ENTITY fulladd IS
PORT(CIN,X,Y:IN STD_LOGIC;
    S,COUT :OUT STD_LOGIC);
END fulladd;
ARCHITECTURE logicfunc OF fulladd IS
BEGIN
    S< = X XOR Y XOR CIN;
    COUT< = (X AND Y) OR (CIN AND X) OR (CIN AND Y);
END logicfunc;
```

为使该程序可调用,其元件声明语句既可以放在顶层程序的结构体内,也可放在 VHDL 的程序包内。例 6－8 给出了 fulladd_package 的程序包声明。

【例 6－8】 全加器程序包声明。

解:以下代码定义了名为 fulladd_package 的程序包,该 VHDL 代码可以和例 6－7 的 fulladd 存储在同一个文件中,也可以存储在一个单独的文件中。VHDL 语法要求程序包声明要有自己的 LIBRARY 和 USE 子句,以下代码中包含了这两个子句。在程序包内部,实体 fulladd 被声明为一个元件。当该代码被编译时程序包 fulladd_package 被创建并存储在工作目录下。

```
LIBRARY IEEE;
USE IEEE.STD_LOGIC_1164.ALL;
package fulladd_package is
COMPONENT fulladd
  PORT(CIN,X,Y:IN STD_LOGIC;
    S,COUT :OUT STD_LOGIC);
  END COMPONENT;
end fulladd_package;
```

以后任何实体都可以通过语句"LIBRARY WORK; USE WORK. fulladd_package. ALL"访问 fulladd_package,从而把元件 fulladd 作为子电路使用。

【例 6－9】 将 1 位全加器作为子电路使用,构建 4 位加法器的 VHDL 语言程序。

```
LIBRARY IEEE;
USE IEEE.STD_LOGIC_1164.ALL;
ENTITY adder4 IS
PORT( CIN:IN STD_LOGIC;
  X:IN STD_LOGIC_VECTOR(3 DOWNTO 0);
```

```
   Y:IN STD_LOGIC_VECTOR(3 DOWNTO 0);
   S:OUT STD_LOGIC_VECTOR(3 DOWNTO 0);
   Cout:OUT STD_LOGIC);
END adder4;
ARCHITECTURE structure OF adder4 IS
   signal C: STD_LOGIC_VECTOR(3 DOWNTO 1);
   COMPONENT fulladd
      PORT(CIN,X,Y:IN STD_LOGIC;
        S,Cout:OUT STD_LOGIC);
      END COMPONENT;
BEGIN
   U0:fulladd PORT MAP(CIN,X(0),Y(0),S(0),C(1));
   U1:fulladd PORT MAP(C(1),X(1),Y(1),S(1),C(2));
   U2:fulladd PORT MAP(C(2),X(2),Y(2),S(2),C(3));
   U3:fulladd PORT MAP(C(3),X(3),Y(3),S(3),Cout);
END structure;
```

4 位加法器功能模拟结果如图 6-8 所示。在示例程序例 6-8 中，STD_LOGIC_VECTOR 是数据对象 STD_LOGIC 的一维数组，程序中用 C 定义了一个 3 位的 STD_LOGIC 信号，VHDL 代码中可以用 C 或用 C(3)、C(2)、C(1)分别代表每一个单独的信号。根据 VHDL 的语法规定"3 DOWNTO 1"指明 C(3)是最高位，C(1)是最低位，该声明常用于多位信号的二进制表示。同理，声明"1TO 3"则指明 C(1)是最高位，C(3)是最低位。这点在进行信号赋值时要特别注意。

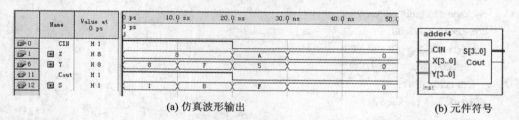

(a) 仿真波形输出   (b) 元件符号

图 6-8 4 位加法器仿真输出

【例 6-10】 利用算术赋值语句设计一个 16 位的加法器。

解：VHDL 除了提供加法运算符（＋）外，本书 4.2.4 小节还提供了其他的一些运算符，程序包 STD_LOGIC_1164 不允许 STD_LOGIC 类型的信号作算术运算，而程序包 STD_LOGIC_signed 允许作算术运算，其示例程序如下。在 EDA 系统中，综合编译的结果将可以根据不同的优化目标（造价或速度）产生不同的电路。

```
LIBRARY IEEE;
USE IEEE.STD_LOGIC_1164.ALL;
```

```
USE IEEE.STD_LOGIC_signed.ALL;
ENTITY adder16 IS
PORT( CIN:IN STD_LOGIC;
     X:IN STD_LOGIC_VECTOR(15 DOWNTO 0);
     Y:IN STD_LOGIC_VECTOR(15 DOWNTO 0);
     SUM:OUT STD_LOGIC_VECTOR(15 DOWNTO 0);
     Cout, Overflow:OUT STD_LOGIC);
END adder16;
ARCHITECTURE Behavior OF adder16 IS
SIGNAL S: STD_LOGIC_VECTOR(16 DOWNTO 0);
  BEGIN
    S< = ('0'&X) + Y + CIN;
    SUM< = S(15 DOWNTO 0);
    Cout< = SUM (16);
    Overflow< = SUM (16)XOR X(15)XOR Y(15)XOR SUM (15);
  END Behavior;
```

例 6 - 10 的 VHDL 结构体中定义了一个 17 位的信号 S(16..0),新增加的 S(16)用于存储来自加法器 S(15)的进位输出。把 X、Y 和 CIN 相加的和赋给 S,该算术赋值语句右边有一个括号:('0'&X),本例利用连接运算符 &,将 16 位信号 X 最高位加一个'0'形成一个 17 位信号,使之和赋值语句左边的信号的位数一致。

为了允许算术赋值语句可以运用于 STD_LOGIC 类型的信号,例 6 - 10 的 VHDL 代码中使用了程序包 STD_LOGIC_signed。该程序包实际使用了 STD_LOGIC_arith 程序包中定义的数据类型 SIGNED 和 UNSIGNED,用于表示算术赋值语句中的有符号数和无符号数。这两种数据类型和 STD_LOGIC_VECTOR 一样是数据对象 STD_LOGIC 的一维数组。

3. 8421 码加法器

8421 码加法器是实现十进制数相加的逻辑电路。8421 码用 4 个二进制位表示 1 位十进制数(0~9),4 个二进制位能表示 16 个编码,但 8421 码只利用了其中的 0000~1010 这 10 个编码,其余 6 个编码为非法编码。尽管利用率不高,但因人们习惯了十进制,所以 8421 码加法器也是一种常用的逻辑电路。

【例 6 - 11】 请编写一个 VHDL 模型,该模型描述的是 1 位 8421 码加法器。

解:8421 码加法器与 4 位二进制数加法运算电路不同。这里是两个十进制数相加,和大于 9 时应产生进位。设参与相加的量为:被加数 X、加数 Y 及来自低位 8412 码加法器的进位 C_{-1}。设 X、Y 及 C_{-1} 按十进制相加,产生的和为 Z,进位为 W。X、Y、Z 均为 8421 码。

先将 X、Y 及 C_{-1} 按二进制相加,得到的和记为 S。显然,若 $S \leqslant 9$,则 S 本身就是 8421 码,S 的值与期望的 Z 值一致,进位 W 应为 0;但是,当 $S > 9$ 时,S 不再是 8421 码。此时,须对 S 进行修正,取 S 的低 4 位按二进制加 6,丢弃进位,就能得到期望的

Z 值,而此时进位 W 应为 1。1 位 8421 码加法器框图如图 6-9 所示。

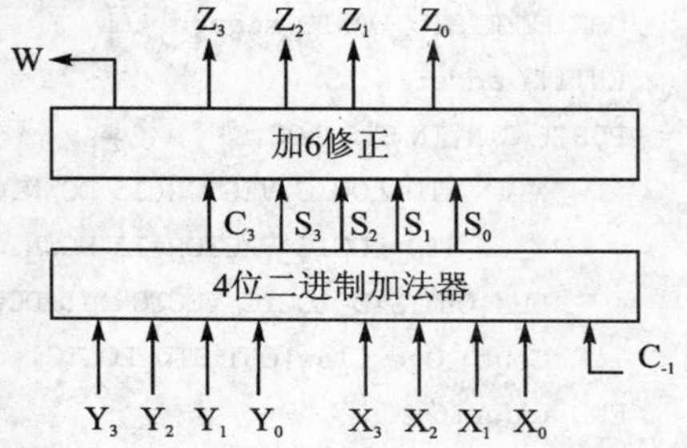

图 6-9 中,C_3 是 X、Y 及 C_{-1} 按二进制相加产生的进位。"4 位二进制加法器"已在前面进行了详细讨论,因此本例的重点是"加 6 修正"电路的设计。现在分析"加 6 修正"电路的功能:应能判断 $C_3 S_3 S_2 S_1 S$ 是否大于 9,以决定是"加 6"还是"加 0";要有一个二进制加法器,被加数为 $C_3 S_3 S_2 S_1 S$,加数为 6 或 0,其 VHDL 描述如下:

图 6-9 1 位 8421 码加法器框图

```
LIBRARY IEEE;
USE IEEE.STD_LOGIC_1164.ALL;
USE IEEE.STD_LOGIC_unsigned.ALL;
ENTITY adder_8421 IS
PORT( X:IN STD_LOGIC_VECTOR(3 DOWNTO 0);
      Y:IN STD_LOGIC_VECTOR(3 DOWNTO 0);
      Z:OUT STD_LOGIC_VECTOR(4 DOWNTO 0));
END adder_8421;
ARCHITECTURE Behavior OF adder_8421 IS
SIGNAL S: STD_LOGIC_VECTOR(4 DOWNTO 0);
SIGNAL adjust: STD_LOGIC;
  BEGIN
    S< = ('0'&X) + Y;
    adjust< = '1' when S>9 else '0'; --选择信号赋值语句
    Z< = S when (adjust = '0') else Z + 6;
  END Behavior;
```

例 6-11 中使用了选择信号赋值语句,它根据某种判据从多种信号中选择一个给信号赋值,即其判据条件是:S>9,若条件满足则将 1 赋给 adjust;否则将 0 赋给 adjust。

6.1.5 数值比较器

数值比较器就是对两数 A、B 进行比较,并判断其大小的数字逻辑电路。74 系列的 7485 是常用的集成电路数值比较器,其真值表如表 6-6 所列。在表 6-6 中,级联输入端用作级联的控制输入,即当高一级芯片发现其输入数据相等时,它将查看相邻下一级低位芯片的输出,并用这些控制输入端做出最终决定。由于每个 IF 语句能判断两个,所以最好使用 IF/ELSE 结构,这与 CASE 结构中查找变量单一值相反,两个待比较的值需要声明为数值,为清楚标明每一个位的用途,级联的控制输入与三个比较输出端应作为独立的位来说明。数值比较器 7485 的 VHDL 程序如例 6－12 所示。

表 6－6　数值比较器 7485 真值表

比较输入				级联输入			输　出		
$A_3 B_3$	$A_2 B_2$	$A_1 B_1$	$A_0 B_0$	$A'>B'$	$A'<B'$	$A'=B'$	$A>B$	$A<B$	$A=B$
$A_3>B_3$	×	×	×	×	×	×	1	0	0
$A_3<B_3$	×	×	×	×	×	×	0	1	0
$A_3=B_3$	$A_2>B_2$	×	×	×	×	×	1	0	0
$A_3=B_3$	$A_2<B_2$	×	×	×	×	×	0	1	0
$A_3=B_3$	$A_2=B_2$	$A_1>B_1$	×	×	×	×	1	0	0
$A_3=B_3$	$A_2=B_2$	$A_1<B_1$	×	×	×	×	0	1	0
$A_3=B_3$	$A_2=B_2$	$A_1=B_1$	$A_0>B_0$	×	×	×	1	0	0
$A_3=B_3$	$A_2=B_2$	$A_1=B_1$	$A_0<B_0$	×	×	×	0	1	0
$A_3=B_3$	$A_2=B_2$	$A_1=B_1$	$A_0=B_0$	1	0	0	1	0	0
$A_3=B_3$	$A_2=B_2$	$A_1=B_1$	$A_0=B_0$	0	1	0	0	1	0
$A_3=B_3$	$A_2=B_2$	$A_1=B_1$	$A_0=B_0$	0	0	1	0	0	1

【例 6－12】　数值比较器 7485 的 VHDL 实现。

```
LIBRARY IEEE;
USE IEEE.STD_LOGIC_1164.ALL;
ENTITY T7485_V IS
PORT (a, b：IN INTEGER RANGE 0 TO 15;
    gtin, ltin, eqin：IN BIT; －－ 级联输入
    agtb, altb, aeqb：OUT BIT);
END T7485_V;－－ 标准级联输入:gtin = ltin = '0';eqin = '1'
ARCHITECTURE vhdl OF T7485_V IS
BEGIN
PROCESS (a, b, gtin, ltin, eqin)
BEGIN
IF a<b THEN altb< = '1';agtb< = '0';aeqb< = '0';        －－a<b 时,altb = 1(高电平)
    ELSIF a>b THEN altb< = '0';agtb < = '1';aeqb< = '0';   －－a<b 时,agtb = 1(高电平)
    ELSE altb< = ltin;agtb< = gtin;aeqb< = eqin;          －－a = b, 时,aeqb = 1(高电平)
    END IF;
    END PROCESS;
END vhdl;
```

6.1.6　算术逻辑运算器

算术逻辑运算器(ALU)是数字系统的基本功能,更是计算机中不可缺少的组成

单元,常用的 ALU 集成电路芯片有 74382/74181,其功能表如表 6-7 所列。

表 6-7　74181 的运算功能表

选择端				高电平作用数据		
				M=H	M=L 算术操作	
S3	S2	S1	S0	逻辑功能	Cn=L(无进位)	Cn=H(有进位)
0	0	0	0	F=$\overline{A}$	F=A	F=A 加 1
0	0	0	1	F=$\overline{A+B}$	F=A+B	F=(A+B)加 1
0	0	1	0	F=$\overline{A}B$	F=A+$\overline{B}$	F=A+$\overline{B}$+1
0	0	1	1	F=0	F 减 1(2 的补码)	F=0
0	1	0	0	F=$\overline{AB}$	F=A 加 A$\overline{B}$	F=A 加 A$\overline{B}$加 1
0	1	0	1	F=$\overline{B}$	F=(A+B)加 A$\overline{B}$	F=(A+B)加 A$\overline{B}$+1
0	1	1	0	F=A⊕B	F=A 减 B	F=A 减 B 减 1
0	1	1	1	F=A$\overline{B}$	F=A+$\overline{B}$	F=(A+$\overline{B}$)减 1
1	0	0	0	F=$\overline{A}$+B	F=A 加 AB	F=A 加 B 加 1
1	0	0	1	F=$\overline{A⊕B}$	F=A 加 B	F=A 加 AB 加 1
1	0	1	0	F=B	F=(A+$\overline{B}$)加 AB	F=(A+$\overline{B}$)加 AB 加 1
1	0	1	1	F=AB	F=AB	F=AB 减 1
1	1	0	0	F=1	F=A 加 A ＊	F=A 加 A 加 1
1	1	0	1	F=A+$\overline{B}$	F=(A+B)加 A	F=(A+B)加 A 加 1
1	1	1	0	F=A+B	F=(A+$\overline{B}$)加 A	F=(A+$\overline{B}$)加 A 加 1
1	1	1	1	F=A	F=A	F=A 减 1

【例 6-13】　集成 ALU 芯片 74181 的 VHDL 设计。

设参加运算的两个 8 位数据分别为 A[7..0]和 B[7..0],运算模式由 S[3..0]的 16 种组合决定。此外,设 M=0,选择算术运算,M=1 为逻辑运算,CN 为低位的进位位;F[7..0]为输出结果,CO 为运算后的输出进位位。其 VHDL 源程序如下:

```
LIBRARY IEEE;
USE IEEE.STD_LOGIC_1164.ALL;
USE IEEE.STD_LOGIC_UNSIGNED.ALL;
ENTITY ALU181 IS
  PORT (
    S : IN STD_LOGIC_VECTOR(3 DOWNTO 0 );
    A : IN STD_LOGIC_VECTOR(7 DOWNTO 0 );
    B : IN STD_LOGIC_VECTOR(7 DOWNTO 0 );
    F : OUT STD_LOGIC_VECTOR(7 DOWNTO 0 );
```

```vhdl
    M : IN STD_LOGIC;
    CN : IN STD_LOGIC;
    CO : OUT STD_LOGIC );
END ALU181;
ARCHITECTURE behav OF ALU181 IS
SIGNAL A9 : STD_LOGIC_VECTOR(8 DOWNTO 0);
SIGNAL B9 : STD_LOGIC_VECTOR(8 DOWNTO 0);
SIGNAL F9 : STD_LOGIC_VECTOR(8 DOWNTO 0);
BEGIN
  A9 < = '0' & A ; B9 < = '0' & B ;
  PROCESS(M,CN,A9,B9)
    BEGIN
    CASE S IS
      WHEN "0000" = > IF M = '0' THEN F9 < = A9 + CN;
    ELSE F9 < = NOT A9;          END IF;
      WHEN "0001" = > IF M = '0' THEN F9 < = (A9 or B9) + CN;
    ELSE F9 < = NOT(A9 OR B9);        END IF;
      WHEN "0010" = > IF M = '0' THEN F9 < = (A9 or (NOT B9)) + CN;
    ELSE F9 < = (NOT A9) AND B9;        END IF;
      WHEN "0011" = > IF M = '0' THEN F9 < = "000000000" - CN;
    ELSE F9 < = "000000000";        END IF;
      WHEN "0100" = > IF M = '0' THEN F9 < = A9 + (A9 AND NOT B9) + CN;
    ELSE F9 < = NOT (A9 AND B9); END IF;
      WHEN "0101" = > IF M = '0' THEN F9 < = (A9 or B9) + (A9 AND NOT B9) + CN;
    ELSE F9 < = NOT B9;        END IF;
      WHEN "0110" = > IF M = '0' THEN F9 < = (A9 - B9) - CN;
    ELSE F9 < = A9 XOR B9;        END IF;
      WHEN "0111" = > IF M = '0' THEN F9 < = (A9 or (NOT B9)) - CN;
    ELSE F9 < = A9 and (NOT B9);        END IF;
      WHEN "1000" = > IF M = '0' THEN F9 < = A9 + (A9 AND B9) + CN;
    ELSE F9 < = (NOT A9)and B9;        END IF;
      WHEN "1001" = > IF M = '0' THEN F9 < = A9 + B9 + CN;
    ELSE F9 < = NOT(A9 XOR B9);        END IF;
      WHEN "1010" = > IF M = '0' THEN F9 < = (A9 or(NOT B9)) + (A9 AND B9) + CN;
    ELSE F9 < = B9;        END IF;
      WHEN "1011" = > IF M = '0' THEN F9 < = (A9 AND B9) - CN;
    ELSE F9 < = A9 AND B9;        END IF;
      WHEN "1100" = > IF M = '0' THEN F9 < = (A9 + A9) + CN;
    ELSE F9 < = "000000001";        END IF;
      WHEN "1101" = > IF M = '0' THEN F9 < = (A9 or B9) + A9 + CN;
    ELSE F9 < = A9 OR (NOT B9);        END IF;
      WHEN "1110" = > IF M = '0' THEN F9 < = ((A9 or (NOT B9)) + A9) + CN;
```

```
        ELSE F9 < = A9 OR B9;          END IF;
        WHEN "1111" = > IF M = '0' THEN F9 < = A9 - CN;
        ELSE F9 < = A9 ;          END IF;
        WHEN OTHERS = > F9 < = "000000000" ;
        END CASE;
    END PROCESS;
    F < = F9(7 DOWNTO 0) ; CO < = F9(8) ;
END behav;
```

6.2 时序逻辑电路的设计应用

时序电路是数字系统的支柱,其输出信号值不仅取决于当前输入,而且也取决于过去的输入序列,即过去输入序列不同,则在同一当前输入的情况下,输出也可能不同。时序电路中包含有用于保存信号值的存储元件,存储元件的内容代表该电路的状态。时序电路的基础电路是触发器,数字系统中常用的时序电路有计数器 Counter、寄存器 Register、节拍分配器 Timer,这些组件被广泛用于数字系统的信息存储和事件计数。

6.2.1 触发器

触发器是跳变沿触发的,在每个时钟 CLK 输入正跳变沿或负跳变沿,输入触发器的当前值被存储到触发器中,并且反映在该触发器的输出 Q 上。D 触发器和 JK 触发器是构成时序逻辑电路最基本存储元件。

1. D 触发器

上升沿触发的 D 触发器有一个数据输入端 D、一个时钟输入端 CLK 及一个数据输出端 Q。D 触发器的输出只有在正沿脉冲过后,其数据 D 才传递到输出。其真值表如表 6-8 所列。

表 6-8 D 触发器真值表

数据输入	时钟输入	数据输出
D	CLK	Q
X	0	不变
X	1	不变
0	上升沿	0
1	上升沿	1

【例 6-14】 上升沿触发的 D 触发器 VHDL 设计。

```
LIBRARY IEEE;
USE IEEE.STD_LOGIC_1164.ALL;
ENTITY dff1 IS
PORT(CLK,D:IN STD_LOGIC;
        Q:OUT STD_LOGIC);
END dff1;
ARCHITECTURE rtl OF dff1 IS
BEGIN
    PROCESS(CLK)
    BEGIN
        IF(CLK'EVENT AND CLK = '1') THEN
        Q< = D;                - -在 clk 上升沿,d 赋予 q
        END IF;
    END PROCESS;
END rtl;
```

D 触发器一般还带有复位或置位输入端,有的还带有时钟使能信号输入端,后一种 D 触发器只有使能信号有效时,时钟信号的边沿才有效,其 VHDL 语言描述如例 6 - 15 所示。

【例 6 - 15】 带有时钟使能信号输入端的 D 触发器 VHDL 设计。

解:该 D 触发器的实体声明代码和结构体代码如下,其仿真波形输出如图 6 - 10 所示。

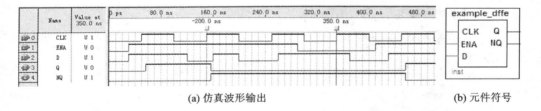

(a) 仿真波形输出　　　　　　　　　　　　　　　　(b) 元件符号

图 6 - 10　D 触发器仿真输出

分析输出波形可知,该 D 触发器在时钟的上升沿时刻,且当时钟使能信号 ENA 为 1 才能更新存储器的值。若时钟的上升沿时刻,ENA 为 0,D 触发器的值保持不变。因此数据输入的值,必须在时钟的正跳变沿前后保持一段稳定时间(即建立时间和保持时间)才能将该值稳定地存入触发器。时钟的使能信号也需要类似的稳定时间限制,实际上时钟的使能信号是一个同步控制输入(synchronous control input)。

```
LIBRARY IEEE;
USE IEEE.STD_LOGIC_1164.ALL;
ENTITY example_dffe IS
PORT(CLK,ENA,D:IN STD_LOGIC;
        Q , NQ:OUT STD_LOGIC);
```

```
END example_dffe;
ARCHITECTURE rtl OF example_dffe IS
BEGIN
        PROCESS(CLK,D)
        BEGIN
            IF(CLK'EVENT AND CLK = '1') THEN
                IF(ENA = '1') THEN
                    Q< = D;
                    NQ< = not D;
                END IF;
            END IF;
        END PROCESS;
END rtl;
```

例 6 - 14 和例 6 - 15 的 D 触发器的 VHDL 模板的差别就是多了一条 IF 语句，程序中 D 和 Q 的位宽决定了该模板是一位触发器模型还是多位的寄存器模型。

【例 6 - 16】 请设计一个复位清 0 的 D 触发器的 VHDL 模板。

解：对例 6 - 15 的 D 触发器作进一步的改进，即添加一个复位输入信号，以便把存储器的值重新设为 0。复位输入是强制性的，无论时钟的使能信号还是数据输入都不如它的优先级别高。触发器的复位时序有两种可能：一种是同步清 0，即把复位输入当作同步控制输入；另一种是异步清 0，即只要复位信号有效，不管其他时钟状态，立即使输出为 0。

① 同步清 0 模板：

```
reg:PROCESS(CLK) IS
BEGIN
    IF(CLK'EVENT AND CLK = '1') THEN
        IF reset = '1' then
            Q< = 0;
        ELSIF(ENA = '1') THEN
            Q< = D;
        END IF;
    END IF;
END PROCESS reg;
```

② 异步清 0 模板：

```
reg:PROCESS(CLK) IS
    BEGIN
        IF reset = '1' then
            Q< = 0;
        ELSIF(CLK'EVENT AND CLK = '1') THEN
```

```
        IF(ENA = '1') THEN
            Q< = D;
        END IF;
    END IF;
END PROCESS reg;
```

2. JK 触发器

JK 触发器的输入端有一个置位输入、一个复位输入、两个控制输入和一个时钟输入;输出端有正向输出端和反向输出端。具有置位和清零端的 JK 触发器真值表如表 6 - 9 所列。

表 6 - 9 JK 触发器真值表

输入端					输出端	
PSET	CLR	CLK	J	K	Q	NQ
0	1	d	d	d	1	0
1	0	d	d	d	0	1
0	0	d	d	d	d	d
1	1	上升	0	1	0	1
1	1	上升	1	1	翻转	翻转
1	1	上升	0	0	不变	不变
1	1	上升	1	0	1	0
1	1	0	d	d	不变	不变

由真值表知,在同步时钟上升沿时刻,有如下状态:
➢ jk = 00 时,触发器不翻转;
➢ jk = 01 时,Q=0,NQ=1;10 时,Q=1,NQ= 0;
➢ jk = 11 时,触发器翻转。
由上述分析可以写出 JK 触发器的 VHDL 程序如例 6 - 17 所示。

【例 6 - 17】 JK 触发器的 VHDL 程序设计。

```
LIBRARY IEEE;
    USE IEEE.STD_LOGIC_1164.ALL;
    ENTITY jkff IS
    PORT(PSET,CLK,CLR,J,K:IN STD_LOGIC;
            Q,QB:OUT STD_LOGIC);
    END jkff;
    ARCHITECTURE rtl OF jkff IS
        SIGNAL Q_S,QB_S:STD_LOGIC;
BEGIN
```

```
    PROCESS(PSET,CLR,CLK,J,K)
    BEGIN
    IF(PSET = '0') THEN
        Q_S< = '1';QB_S< = '0';                    - -异步置1
    ELSIF (CLR = '0') THEN
        Q_S< = '0';QB_S< = '1';                    - -异步置0
    ELSIF (CLK'EVENT AND CLK = '1') THEN          - -判断时钟 CLK 上升沿
        IF(J = '0')AND (K = '1') THEN             - -jk = 01 时,触发器置0
            Q_S< = '0'; QB_S< = '1';
        ELSIF(J = '1') AND (K = '0') THEN         - -jk = 10 时,触发器置1
            Q_S< = '1'; QB_S< = '0';
        ELSIF(J = '1') AND(K = '1') THEN
            Q_S< = NOT Q_S; QB_S< = NOT QB_S;     - -jk = 11 时,触发器翻转
        END IF;
    END IF;
    Q< = Q_S;QB< = QB_S;                          - -更新输出 Q、QB
    END PROCESS;
END rtl;
```

其仿真输出如图 6 - 11 所示。

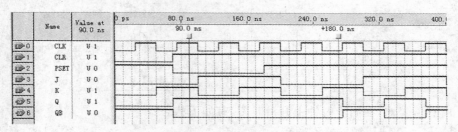

图 6 - 11　JK 触发器仿真输出

综上所述,VHDL 是一种灵活的硬件描述语言,允许用程序对时序控制器件(如触发器)的功能进行定义,而不用依靠逻辑原型,例 6 - 14～例 6 - 17 中描述的VHDL 触发器电路的关键字是进程(PROCESS)。PROCESS 后面的括号内包括一个敏感参数表,参数表中所包括的变量只要有一个发生变化,都将启动该进程,这与触发器直到时钟状态改变时才启动输入端,并更新输出端状态的工作原理相同。

6.2.2　锁存器和寄存器

在数字逻辑电路中,用来存放二进制数据或代码的电路称为寄存器或锁存器。

1. 锁存器(LATCH)

锁存器的功能同触发器相似,但有区别的是:触发器只在有效时钟沿才发生作用,而锁存器是电平敏感的,只要时钟信号有效,而不管是否处在上升沿或下降沿,锁存器都会起作用。用 VHDL 语言描述的选通 D 锁存器的程序如例 6 - 18 所示。

【例 6-18】 选通 D 锁存器的 VHDL 程序设计。

解:该锁存器只用一个数据输入端,在时钟信号控制下,把数据输入的值保存下来。其 VHDL 代码如下,该选通 D 锁存器的仿真输出波形如图 6-12 所示。

```
LIBRARY IEEE;
    USE IEEE.STD_LOGIC_1164.ALL;
    ENTITY latch IS
    PORT(D,CLK :IN STD_LOGIC;
             Q :OUT STD_LOGIC);
    END latch;
    ARCHITECTURE behavior OF latch IS
    BEGIN
      PROCESS(D,CLK)
      BEGIN
        IF CLK = '1' THEN - - CLK 为高电平时输出数据
          Q< = D;
        END IF;
      END PROCESS;
END behavior;
```

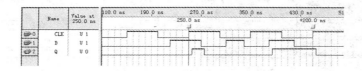

图 6-12 选通 D 锁存器仿真输出

2. 寄存器(Register)

寄存器是由具有存储功能的多个触发器组合起来构成的。一个触发器可以存储 1 位二进制代码,存放 n 位二进制代码的寄存器,需用 n 个触发器来构成。寄存器一般由多个触发器连接而成。按照功能的不同,可将寄存器分为基本寄存器和移位寄存器两大类。基本寄存器只能并行送入数据,需要时也只能并行输出。移位寄存器中的数据可以在移位脉冲作用下依次逐位右移或左移,数据既可以并行输入、并行输出,也可以串行输入、串行输出,还可以并行输入、串行输出,串行输入、并行输出,十分灵活,用途也很广。

(1) 具有异步清 0 功能的 8 位寄存器

描述 n 位寄存器的一个直截了当的方法是:写一段包含 n 个 D 触发器实例的层次化 VHDL 代码。

具有异步清 0 功能的 8 位寄存器 VHDL 代码如例 6-19 所示。

【例 6-19】 具有异步清 0 功能的 8 位寄存器 VHDL 设计。

```
LIBRARY IEEE;
```

```
USE IEEE.STD_LOGIC_1164.ALL;
ENTITY reg8 IS
PORT( D : IN STD_LOGIC_VECTOR(7 DOWNTO 0);
   RESETN,CLOCK: IN STD_LOGIC;
   Q : OUT STD_LOGIC_VECTOR(7 DOWNTO 0));
END reg8;
ARCHITECTURE Behavior OF reg8 IS
BEGIN
   PROCESS(RESETN,CLOCK)
   BEGIN
      IF RESETN = '0' THEN
         Q< = (others = >'0'); - - 使 Q 的每一位置 0
      ELSIF CLOCK'EVENT AND CLOCK = '1' THEN
         Q< = D;
      END IF;
   END PROCESS;
END Behavior;
```

其仿真输出如图 6 - 13 所示。

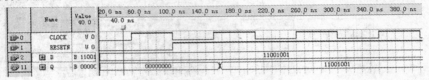

图 6 - 13　8 位寄存器仿真输出

(2) 4 位移位寄存器

描述 4 位移位寄存器的一个简单方法是:写一个包含 4 个子电路的层次化 VHDL 代码,每一个子电路都相同,子电路由 1 个 D 触发器和 1 个连接到 D 端的 2 选 1 多路器组成。如例 6 - 20 所示,实体 muxdff 代表此子电路,D0 和 D1 是数据输入端,SEL 是选择输入端。时钟正沿到达时如果 SEL=0,则将 D0 的值赋给 Q;否则将 D1 的值赋给 Q。

【例 6 - 20】 移位寄存器子模块的 VHDL 设计。

```
LIBRARY IEEE;
USE IEEE.STD_LOGIC_1164.ALL;
ENTITY muxdff IS
PORT(D0,D1,SEL,CLOCK: IN STD_LOGIC;
            Q: OUT STD_LOGIC);
END muxdff;
ARCHITECTURE behavior OF muxdff IS
BEGIN
```

```
PROCESS(CLOCK)
BEGIN
    IF CLOCK'EVENT AND CLOCK = '1' THEN
        IF SEL = '0' THEN Q< = D0;
            ELSE Q< = D1;
        END IF;
    END IF;
END PROCESS;
END behavior;
```

【例 6 - 21】 4 位通用移位寄存器的 VHDL 代码如下,仿真输出如图 6 - 14 所示。

```
LIBRARY IEEE;
    USE IEEE.STD_LOGIC_1164.ALL;
    ENTITY shift4 IS
        PORT( R:IN STD_LOGIC_VECTOR(3 DOWNTO 0);
            L,W,CLOCK : IN STD_LOGIC;
            Q : BUFFER STD_LOGIC_VECTOR(3 DOWNTO 0));
END shift4;
ARCHITECTURE structure OF shift4 IS
COMPONENT muxdff
    PORT(D0,D1,SEL,CLOCK: IN STD_LOGIC;
        Q: OUT STD_LOGIC);
END COMPONENT;
BEGIN
    STAGE3: muxdff PORT MAP(W,R(3),L,CLOCK,Q(3));
    STAGE2: muxdff PORT MAP(Q(3),R(2),L,CLOCK,Q(2));
    STAGE1: muxdff PORT MAP(Q(2),R(1),L,CLOCK,Q(1));
    STAGE0: muxdff PORT MAP(Q(1),R(0),L,CLOCK,Q(0));
END structure;
```

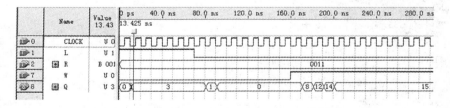

图 6 - 14   4 位通用移位寄存器仿真输出

（3）4 位双向移位寄存器

例 6 - 20 和例 6 - 21 是利用结构化的方法设计的一个 4 位通用移位寄存器,该方法虽然直观但很复杂,程序较长。下面用 VHDL 的 CASE 语句设计 4 位双向移位寄存器,该方法中不把移位寄存器看作一个串行的触发器串,而是把它看作是一个并行寄存器(DFF 模型),寄存器中的存储信息以并行方式传递到一个位集合,集合中的数据可以逐位移动。

【例 6-22】 4 位双向移位寄存器的 VHDL 设计,该寄存器具有 4 种工作方式:保持数据、右移、左移和并行输入。时序仿真输出如图 6-15 所示。

```
LIBRARY IEEE;
USE IEEE.STD_LOGIC_1164.ALL;
ENTITY T194 IS
PORT(
clock;IN BIT;
din :IN BIT_VECTOR (3 DOWNTO 0);           --并行数据输入
ser_in;IN BIT;                             --串行数据输入(左移或右移)
mode :IN INTEGER RANGE 0 TO 3;   --工作方式 0=保持数据 1=右移 2=左移 3=并行输入
q:OUT BIT_VECTOR (3 DOWNTO 0));            --寄存器输出状态
END T194;
ARCHITECTURE a OF T194 IS
SIGNAL ff: BIT_VECTOR (3 DOWNTO 0);
BEGIN
PROCESS ( clock)
BEGIN
IF (clock = '1' AND clock'event) THEN
  CASE mode IS
    WHEN 0 =>ff <= ff;                      --保持数据
    WHEN 1 =>ff(2 DOWNTO 0)<= ff (3 DOWNTO 1);  --右移
      ff(3) <= ser_in;
    WHEN 2 =>ff(3 DOWNTO 1) <= ff(2 DOWNTO 0);  --左移
      ff(0) <= ser_in;
WHEN OTHERS =>ff<= din;                     --并行输入
END CASE;
END IF;
END PROCESS;
q <= ff;                                    --更新寄存器输出状态
END a;
```

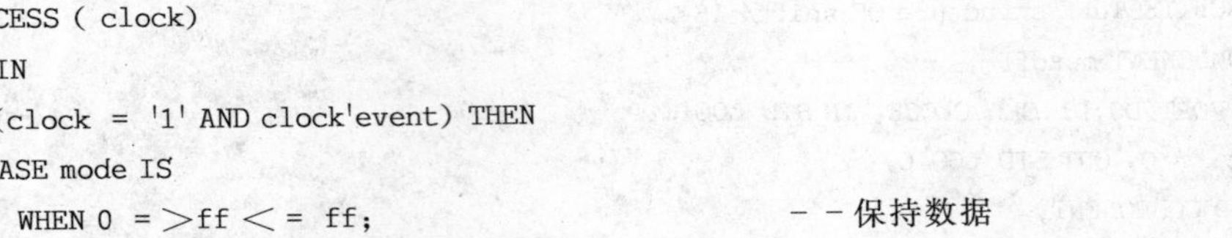

图 6-15 双向移位寄存器时序仿真输出

6.2.3 计数器

计数器是一种对输入脉冲进行计数的时序逻辑电路,被计数的脉冲信号称作"计数脉冲"。计数器中的"数"是用触发器的状态组合来表示的。计数器在运行时,所经历的状态是周期性的,总是在有限个状态中循环,一次循环所包含的状态总数称为计数器的"模"。在许多数字电路应用中都可以找到计数器。例如,某应用需要对一定个数的数据项执行给定操作,或将某操作重复执行若干次,此时可以用计数器来记录已处理了多少个数据,或已重复执行了多少次操作,通过对固定时间间隔计数,计数器也可作计时器。

计数器的种类很多,通常有不同的分类方法。按其工作方式可分为同步计数器和异步计数器;按其进位制可分为二进制计数器、十进制计数器和任意进制计数器;按其功能又可分为加法计数器、减法计数器和加/减可逆计数器等。

1. 同步计数器

所谓同步计数器,就是在时钟脉冲(计数脉冲)的控制下,构成计数器的各触发器的状态同时发生变化的那一类计数器。带异步复位,计数允许,4 位二进制同步计数器真值表如表 6 - 10 所列。

表 6 - 10 4 位二进制同步计数器真值表

输入端			输出端			
CLR	EN	CLK	Q1	Q2	Q3	Q4
1	X	X	0	0	0	0
0	0	X	不变	不变	不变	不变
0	1	上升沿	计数值加 1			

【例 6 - 23】 模 16 二进制同步计数器的 VHDL 设计。

```
LIBRARY IEEE;
USE IEEE.STD_LOGIC_1164.ALL;
USE IEEE.STD_LOGIC_UNSIGNED.ALL;
ENTITY count4_bin IS
  PORT (clk,clr,en:IN STD_LOGIC;
     qa,qb,qc,qd:OUT STD_LOGIC);
END count4_bin;
ARCHITECTURE example OF count4_bin IS
SIGNAL count_4:STD_LOGIC_VECTOR (3 DOWNTO 0);
BEGIN
PROCESS (clk, clr)
  BEGIN
    IF (clr = '1') THEN
```

```
        count_4 < = "0000";
      ELSIF (clk 'EVENT AND clk = '1' ) THEN
      IF (en = '1' ) THEN
        IF(count_4 = "1111") THEN
          count_4 < = "0000";
      ELSE
          count_4 < = count_4 + 1;
        END IF;
        END IF;
      END IF;
END PROCESS;
－－把最新的计数值赋给输出端口
qa < = count_4(0);qb < = count_4(1);qc < = count_4(2); qd < = count_4(3);
END example;
```

以上示例程序中,clk 为时钟输入端口,clr 为清 0 端口(高电平有效),en 为使能信号(高电平有效),同步计数器时序仿真输出如图 6－16 所示。

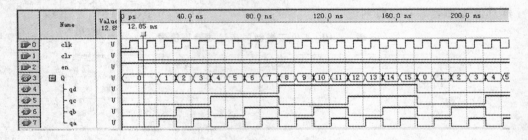

图 6－16　模 16 二进制同步计数器时序仿真输出

【例 6－24】　在 Quartus II 中利用 VHDL 的元件例化语句,设计一个有时钟使能和异步清 0 的 2 位十进制计数器(即 100 分频),并给出仿真结果。

解:本例题通过介绍一个 2 位有时钟使能和异步清 0 的十进制计数器的全部设计过程,给出在 Quartus II 中利用 VHDL 的元件例化语句设计较复杂数字电路的 EDA 方法。

一个复杂数字电路可以划分为若干个层次,为了达到连接底层元件而形成更高层次的电路设计结构,VHDL 设计中往往使用元件例化语句引入这种连接关系。元件例化是将预先设计好的设计实体作为一个元件(亦称底层设计模块),再利用特定的语句将次模块与当前设计实体中的指定端口相连,从而为当前设计实体引入一个新的底层设计模块。这里当前设计实体相当于一个复杂数字逻辑电路,所定义的例化元件相当于该复杂数字逻辑电路的一个功能芯片,而设计实体的端口相当于该逻辑电路板上接受该芯片的插座。

2 位十进制计数器可由 2 个十进制计数器级联而成,根据层次化设计思想,应首先设计一个具有计数使能、清 0 控制和进位扩展输出十进制计数器底层元件 cnt10_v，此后再利用元件例化的方法完成 2 位十进制计数器的顶层设计。下面将给出其设计流程和方法。

（1）十进制计数器 cnt10_v 的 VHDL 设计

一个具有计数使能、清 0 控制和进位扩展输出的十进制计数器可利用 2 个独立的 IF 语句完成。一个 IF 语句用于产生计数器时序电路，该语句为非完整性条件语句；另一个 IF 语句用于产生纯组合逻辑的多路选择器。其 VHDL 代码如下：

```
 LIBRARY IEEE;
USE IEEE.STD_LOGIC_1164.ALL;
USE IEEE.STD_LOGIC_UNSIGNED.ALL;
ENTITY cnt10_v IS
  PORT (CLK,RST,EN : IN STD_LOGIC;
       CQ : OUT STD_LOGIC_VECTOR(3 DOWNTO 0);
COUT : OUT STD_LOGIC );
END cnt10_v;
ARCHITECTURE behav OF cnt10_v IS
BEGIN
  PROCESS(CLK, RST, EN)
    VARIABLE CQI : STD_LOGIC_VECTOR(3 DOWNTO 0);
  BEGIN
    IF RST = '1' THEN CQI := (OTHERS =>'0');       --计数器异步复位
      ELSIF CLK'EVENT AND CLK = '1' THEN           --检测时钟上升沿
        IF EN = '1' THEN                           --检测是否允许计数(同步使能)
          IF CQI < 9 THEN CQI := CQI + 1;          --允许计数,检测是否小于9
            ELSE CQI := (OTHERS =>'0');            --大于9,计数值清0
          END IF;
        END IF;
      END IF;
    IF CQI = 9 THEN COUT <= '1';                   --计数大于9,输出进位信号
      ELSE COUT <= '0';
    END IF;
      CQ <= CQI;                                   --将计数值向端口输出
    END PROCESS;
END behav;
```

在源程序中 COUT 是计数器进位输出；CQ[3..0]是计数器的状态输出；CLK 是时钟输入端；RST 是复位控制输入端，当 RST＝1 时，CQ[3..0]＝0；EN 是使能控制输入端，当 EN＝1 时，计数器计数，当 EN＝0 时，计数器保持状态不变。

其源程序的输入、编译和仿真与 4.2 节给出的流程相同，此处不再重复。在仿真结果正确无误后，为方便顶层设计应用此结果，可将以上设计的十进制计数器电路设

置成可调用的元件,以备高层设计中使用。

（2）2 位十进制计数器的顶层设计

2 位十进制计数器的顶层原理图如图 6-17 所示,根据此图编制的 2 位十进制计数器的顶层 VHDL 源程序如下。

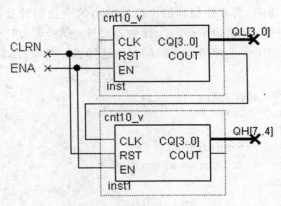

图 6-17   2 位十进制计数器的顶层原理图

```
LIBRARY IEEE;
USE IEEE.STD_LOGIC_1164.ALL;
ENTITY Counter_100 IS
   PORT ( CLK_IN, CLRN, CLK_EN : IN STD_LOGIC;
          QH ,QL : OUT STD_LOGIC_VECTOR(3 DOWNTO 0);
          CCOUT : OUT STD_LOGIC);
END Counter_100;
ARCHITECTURE struc OF Counter_100 IS
COMPONENT cnt10_v
   PORT ( CLK ,RST,EN: IN STD_LOGIC;
          CQ : OUT STD_LOGIC_VECTOR(3 DOWNTO 0);
          COUT : OUT STD_LOGIC );
END COMPONENT;
   SIGNAL DTOL,DTOH : STD_LOGIC_VECTOR(3 DOWNTO 0);
   SIGNAL CARRY_OUT1 : STD_LOGIC;
BEGIN
   U1 : cnt10_v
   PORT MAP(CLK = > CLK_IN,
       RST = > CLRN,
       EN = > CLK_EN,
       CQ = >DTOL ,
       COUT = > CARRY_OUT1 );
   U2 : cnt10_v
   PORT MAP(CLK = > CARRY_OUT1,
```

```
        RST = > CLRN,
        EN = > CLK_EN,
        CQ = >DTOH,
        COUT = > CCOUT );
    QL < = DTOL;
    QH < = DTOH;
    END struc;
```

在此源程序中,定义了 3 个信号作为电路的内部连线:DTOL[3..0]和 DTOH[3..0]分别接于十进制计数器 cnt10_v 的个位和十位输出,CARRY_OUT1 作为两个十进制计数器 cnt10_v 的级联信号。

完成 VHDL 程序设计以后,即可进行 2 位十进制计数器仿真测试和波形分析,其仿真输出波形文件如图 6-18 所示。

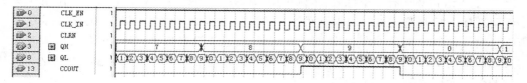

图 6-18 2 位十进制计数器仿真输出波形

（3）异步计数器

异步计数器又称行波计数器,它的低位计数器的输出作为高位计数器的时钟信号,这一级一级串行连接起来构成了一个异步计数器。

异步计数器与同步计数器不同之处就在于时钟脉冲的提供方式,除此之外就没有什么不同,它同样可以构成各种各样的计数器。但是,由于异步计数器采用行波计数,从而使计数延时增加,在要求延时小的应用领域受到了很大的限制。

用 VHDL 语言描述的异步计数器,与上述同步计数器的不同之处主要表现在对各级时钟脉冲的描述上。一个由 8 个触发器构成的行波计数器的程序如例 6-25 和例 6-26 所示。

【例 6-25】 基于 D 触发器模型的一位计数器的 VHDL 程序设计。

```
LIBRARY IEEE;
USE IEEE.STD_LOGIC_1164.ALL;
ENTITY rdff IS
PORT(CLK,clr,D:IN STD_LOGIC;
        Q,NQ:OUT STD_LOGIC);
END rdff;
ARCHITECTURE rtl OF rdff IS
    signal QB:STD_LOGIC;
BEGIN
    Q< = QB;
```

```
      NQ< = NOT QB;
   PROCESS(CLK,CLR)
      BEGIN
      IF(clr = '1') THEN QB< = '0';
         ELSIF(CLK'EVENT AND CLK = '1') THEN
            QB< = D;
      END IF;
   END PROCESS;
END rtl;
```

【例 6-26】 利用 VHDL 的 FOR 生成语句设计由 8 个触发器构成的行波计数器。

解：VHDL 提供了适合于以层次化方式描述规则结构电路的 FOR 生成语句。FOR 生成语句必须有一个标号，本例中用 GENL 作为标号，FOR 生成语句在循环中使用循环下标 I(范围 0～7) 对元件 rdff 例化 8 次，循环中每一次迭代都将标号为 GENL 元件 rdff 例化 1 次，如图 6-19 所示，变量 I 没有被显式声明，而是自动被定义为局部变量，其作用局限于 FOR 生成语句的循环之中。图 6-20 给出了例化 4 次后的仿真输出波形。

```
LIBRARY IEEE;
USE IEEE.STD_LOGIC_1164.ALL;
ENTITY rplcont IS
   PORT(CLK,CLR: IN STD_LOGIC;
        COUNT: OUT STD_LOGIC_VECTOR(7 DOWNTO 0));
END rplcont;
ARCHITECTURE rtl_top OF rplcont IS
   SIGNAL COUNT_IN_BAR: STD_LOGIC_VECTOR(8 DOWNTO 0);
   COMPONENT rdff
   PORT(CLK,CLR,D: IN STD_LOGIC;
        Q,NQ : OUT STD_LOGIC);
   END COMPONENT;
BEGIN
   COUNT_IN_BAR(0)< = CLK;
   GENL:FOR I IN 0 TO 7 GENERATE
      U:rdff
PORT MAP(CLK = >COUNT_IN_BAR(I),
CLR = >CLR,
D = >COUNT_IN_BAR(I + 1),
Q = >COUNT(I),
NQ = >COUNT_IN_BAR(I + 1));
      END GENERATE;
END rtl_top;
```

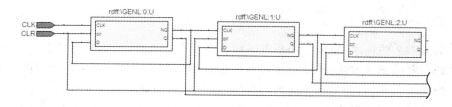

图 6 - 19 行波计数器的部分 RTL 图

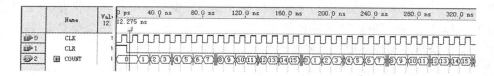

图 6 - 20 例化 4 次后的计数器仿真输出波形

（4）环形计数器

利用移位寄存器把一个有效逻辑电平循环经过所有触发器，从而使之实现计数功能的计数器可称之为环形计数器。环形计数器的特点是模数等于寄存器中触发器的个数，因此总有一些不用或无效的状态。

【例 6 - 27】 4 位环形计数器的 VHDL 建模。

```
LIBRARY IEEE;
USE IEEE.STD_LOGIC_1164.ALL;
USE IEEE.STD_LOGIC_UNSIGNED.ALL;
ENTITY COUNT4 IS
  PORT( CLK: IN BIT;
        Q: OUT BIT_VECTOR(3 DOWNTO 0));
END COUNT4;
ARCHITECTURE VHDL OF COUNT4 IS
BEGIN
  PROCESS(CLK)
  VARIABLE FF: BIT_VECTOR(3 DOWNTO 0);
  VARIABLE SER_IN: BIT;
  BEGIN
    IF(CLK'EVENT AND CLK = '1') THEN
      IF(FF(3 DOWNTO 1) = "000") THEN
        SER_IN: = '1';
    ELSE SER_IN: = '0';
    END IF;
    FF(3 DOWNTO 0): = (SER_IN & FF(3 DOWNTO 1));
  END IF;
  Q< = FF;
```

```
END PROCESS;
END VHDL;
```

例 6-27 的程序中，为了使寄存器每来一个脉冲移位一次，采用了例 6-22 中的移位寄存器的描述方法，即通过驱动移位寄存器的 SER_IN 输入来实现"环形"移位。无论初始状态如何，经过简单规划，就能确保计数器最终能够进入所需的序列中。为了使计数器不使用异步输入信号就能够自启动，此例运用 IF/ELSE 结构来控制移位寄存器的 SER_IN 输入。每当发现较高 3 位都是低电平时，假设最低是高电平，并且在下一个时钟脉冲时，把一个高电平移位到 SER_IN 中。对所有其他状态(有效或无效的)，都移入一个低电平，无论计数器的初始状态是什么，它最终全都是 0，移入一个高电平以便启动环形序列。其仿真输出波形如图 6-21 所示。

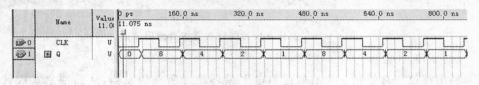

图 6-21 环形计数器仿真输出波形

（5）可逆计数器

可逆计数器根据计数脉冲的不同，控制计数器在同步信号脉冲的作用下，进行加 1 操作，或者减 1 操作。假设可逆计数器的计数方向，由特殊的控制端 updown 控制。当 updown = 1 时，计数器加 1 操作；当 updown = 0 时，计数器减 1 操作。下面以 8 位二进制可逆计数器设计为例，其真值表如表 6-11 所列。示例程序如例 6-28 所示。

表 6-11 8 位二进制可逆计数器真值表

输　入			输　出							
CLR	UPDOWN	CLK	Q0	Q1	Q2	Q3	Q4	Q5	Q6	Q7
1	X	X	0	0	0	0	0	0	0	0
0	1	上升沿	加 1 操作							
0	0	上升沿	减 1 操作							

【例 6-28】 8 位可逆计数器的 VHDL 设计。

```
LIBRARY IEEE;
USE IEEE.STD_LOGIC_1164.ALL;
USE IEEE.STD_LOGIC_UNSIGNED.ALL;
ENTITY count8UP_Dn IS
    PORT (clk,clr,updown: IN STD_LOGIC;
        Q0,Q1,Q2,Q3,Q4,Q5,Q6,Q7:OUT STD_LOGIC);
```

```
END count8UP_Dn;
ARCHITECTURE example OF count8UP_Dn IS
SIGNAL count_B:STDa_LOGIC_VECTOR (5 DOWNTO 0);
BEGIN
  Q0 < = count_B(0);
  Q1 < = count_B(1);
  Q2 < = count_B(2);
  Q3 < = count_B(3);
  Q4 < = count_B(4);
  Q5 < = count_B(5);
  Q6 < = count_B(6);
  Q7 < = count_B(7);
    PROCESS (clr,clk)
    BEGIN
      IF (clr = 1 ) THEN
        Count_B < = (OTHERS = > 0 );
      ELSIF (clk' EVENT AND clk = 1 ) THEN
        IF (updown = 1 ) THEN
          Count_B < = count_B + 1 ;
        ELSE
          Count_B < = count_B - 1 ;
        END IF;
      END IF;
    END PROCESS;
END example;
```

可逆计数器的仿真输出波形如图 6 - 22 所示。当 updown = 1 时,计数器加 1 操作;当 updown = 0 时,计数器减 1 操作,符合设计要求。

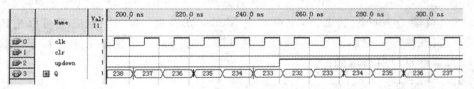

图 6 - 22 8 位可逆计数器仿真输出波形

6.3 状态机的设计

有限状态机(finite state machine)又称有限状态自动机或简称状态机,它是一个有向图形,由一组输入、一组输出、一组状态(states)和一组管理状态间转移的转移函数(transition function)组成。状态机通过响应一系列事件而"运行"。每个事件都在属于"当前"节点的转移函数的控制范围内,其中函数的范围是节点的一个子集。它是表示有限个状态以及这些状态之间的转移和动作等行为的数学模型。

　　有限状态机中的状态只是操作步骤的序列中用于对某个操作步骤作标记的抽象值,在给定的时间周期有一个当前状态(current state),转移函数可以根据当前状态及给定时间周期的输入值,来确定下一个时间周期的下一个状态(next state)。输出函数可根据当前状态及给定时间周期的输入值来确定给定时间周期的输出。

　　有限状态机通常分为两类:Moore 状态机和 Mealy 状态机。图 6-23 给出了有限状态机的结构示意图。Moore 状态机输出只是状态的函数,因此在有效的时钟沿之后,输出设置到其最后数值要几个门的延时,即使输入的信号恰巧在时钟周期内改变,输出信号在时钟周期也将不会改变,要将输入和输出隔离开。Mealy 状态机输出是输入和状态的函数,而且输入变化,输出可能在时钟周期中间发生变化,在整个的周期内输出可能不一致。

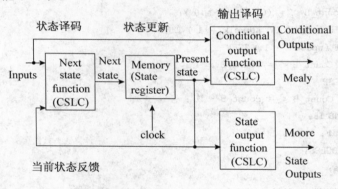

图 6-23　有限状态机的结构示意图

　　理论上,任何一个 Mealy 状态机,都有一个等价的 Moore 状态机与之对应,实际设计中,可能是 Mealy 状态机,也可能是 Moore 状态机。Mealy 状态机可以用较少的状态实现给定的控制序列,但很可能较难满足时间约束。这是由于计算下一状态的输入到达延时所造成的。

6.3.1　有限状态机的 VHDL 建模

　　由于有限状态机是由寄存器、下一状态逻辑和输出逻辑组成,可以利用 VHDL 语言为寄存器及组合逻辑建模的方法来为有限状态机建模。本节把状态编码的任务留给 EDA 工具自动完成,用 VHDL 语言设计状态机,可通过简便地定义状态变量,将状态描述成进程。要使用简单的同步或异步重置,不要依赖"缺损"状态,使用枚举数据类型来描述状态,从组合进程里头分离出时序进程。要保证组合进程和时序进程分开的话,组合进程是纯组合逻辑的,使用 CASE 声明来检查当前状态和预判下一状态,使用 CASE 或者 IF-THEN-ELSE 语句做输出逻辑。

1. 用户自定义数据类型定义语句

用户自定义数据类型定义语句是用类型定义语句 TYPE 和子类型 SUBTYPE 实现。TYPE 的语句格式如下：

```
TYPE 类型名 IS 基本数据类型 RANGE 约束范围;
TYPE 数据类型名 IS 数据类型定义;
```

用 TYPE 语句进行数据类型定义有两种格式,但方法相同,其中数据类型名由用户自定义,类型有枚举类型、整数类型、数组类型、记录类型、时间类型、实数类型。一般都是取已有的数据类型定义,如 BIT、STD_LOGIC、INTERGER 等。

【例 6 - 29】 用户自定义数据类型定义举例。

```
① TYPE x_state IS ARRAY ( 0 TO 9 ) OF STD_LOGIC;
② TYPE week IS (sun,mon,tue,wed,thu,fri,sat);
③ TYPE m_state IS ( s0,s1,s2,s3 );
④ SIGNAL present_state,next_state : m_state;
```

句①定义的数据类型是一个具有 10 个元素数组型数据类型,数组中的每一个元素的数据类型都是 STD_LOGIC;句②定义的数据类型是枚举类型,是由一组文字符号表示,其中的每一文字都代表一个具体的数值,如可令 mon＝"0001";句③定义的数据类型也是枚举类型,它将电路中的表征每一状态的二进制值用文字符号表示,其取值为 s0、s1、s2、s3 共 4 种;句④中信号 present_state、next_state 的数据类型定义为 m_state。

在综合过程中枚举类型的文字元素的编码是由 EDA 自动设置的。一般情况下,其编码顺序是默认的,即将第一个元素(最左边)编码为"0000",以后依次加 1。

子类型 SUBTYPE 只是由 TYPE 所定义的原数据类型的一个子集,格式如下：

```
SUBTYPE 子类型名 IS 基本数据类型 RANGE 约束范围;
```

利用子类型 SUBTYPE 定义的数据类型的好处是,使程序的可读性提高,提高综合的优化效率。

2. 有限状态机的 VHDL 建模

用 VHDL 设计的有限状态机有多种形式:从信号输出方式上分为 Mealy 状态机和 Moore 状态机;从结构上分为单进程、两进程和三进程;从状态表达方式上分为符号化有限状态机和确定状态编码的有限状态机;从编码方式上分为有顺序状态编码机、一位热码状态编码机或其他编码方式的状态编码机。但最一般和最常用的状态机通常包含说明部分、主控时序进程、主控组合进程和辅助进程几个部分。

（1）说明部分

说明部分中使用 type 语句定义新的数据类型,此数据类型为枚举型,其元素通常都用状态机的状态名来定义。状态变量定义为信号,便于信息传递,并将状态变量的数据类型定义为含有既定状态元素的新定义数据类型。说明部分一般放在结构体的 architecture 和 begin 之间。例如：

```
ARCHITECTURE bev OF example_state IS
TYPE FSM_ST IS (A,B,C);
SIGNAL current_state, next_state: FSM_ST;
BEGIN …
```

（2）主控时序进程

主控时序进程是指负责状态机运转和在时钟驱动下负责状态转换的进程。状态机随外部时钟信号以同步时序方式工作，因此，状态机中必须包含一个对工作时钟信号敏感的进程，作为状态机的"驱动泵"。当时钟发生跳变时，状态机的状态才会发生改变。当时钟的有效跳变到来时，时序进程将代表次态的信号 next_state 中的内容送入现态信号 current_state 中，而 next_state 中的内容完全由其他进程根据实际情况而定，此进程中往往也包括一些清零或置位的控制信号，如图 6 - 24 所示，其中状态 A 为闲置状态，该状态表明系统正等待启动。

```
PROCESS (clk, reset)
  BEGIN
    IF reset = '1' THEN   current_state <= A;
    ELSIF( clk='1' AND  clk'EVENT ) THEN
      current_state <= next_state;
     END IF;
  END PROCESS;
```

图 6 - 24　有限状态机主控时序进程

（3）主控组合进程

主控组合进程的任务是根据外部输入的控制信号（包括来自状态机外部的信号和来自状态机内部其他非主控的组合或时序进程的信号）和当前状态值确定下一状态 next_state 的取向，以及确定对外输出或对内其他进程输出控制信号的内容。如图 6 - 25 所示，状态逻辑输出为 com_outputs。

```
COM:PROCESS(current_state, state_Inputs)
BEGIN
    CASE current_state IS
      WHEN s0 => comb_outputs<= 5;
        IF state_inputs = "00" THEN  next_state<=s0;
          ELSE  next_state<=s1;
        END IF;
      WHEN s1 =>  comb_outputs<= 8;
          IF state_inputs = "00" THEN  next_state<=s1;
          ELSE  next_state<=s2;
          END IF;
    END case;
  END PROCESS;
    END behv;
```

图 6 - 25　有限状态机主控组合进程

（4）辅助进程

辅助进程是用于配合状态机工作的组合或时序进程。在一般状态机的设计过程中，为了能获得可综合、高效的 VHDL 状态机描述，建议使用枚举数据类型来定义状态机的状态，并使用多进程方式来描述状态机的内部逻辑。例如可使用两个进程来描述，一个进程描述时序逻辑，包括状态寄存器的工作和寄存器状态的输出；另一个进程描述组合逻辑，包括进程间状态值的传递逻辑以及状态转换值的输出。必要时还可以引入第三个进程完成其他的逻辑功能。

【例 6 - 30】　试为图 6 - 26 的有限状态机编写 VHDL 模型。

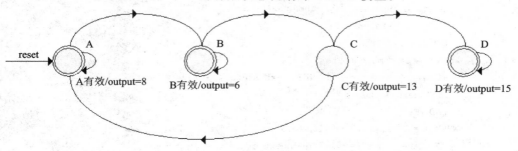

图 6 - 26　例 6 - 30 状态转示意图

解：根据图 6 - 26 所示，在异步复位信号 reset 控制下，状态机进入空闲状态 A，一旦 A 有效，output＝8，状态机进入 B，其他依此类推。不失一般性，为避免组合逻辑和时序逻辑之间的混乱，建议采用两进程状态机 VHDL 模型，一个进程用于实现时序逻辑，另一个进程实现组合逻辑。图 6 - 26 的有限状态机 VHDL 模型如下：

```
LIBRARY IEEE;
USE IEEE.STD_LOGIC_1164.ALL;
ENTITY s_machine IS
  PORT ( clk,reset    : IN STD_LOGIC;
       state_inputs : IN STD_LOGIC_VECTOR ( 0 TO 1);
       comb_outputs : OUT INTEGER RANGE 0 TO 15 );
END s_machine;
ARCHITECTURE behv OF s_machine IS
  TYPE FSM_ST IS (A, B, C, D);
  SIGNAL current_state, next_state: FSM_ST;
BEGIN
  REG: PROCESS (reset,clk)
  BEGIN
    IF reset = '1' THEN current_state < = A;
    ELSIF clk = '1' AND clk'EVENT THEN
    current_state < = next_state;
    END IF;
```

```
        END PROCESS;
    COM:PROCESS(current_state, state_Inputs)
BEGIN
    CASE current_state IS
        WHEN A = > comb_outputs< = 6;
            IF state_inputs = "00" THEN next_state< = A;
              ELSE next_state< = B;
            END IF;
        WHEN B = > comb_outputs< = 8;
            IF state_inputs = "00" THEN next_state< = B;
            ELSE next_state< = C;
            END IF;
        WHEN C = > comb_outputs< = 13;
            IF state_inputs = "11" THEN next_state < = A;
            ELSE next_state < = D;
            END IF;
        WHEN D = > comb_outputs< = 15;
            IF state_inputs = "11" THEN next_state < = D;
            ELSE next_state < = D;
            END IF;
        END case;
    END PROCESS;
      END behv;
```

采用 Quartus II 综合后生成的两进程状态机的 RTL 线路图如图 6-27 所示,可以清楚地看到时序逻辑和组合逻辑分成了两部分。图 6-26 的有限状态机也可用三进程实现,即在例 6-30 的基础上,将主控组合进程后再增加一级寄存器(辅助进程)来实现时序逻辑的输出。这样一来可有效地滤除组合逻辑的毛刺,同时增加一级寄存器可以有效进行时序计算与约束,另外对于总线形式的输出信号来说,容易使总线数据对齐,从而减少总线数据间的偏斜(skew),减少接收端数据采样出错的概率。

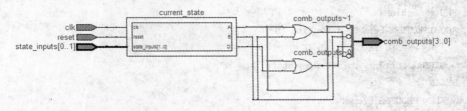

图 6-27 采用 Quartus II 综合后两进程状态机的 RTL 线路图

三进程状态机的基本格式是:第 1 个进程实现同步状态跳转;第 2 个进程实现组合逻辑;第 3 个进程实现同步输出。组合逻辑采用的是 current_state,同步输出采用的是 next_state。请读者自行完成三进程状态机的 VHDL 设计。

6.3.2 Moore 状态机 VHDL 设计

从信号输出方式上有限状态机分为 Mealy 状态机和 Moore 状态机。从输出时序上看前者属于同步输出状态机,而后者属于异步输出状态机。Moore 状态机的输出仅为当前状态函数,这类状态机在输入发生变化时还必须等待时钟的到来,时钟状态发生变化时才导致输出的变化,它比 Mealy 状态要多等一个时钟周期。例 6 - 30 实际是 Moore 状态机,下面再通过一个实例说明 Moore 状态机的 VHDL 建模方法。

【例 6 - 31】 用 Moore 状态机实现 11 序列检测。

解:"11"序列检测器要求在一个串行数据流中检测出"11",即在连续的两个时钟周期内输入为"1",则在下一个时钟周期输出"1",用 Moore 状态机实现,需要 3 个状态,设为:s0,s1,s2。s0 表示已检测到 0 个 1,s1 表示已检测到 1 个 1,s2 表示已检测到 2 个以上的 1,其状态图如图 6 - 28 所示。

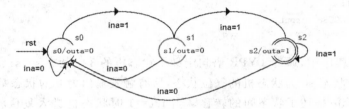

图 6 - 28 "11"序列检测器状态图

```
LIBRARY IEEE;
USE IEEE.STD_LOGIC_1164.ALL;
ENTITY FSM_moore IS
PORT(clk,rst: IN STD_LOGIC;
   ina: in STD_LOGIC;
   outa: out STD_LOGIC);
END FSM_moore;
ARCHITECTURE beav OF FSM_moore IS
TYPE state_type IS(s0,s1,s2);
SIGNAL c_state: state_type;
BEGIN
  update:PROCESS(clk,rst)
    BEGIN
      IF rst = '1' THEN c_state< = s0;
      ELSIF clk = '1' AND clk'EVENT THEN
      CASE c_state IS
      WHEN s0 = >IF ina = '1' THEN c_state< = s1; ELSe c_state< = s0;END IF;
      WHEN s1 = >IF ina = '1' THEN c_state< = s2; ELSe c_state< = s0;END IF;
      WHEN s2 = >IF ina = '0' THEN c_state< = s0; ELSe c_state< = s2;END IF;
      when others = >c_state< = s0;
```

```
        end case;
    end if;
    end PROCESS update;
output:PROCESS(clk,c_state,ina)
    BEGIN
    IF rst = '1' THEN outa < = '0';
    ELSE
        IF clk  = '1' AND clk'EVENT THEN
          if c_state = s2 then
             outa < = '1' ;
          else outa < = '0';
          end if;
        end if;
    end if;
    end PROCESS output;
    end beav;
```

例 6 - 31 程序中,通过 TYPR 语句定义了状态机的 3 个状态 s0、s1、s2,并假定触发器的第一个状态 s0 为状态机的复位状态,所有触发输出为 0 的状态赋值均用此状态。进程 update 描述了状态间的转移。当 rst＝1 时状态机进入复位状态 s0,因为 IF 语句的条件不依赖时钟信号,所以复位是异步的,这就是为什么要把 rst 列入进程 update 的敏感性信号表。当复位信号不起作用时,ELSIF 语句指定电路等待时钟信号上升沿。CASE 语句中的每个 WHEN 语句表示状态机的一个状态。状态机的最后一部分指定:如状态机仍处在状态 s2,则输出 outa 为 1,否则 outa 为 0。

采用 Quartus II 综合后生成的两进程状态机的 RTL 线路图如图 6 - 29 所示,可以清楚地看到时序逻辑和组合逻辑分成了两部分。其仿真波形如图 6 - 30 所示。

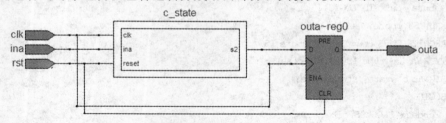

图 6 - 29 "11"序列检测器 Moore 状态机 RTL 线路图

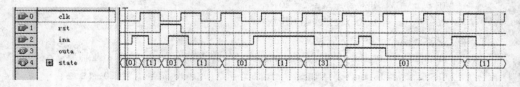

图 6 - 30 "11"序列检测器 Moore 状态机仿真波形

6.3.3 Mealy 状态机 VHDL 设计

Mealy 状态机输出是输入和状态的函数,而且输入变化,输出可能在时钟周期中间发生变化,在整个的周期内输出可能不一致。但是,允许输出随着噪声输入而改变。与 Moore 状态机相比,Mealy 状态机输出的变化要领先 Moore 状态机一个周期。其 VHDL 建模方法基本一样,不同之处是,Mealy 状态机组合进程中的输出信号是当前状态和当前输入的函数。

【例 6 - 32】 用 Mealy 状态机实现"11"序列检测。

解:用 Mealy 状态机实现"11"序列检测器,需要 2 个状态即可,设为:s0,s1。s0 表示前一个时钟周期的数据为 0,s1 表示前一个时钟周期的数据为 1,其状态图如图 6 - 31 所示。其 VHDL 模型代码如下:

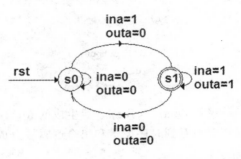

图 6 - 31 "11"序列检测器状态图

```
LIBRARY IEEE;
USE IEEE.STD_LOGIC_1164.ALL;
ENTITY FSM_mealy IS
PORT(clk,rst: IN STD_LOGIC;
        ina: in STD_LOGIC;
        outa: out STD_LOGIC);
END FSM_mealy;
ARCHITECTURE beav OF FSM_mealy IS
  TYPE state_type IS(s0,s1);
  SIGNAL c_state: state_type;
  SIGNAL q1 : STD_LOGIC;
BEGIN
  update:PROCESS(clk,rst)
    BEGIN
      IF rst = '1' THEN c_state< = s0;
      ELSIF clk = '1' AND clk'EVENT THEN
      CASE c_state IS
      WHEN s0 = >IF ina = '1' THEN c_state< = s1; ELSe c_state< = s0;END IF;
      WHEN s1 = >IF ina = '0' THEN c_state< = s0; ELSe c_state< = s1;END IF;
      when others = >c_state< = s0;
      end case;
    end if;
  end PROCESS update;
output:PROCESS(clk,c_state,ina)
```

```
        variable q2 : STD_LOGIC;
        BEGIN
        CASE c_state IS
            WHEN s0 => IF ina = '1' THEN q2 := '0'; ELSe q2 := '0'; END IF;
            WHEN s1 => IF ina = '0' THEN q2 := '0'; ELSe q2 := '1'; END IF;
            when others => q2 := '0';
        END CASE;
            IF clk = '1' AND clk'EVENT THEN
                q1 <= q2;
            end if;
        end PROCESS output;
        outa <= q1;
    end beav;
```

　　采用 Quartus II 综合后生成的 Mealy 状态机的 RTL 线路图如图 6-32 所示,可以清楚地看到时序逻辑和组合逻辑被分成了三部分。其仿真波形如图 6-33 所示。

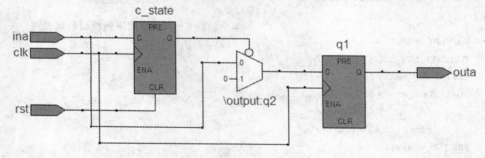

图 6-32 "11"序列检测器 Mealy 状态机 RTL 线路图

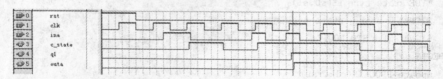

图 6-33 "11"序列检测器 Mealy 状态机仿真波形

6.4　存储器的设计

　　存储器是一个用于存放数据的寄存器阵列或存放数据的单元(location),每一个单元有唯一的地址,地址是用来确定单元位置的一个数据。存储器的地址通常从 0 开始,每过一个单元,地址加 1,一直到比地址单元的个数少不了。存储器可分为随机读/写存储器(Random Access Memory)和只读存储器(Read Only Memory)。

6.4.1 ROM 的设计

只读存储器 ROM 存放固定数据,事先写入,工作中可随时读取,断电时数据不会丢失。在数值是常数的情况下,只读存储器非常有用,因为没有必要更新所存储的数据值。简单的 ROM 是一个组合电路,每个输入地址对应一个常数,可以用表格的形式来指定 ROM 的内容,每一个地址列一行,地址的右边就是该地址的内容,即数据。对于一个复杂的多输出组合逻辑,用 ROM 来实现比用逻辑门电路实现更好。在复杂的状态机中,可用 ROM 产生下一个状态的逻辑,或产生输出逻辑。

【例 6 - 33】 请根据图 6 - 34 用 VHDL 语言设计一个程序存储器 ROM16_8,该 ROM 可存储 16 个 8 位十六进制数,从地址 0 到 F 该 ROM 所存的 16 个数为:09,1A,1B,2C,E0,F0,00,00,10,15,17,20,00,00,00,00。

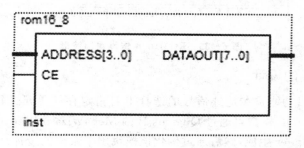

图 6 - 34 例 6 - 33 图

解:该 ROM 的地址位为 4,数据位为 8,结构体代码如下,仿真输出波形图 6 - 35 所示。

```
LIBRARY IEEE;
USE IEEE.STD_LOGIC_1164.ALL;
USE IEEE.STD_LOGIC_ARITH.ALL;
USE IEEE.STD_LOGIC_UNSIGNED.ALL;
ENTITY rom16_8 IS
  PORT(DATAOUT:OUT STD_LOGIC_VECTOR(7 DOWNTO 0);
     ADDRESS : IN STD_LOGIC_VECTOR(3 DOWNTO 0);
       CE : IN STD_LOGIC );
END rom16_8;
ARCHITECTURE r OF rom16_8 is
BEGIN
DATAOUT< = "00001001" WHEN ADDRESS = "0000" AND CE = '0' ELSE
      "00011010" WHEN ADDRESS = "0001"AND CE = '0'ELSE
      "00011011" WHEN ADDRESS = "0010"AND CE = '0'ELSE
      "00101100" WHEN ADDRESS = "0011" AND CE = '0' ELSE
```

```
"11100000" WHEN ADDRESS = "0100" AND CE = '0' ELSE
"11110000" WHEN ADDRESS = "0101" AND CE = '0' ELSE
"00010000" WHEN ADDRESS = "1001" AND CE = '0' ELSE
"00010101" WHEN ADDRESS = "1010" AND CE = '0' ELSE
"00010111" WHEN ADDRESS = "1011" AND CE = '0' ELSE
"00100000" WHEN ADDRESS = "1100" AND CE = '0' ELSE
"00000000";
END r;
```

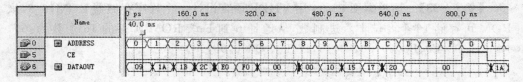

图 6 - 35   ROM16_8 仿真输出波形

6.4.2   RAM 的设计

RAM 的逻辑功能是在地址信号的选择下对指定存储单元进行相应的读/写操作。RAM 的 VHDL 模型可通过 Quartus II 的 MegaWizard Plug - In Manager 工具中 Memory Compiler 生成,然后通过例化该模块用于系统的设计。这里给出一个直接用 VHDL 实现的 RAM 的例子。

【例 6 - 34】   图 6 - 36 为双端口直通 SSRAM,其容量为 1K×8 位,端口 d_out1 允许数据读/写,端口 d_out2 只允许读取数据,请编写其 VHDL 模型。

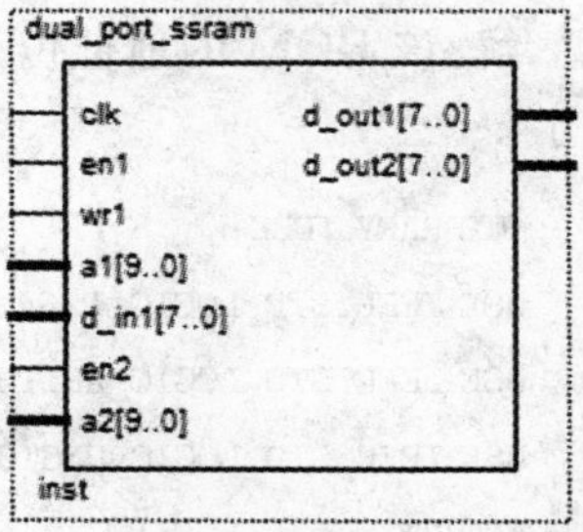

解:RAM 一般分为单端口存储器和多端口存储器。单端口存储器只有一个读/写数据的端口,即使数据连接可分为输入和输出,也只有一个地址输入,在同一个时间只可以实现一次访问(或读或写)。多端口存储器有多个地址输入,对应于多个数据输入和输出,该模型的 VHDL 代码如下:

图 6 - 36   双端口存储器

```
library IEEE;
use IEEE.std_logic_1164.all,ieee.numeric_std.all;
entity dual_port_ssram is
port( clk : in std_logic;
  en1,wr1 : in std_logic;
  a1 :in unsigned(9 downto 0);
  d_in1:IN STD_LOGIC_VECTOR(7 DOWNTO 0);
  d_out1:out STD_LOGIC_VECTOR(7 DOWNTO 0);
  en2 : in std_logic;
```

```
a2 :in unsigned(9 downto 0);
d_out2:out STD_LOGIC_VECTOR(7 DOWNTO 0));
end dual_port_ssram;
architecture rtl of dual_port_ssram is
  type ram_1Kx8 is array(0 to 1023) of STD_LOGIC_VECTOR(7 DOWNTO 0);
  signal data_ram :ram_1Kx8 ;
begin
read_write_port: process(clk) is
begin
if rising_edge(clk) then
  if en1 = '1' then
  if wr1 = '1' then
    data_ram(to_integer(a1)) <= d_in1;
    d_out1 <= d_in1;
    else
    d_out1 <= data_ram(to_integer(a1));
    end if;
    end if;
  end if;
end process read_write_port;
read_only_port:process(clk) is
begin
if rising_edge(clk) then
    if en2 = '1' then
  d_out2 <= data_ram(to_integer(a2));
end if;
end if;
end process read_only_port;
end rtl;
```

6.4.3 FIFO 的设计

先入先出存储器 FIFO 是多端口存储器的一个特例,FIFO 被用来对来自源头到达的数据进行排队,并依照数据到达的顺序由另一个子系统加以处理,最先进入的数据最先出来。FIFO 的一个重要用途是用于不同时钟频率子系统间的数据传递。

【例 6 - 35】 请设计一个最多可存储 256×8 位数据的 FIFO,该 FIFO 能提供状态输出,如图 6 - 37 所示。如 FIFO 为空,则禁止读取 FIFO;如 FIFO 为满,则禁止写入 FIFO;并且读/写端口共用一个时钟。

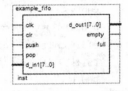

图 6 - 37 具有空和满
状态的 FIFO

```vhdl
library IEEE;
use IEEE.std_logic_1164.all;
USE IEEE.STD_LOGIC_UNSIGNED.ALL;
entity example_fifo is
port( clk : in std_logic;
clr,push,pop : in std_logic;
d_in1:IN STD_LOGIC_VECTOR(7 DOWNTO 0);
d_out1:out STD_LOGIC_VECTOR(7 DOWNTO 0);
empty,full:out STD_LOGIC);
end example_fifo;
architecture rtl of example_fifo is
    type ram_256x8 is array(0 to 256) of STD_LOGIC_VECTOR(7 DOWNTO 0);
begin
p1: process(clk,clr)
    variable stack:ram_256x8;
    variable cnt:integer range 0 to 255;
begin
if clr = '1' then
    d_out1<= (others =>'0');
    full<= '0';cnt: = 0;
elsif rising_edge(clk) then
    if push = '1' and pop = '0'and cnt/ = 255 then
        empty<= '0';
        stack(cnt): = d_in1;
        cnt: = cnt + 1;
        d_out1<= (others =>'0');
    elsif push = '0' and pop = '1'and cnt/ = 0 then
        full<= '0';
        cnt: = cnt - 1;
        d_out1<= stack(cnt);
    elsif push = '0' and pop = '0'and cnt/ = 0 then
        d_out1<= (others =>'0');
    elsif cnt = 0 then
        empty<= '1';
        d_out1<= (others =>'0');
        elsif cnt = 256 then
        full<= '1';
        end if;
    end if;
end process p1;
end rtl;
```

6.5 EDA 综合设计

本节通过 3 个设计实例,说明怎样利用基于 VHDL 的层次化结构的设计方法来构造较复杂的数字逻辑系统。通过这些实例,逐步讲解设计任务的分解、层次化结构设计的重要性、可重复使用的库、程序包参数化的元件引用等方面的内容。进一步了解 EDA 技术在数字系统设计方面的应用。

6.5.1 简易数字钟的设计

简易数字钟实际上是一个对标准 1 Hz 秒脉冲信号进行计数的计数电路,秒计数器满 60 后向分计数器进位,分计数器满 60 后向时计数器进位,时计数器按 24 翻 1 规律计数,计数输出经译码器送 LED 显示器,以十进制(BCD 码)形式输出时分秒。

根据上述简易数字钟功能的介绍可将该系统的设计分为两部分,即时分秒计数模块和时分秒译码输出模块。其原理框图如图 6-38 所示,秒计数器在 1 Hz 时钟脉冲下开始计数,当秒计数器值满 60 后进位输送到分计数器,同时将数值送往秒译码器,以十进制 BCD 码分别显示输出秒的十位与个位。同理,分计数器也在计数值满 60 后进位输送到时计数器,经译码输出十位与个位计数值,而时计数器则是模为 24 的计数器,当计数值满 24 后,计数值置零,重新开始计数,如此循环计数。

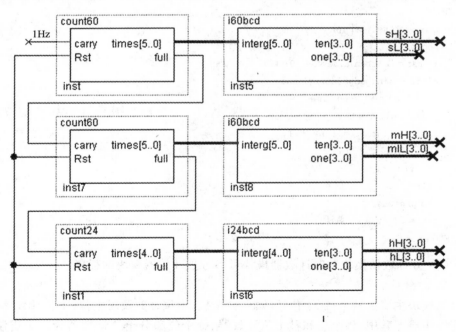

图 6-38 数字钟的顶层电路原理框图

1. 时分秒计数模块

时分秒计数器模块由秒计数器、分计数器及时计数器模块构成。其中：秒个计数器、分计数器为六十进制计数器，而根据设计要求时计数器为二十四进制计数器。

（1）秒计数器模块设计

秒计数器模块的输入来自时钟电路的秒脉冲 1 Hz，是模 $M=60$ 的计数器，其规律为 $00 \to 01 \to \cdots \to 58 \to 59 \to 00 \cdots$，在设计中保留了一个异步清零端 rst 和进位输出端 full，当计数器值满计数到 59 时，进位位 full 输出为 1。秒计数器模块的 VHDL 程序代码如下：

```
LIBRARY IEEE;
USE IEEE.STD_LOGIC_1164.ALL;
USE IEEE.STD_LOGIC_UNSIGNED.ALL;
USE IEEE.STD_LOGIC_ARITH.all;
ENTITY count60 is
    PORT(carry: in std_logic;
        Rst: in std_logic;
        times: out integer range 0 to 59;
        full: out std_logic);
END count60;
ARCHITECTURE arch OF count60 IS
    signal time : integer range 0 to 59;
BEGIN
    process (rst,carry)
    begin
    if rst = '1' then time <= 0; full <= '0';
    elsif rising_edge(carry) then
        if time = 59 then time <= 0;
            full <= '1';
        else time <= time + 1;
            full <= '0';
        end if;
    end if;
    end process;
    times <= time;
END arch;
```

（2）分计数器模块和时计数器模块可参考秒计数器模块的程序

2. 时分秒译码输出模块设计

该模块主要由秒个位、十位计数器、分个位、十位计数及时个位、十位计数译码输出模块构成。其中：秒个位和秒十位计数器、分个位和分十位计数器为六十进制，而根据设计要求时个位和时十位构成为二十四进制计数器，显示输出均为十进制

BCD 码。

（1）秒译码输出模块设计

在设计时通过 CASE 语句来实现译码转换功能，计数值在 0～59 内变化时，输出对应译码，当为其他值时，似为错误输出。秒译码输出模块的 VHDL 程序设计如下：

```vhdl
LIBRARY IEEE;
USE IEEE.STD_LOGIC_1164.ALL;
USE IEEE.STD_LOGIC_UNSIGNED.ALL;
USE IEEE.STD_LOGIC_ARITH.all;
ENTITY i60bcd IS
    PORT (interg : in integer range 0 to 59;
          ten : out std_logic_vector (3 downto 0) ;
          one : out std_logic_vector (3 downto 0) );
END i60bcd;
ARCHITECTURE arch OF i60bcd IS
begin
  process(interg)
  begin
    case interg is
        when 0|10|20|30|40|50 = > one< = "0000";
        when 1|11|21|31|41|51 = > one< = "0001";
        when 2|12|22|32|42|52 = > one< = "0010";
        when 3|13|23|33|43|53 = > one< = "0011";
        when 4|14|24|34|44|54 = > one< = "0100";
        when 5|15|25|35|45|55 = > one< = "0101";
        when 6|16|26|36|46|56 = > one< = "0110";
        when 7|17|27|37|47|57 = > one< = "0111";
        when 8|18|28|38|48|58 = > one< = "1000";
        when 9|19|29|39|49|59 = > one< = "1001";
        when others            = > one< = "1110";
    end case;
    case interg is
        when 0|1|2|3|4|5|6|7|8|9 = > ten< = "0000";
        when 10|11|12|13|14|15|16|17|18|19 = > ten< = "0001";
        when 20|21|22|23|24|25|26|27|28|29 = > ten< = "0010";
        when 30|31|32|33|34|35|36|37|38|39 = > ten< = "0011";
        when 40|41|42|43|44|45|46|47|48|49 = > ten< = "0100";
        when 50|51|52|53|54|55|56|57|58|59 = > ten< = "0101";
        when others            = > ten< = "1110";
    end case;
  end process;
```

```
end arch；
```

（2）分译码输出模块和时译码输出模块设计可参考秒译码输出模块设计

3．数字钟的顶层设计

根据图 6-38 数字钟的原理图，利用元件例化的方法可得数字钟顶层设计的 VHDL 代码。

```
LIBRARY IEEE；
USE IEEE.STD_LOGIC_1164.ALL；
USE IEEE.STD_LOGIC_UNSIGNED.ALL；
USE IEEE.STD_LOGIC_ARITH.all；
ENITY clock IS
   port( clk： in std_logic；
      sH,sL ,mH, mL,hH,hL： out std_logic_vector(3 downto 0)；
END clock；
ARCHITECTURE clock_arc OF clock IS
   COMPONENT count60
      PORT(carry,Rst： in std_logic；
         times： out integer range 0 to 59；
         full： out std_logic)；
   END COMPONENT；
   COMPONENT count24
      port(carry,Rst： in std_logic；
         times： out integer range 0 to 23；
            full： out std_logic)；
   END COMPONENT；
COMPONENT i60bcd
      port(interg： in integer range 0 to 59；
         one,ten： out std_logic_vector(3 downto 0))；
   END COMPONENT；
COMPONENT i24bcd
   port(interg： in integer range 0 to 23；
      one,ten： out std_logic_vector(3 downto 0))；
   END COMPONENT；
signal carry1,carry2,newRst： std_logic；
signal abin1,abin2： integer range 0 to 59；
signal abin3： integer range 0 to 23；
begin
   u1：count60 port map(carry = >clk,Rst = >newRst,times = >abin1,full = >carry1)；
   u2：count60 port map(carry = > carry1, Rst = > newRst, times = > abin2, full = >
carry2)；
   u3：count24 port map(carry = >carry2,Rst = >newRst,times = >abin3,full = >
```

newRst);

```
    u4:i60bcd port map(interg =>abin1,ten =>sH,one =>sL);
    u5:i60bcd port map(interg =>abin2,ten =>mH,one =>mL);
    u6:i24bcd port map(interg =>abin3,ten =>hH,one =>hL);
end clock_arc;
```

6.5.2 出租车自动计费器 EDA 设计

设计一个出租车自动计费器,计费包括起步价、行车里程计费、等待时间计费三部分。用三位数码管显示金额,最大值为 999.9 元,最小计价单元为 0.1 元,行程 3 km 内,且等待累计时间 3 min 内,起步费为 8 元,超过 3 km,以每千米 1.6 元计费,等待时间单价为每分钟 1 元。用两位数码管显示总里程。最大为 99 km,用两位数码管显示等待时间,最大值为 59 min。

根据层次化设计理论,该设计问题自顶向下可分为分频模块、控制模块、计量模块、译码和动态扫描显示模块,其系统框图如图 6 - 39 所示。

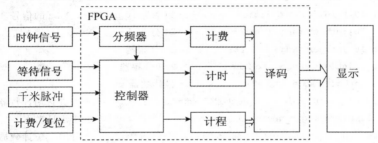

图 6 - 39 出租车自动计费器系统框图

1. 出租车自动计费器系统的主体 FPGA 电路 txai 的 VHDL 设计

该电路的核心部分就是计数分频电路,分频模块对频率为 240 Hz 的输入脉冲进行分频,得到 16 Hz、10 Hz 和 1 Hz 三种频率。该模块产生频率信号用于计费,每个 1 Hz 脉冲为 0.1 元计费控制,10 Hz 信号为 1 元的计费控制,16 Hz 信号为 1.6 元计费控制。

计量控制模块是出租车自动计费器系统的主体部分,该模块主要完成等待计时功能、计价功能、计程功能,同时产生 3 min 的等待计时使能控制信号 en1,行程 3 km 外的使能控制信号 en0。其中计价功能主要完成的任务是:行程 3 km 内,且等待累计时间 3 min 内,起步费为 8 元;3 km 以外每千米 1.6 元计费,等待累计时间 3 min 外以每分钟 1 元计费。计时功能主要完成的任务是:计算乘客的等待累计时间,计时器的量程为 59 分,满量程自动归零;计程功能主要完成的任务是:计算乘客所行驶的千米数。计程器的量程为 99 km,满量程自动归零。

本设计通过 VHDL 语言的顺序语句 IF - THEN - ELSE,根据一个或一组条件来选择某一特定的执行通道,生成计费数据、计时数据和里程数据。其 VHDL 源程序如下：

```
LIBRARY IEEE;
USE IEEE.std_logic_1164.all;
USE IEEE.std_logic_unsigned.all;
USE IEEE.std_logic_arith.all;
ENTITY taxi is
port ( clk_240 :in std_logic;              --频率为 240 Hz 的时钟频率
    start :in std_logic;                   --计价使能信号
    stop:in std_logic;                     --等待信号
    fin:in std_logic;                      --千米脉冲信号
    cha3,cha2,cha1,cha0:out std_logic_vector(3 downto 0);  --费用数据
    km1,km0:out std_logic_vector(3 downto 0);              --千米数据
    min1,min0: out std_logic_vector(3 downto 0));          --等待时间
end taxi;
architecture behav of taxi is
signal f_10,f_16,f_1:std_logic;            --频率为 10 Hz、16 Hz、1 Hz 的信号
signal q_10:integer range 0 to 23;         --24 分频器
signal q_16:integer range 0 to 14;         --15 分频器
signal q_1:integer range 0 to 239;         --240 分频器
signal w:integer range 0 to 59;            --秒计数器
signal c3,c2,c1,c0:std_logic_vector(3 downto 0);  --十进费用计数器
signal k1,k0:std_logic_vector(3 downto 0);        --千米计数器
signal m1:std_logic_vector(2 downto 0);           --分的十位计数器
signal m0:std_logic_vector(3 downto 0);           --分的个位计数器
signal en1,en0,f:std_logic;                       --使能信号
begin
feipin:process(clk_240,start)
begin
  if clk_240'event and clk_240 = '1' then
    if start = '0' then q_10<= 0;q_16<= 0;f_10<= '0';f_16<= '0';f_1<= '0';f<= '0';
    else
      if q_10 = 23 then q_10<= 0;f_10<= '1'; --此 IF 语句得到频率为 10 Hz 的信号
      else q_10<= q_10 + 1;f_10<= '0';
      end if;
      if q_16 = 14 then q_16<= 0;f_16<= '1'; --此 IF 语句得到频率为 16 Hz 的信号
      else q_16<= q_16 + 1;f_16<= '0';
      end if;
      if q_1 = 239 then q_1<= 0;f_1<= '1';   --此 IF 语句得到频率为 1 Hz 的信号
      else q_1<= q_1 + 1;f_1<= '0';
      end if;
      if en1 = '1' then f<= f_10;            --此 IF 语句得到计费脉冲 f
```

```vhdl
        elsif en0 = '1' then f< = f_16;
        else f< = '0';
        end if;
      end if;
    end if;
end process;
main:process(f_1)
begin
  if f_1'event and f_1 = '1' then
    if start = '0' then
w< = 0;en1< = '0';en0< = '0';m1< = "000";m0< = "0000";k1< = "0000";k0< = "0000";
    elsif stop = '1' then
      if w = 59 then w< = 0;                    --此 IF 语句完成等待计时
        if m0 = "1001" then m0< = "0000";       --此 IF 语句完成分计数
          if m1< = "101" then m1< = "000";
          else m1< = m1 + 1;
          end if;
        else m0< = m0 + 1;
        end if;
        if m1&m0>"0000010"then en1< = '1';      --此 IF 语句得到 en1 使能信号
        else en1< = '0';
        end if;
      else w< = w + 1;en1< = '0';
      end if;
    elsif fin = '1' then
      if k0 = "1001" then k0< = "0000";         --此 IF 语句完成千米脉冲计数
        if k1 = "1001" then k1< = "0000";
        else k1< = k1 + 1;
        end if;
      else k0< = k0 + 1;
      end if;
      if k1&k0>"00000010" then en0< = '1';      --此 IF 语句得到 en0 使能信号
      else en0< = '0';
      end if;
    else en1< = '0';en0< = '0';
    end if;
cha3< = c3;cha2< = c2;cha1< = c1;cha0< = c0;     --费用数据输出
km1< = k1;km0< = k0;min1< = '0'&m1;min0< = m0;   --千米数据、分钟数据输出
    end if ;
end process main;
jifei:process(f,start)
begin
```

```
    if start = '0' then c3<= "0000";c2<= "0000";c1<= "1000";c0<= "0000";
    elsif f'event and f = '1' then
      if c0 = "1001" then c0<= "0000";        - -此 IF 语句完成对费用的计数
        if c1 = "1001" then c1<= "0000";
          if c2 = "1001" then c2<= "0000";
            if c3<= "1001" then c3<= "0000";
            else c3<= c3 + 1;
            end if;
          else c2<= c2 + 1;
          end if;
        else c1<= c1 + 1;
        end if;
      else c0<= c0 + 1;
      end if;
    end if;
  end process jifei;
end behav;
```

该源程序包含 3 个进程模块。fenpin 进程对频率为 240 Hz 的输入脉冲进行分频,得到 16 Hz、10 Hz 和 1 Hz 这 3 种计费频率信号,供 main 进程和 jifei 进程进行计费、计时、计程之用;main 进程完成等待计时功能、计程功能,该模块将等待时间和行驶千米数变换成脉冲个数计算,同时产生 3 min 的等待计时使能控制信号 en1,行程 3 km 外的使能控制信号 en0;jifei 进程将起步价 8 元预先固定在电路中,通过对计费脉冲数的统计,计算出整个费用数据。

源程序中输入信号 fin 是汽车传感器提供的距离脉冲信号;start 为汽车计价启动信号,当 star=1 时,表示开始计费(高电平有效),此时将计价器计费数据初值 80(即 8.0 元)送入,计费信号变量(cha3cha2cha1cha0=0080),里程数清零(km1km0=00),计时计数器清零(min1min0=00);stop 为汽车停止等待信号(高电平有效),当 stop=1 时,表示停车等待状态,并开始等待计时计费。

2. 译码显示模块扫描显示电路

该模块经过 8 选 1 选择器将计费数据(4 位 BCD 码)、计时数据(2 位 BCD 码)、计程数据(2 位 BCD 码)动态选择输出。其中计费数据 jifei4 至 jifei1 送入显示译码模块进行译码,最后送至百元、十元、元、角为单位对应的数码管上显示,最大显示为 999.9 元;计时数据送入显示译码模块进行译码,最后送至分为单位对应的数码管上显示,最大显示为 59 s;计程数据送入显示译码模块进行译码,最后送至以千米为单位的数码管上显示,最大显示为 99 km。该模块包含 8 选 1 选择器,模 8 计数器,7 段数码显示译码器 3 个子模块。读者可参考 6.1.1 小节、6.1.3 小节和 6.2.3 小节完成程序设计。

3. 出租车自动计费器顶层电路的设计和仿真

根据图 6-39 出租车自动计费器系统框图,出租车自动计费器顶层电路分为 4 个模块,它们是出租车自动计费器系统的主体 FPGA 电路 txai 模块、8 选 1 选择器 mux8_1 模块、模 8 计数器 se 模块和 7 段数码显示译码器 di_LED 模块。生成动态扫描显示片选信号的 3-8 译器模块 decode3_8,本例使用原理图输入法完成图 6-40 所示出租车自动计费器顶层电路设计。

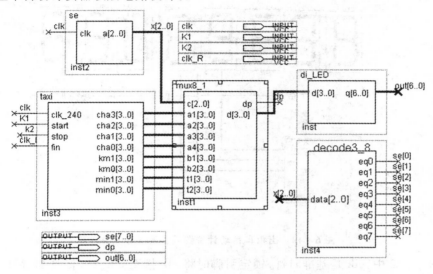

图 6-40 出租车自动计费器顶层电路原理图

按已确立的层次化设计思路,在 Quartus II 图形编辑器中分别调入前面的层次化设计方案中所设计的低层模块的元件符号 txai. sym、mux8_1. sym、se. sym、di_LED. sym,并加入相应的输入/输出引脚与辅助元件。而 3-8 译码器模块 decode3_8. sym 可利用宏功能向导 MegaWizard Plug-In Manager 定制(详细步骤参见 3.5 节)。正确编译后仿真输出波形和元件符号如图 6-41 所示。

在图 6-41(a)中,K2=0 即全程无停止等待时间,因此计时显示输出为 3F(00),该图中出租车总行驶 3F(0)5B(2)(即 2 km),等待累计时间为 3F(0)3F(0)(0 min),总费用为 7F. 3F(8.0 元),仿真结果正确。

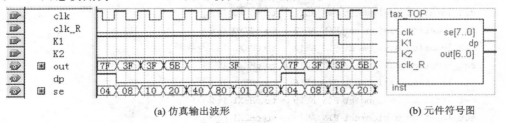

(a) 仿真输出波形   (b) 元件符号图

图 6-41 出租车自动计费器仿真输出

4. 硬件测试

为了能对所设计的出租车自动计费器电路进行硬件测试,应将其输入/输出信号锁定在开发系统的目标芯片引脚上,并重新编译;然后对目标芯片进行编程下载,完成出租车自动计费器电路的最终开发,其硬件测试示意图如图 6-42 所示。不失一般性,本设计选用的 DE2-70 开发平台,选择目标器件为 EP2C70F896C7 芯片。

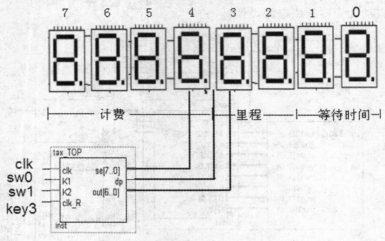

图 6-42 出租车自动计费器硬件测试示意图

图 6-42 中,clk 是基准时钟,锁定引脚时将 clk 接至 clk_28(接收 28 MHz 的时钟频率);计价使能信号 K1(1:开始计价、0 停止计价)与 sw0 相连;停车等待信号 K2(1:停车等待、0:正常行驶)与 sw1 相连;千米脉冲信号 clk_R(每按一次就输出一个脉冲)接 key[3];输出显示分别接到 DE2-70 数码管 HEX7~HEX0。其锁定引脚的 *.qsf 文件如下:

```
set_location_assignment PIN_E16 - to iCLK_28
set_location_assignment PIN_AE8 - to oHEX0_D[0]
set_location_assignment PIN_AF9 - to oHEX0_D[1]
set_location_assignment PIN_AH9 - to oHEX0_D[2]
set_location_assignment PIN_AD10 - to oHEX0_D[3]
set_location_assignment PIN_AF10 - to oHEX0_D[4]
set_location_assignment PIN_AD11 - to oHEX0_D[5]
set_location_assignment PIN_AD12 - to oHEX0_D[6]
set_location_assignment PIN_AF12 - to oHEX0_DP
set_location_assignment PIN_AG13 - to oHEX1_D[0]
set_location_assignment PIN_AE16 - to oHEX1_D[1]
set_location_assignment PIN_AF16 - to oHEX1_D[2]
set_location_assignment PIN_AG16 - to oHEX1_D[3]
set_location_assignment PIN_AE17 - to oHEX1_D[4]
```

```
set_location_assignment PIN_AF17 − to oHEX1_D[5]
set_location_assignment PIN_AD17 − to oHEX1_D[6]
set_location_assignment PIN_AC17 − to oHEX1_DP
set_location_assignment PIN_AE7 − to oHEX2_D[0]
set_location_assignment PIN_AF7 − to oHEX2_D[1]
set_location_assignment PIN_AH5 − to oHEX2_D[2]
set_location_assignment PIN_AG4 − to oHEX2_D[3]
set_location_assignment PIN_AB18 − to oHEX2_D[4]
set_location_assignment PIN_AB19 − to oHEX2_D[5]
set_location_assignment PIN_AE19 − to oHEX2_D[6]
set_location_assignment PIN_AC19 − to oHEX2_DP
set_location_assignment PIN_P6 − to oHEX3_D[0]
set_location_assignment PIN_P4 − to oHEX3_D[1]
set_location_assignment PIN_N10 − to oHEX3_D[2]
set_location_assignment PIN_N7 − to oHEX3_D[3]
set_location_assignment PIN_M8 − to oHEX3_D[4]
set_location_assignment PIN_M7 − to oHEX3_D[5]
set_location_assignment PIN_M6 − to oHEX3_D[6]
set_location_assignment PIN_M4 − to oHEX3_DP
set_location_assignment PIN_P1 − to oHEX4_D[0]
set_location_assignment PIN_P2 − to oHEX4_D[1]
set_location_assignment PIN_P3 − to oHEX4_D[2]
set_location_assignment PIN_N2 − to oHEX4_D[3]
set_location_assignment PIN_N3 − to oHEX4_D[4]
set_location_assignment PIN_M1 − to oHEX4_D[5]
set_location_assignment PIN_M2 − to oHEX4_D[6]
set_location_assignment PIN_L6 − to oHEX4_DP
set_location_assignment PIN_M3 − to oHEX5_D[0]
set_location_assignment PIN_L1 − to oHEX5_D[1]
set_location_assignment PIN_L2 − to oHEX5_D[2]
set_location_assignment PIN_L3 − to oHEX5_D[3]
set_location_assignment PIN_K1 − to oHEX5_D[4]
set_location_assignment PIN_K4 − to oHEX5_D[5]
set_location_assignment PIN_K5 − to oHEX5_D[6]
set_location_assignment PIN_K6 − to oHEX5_DP
set_location_assignment PIN_H6 − to oHEX6_D[0]
set_location_assignment PIN_H4 − to oHEX6_D[1]
set_location_assignment PIN_H7 − to oHEX6_D[2]
set_location_assignment PIN_H8 − to oHEX6_D[3]
set_location_assignment PIN_G4 − to oHEX6_D[4]
set_location_assignment PIN_F4 − to oHEX6_D[5]
set_location_assignment PIN_E4 − to oHEX6_D[6]
```

```
set_location_assignment PIN_K2 - to oHEX6_DP
set_location_assignment PIN_K3 - to oHEX7_D[0]
set_location_assignment PIN_J1 - to oHEX7_D[1]
set_location_assignment PIN_J2 - to oHEX7_D[2]
set_location_assignment PIN_H1 - to oHEX7_D[3]
set_location_assignment PIN_H2 - to oHEX7_D[4]
set_location_assignment PIN_H3 - to oHEX7_D[5]
set_location_assignment PIN_G1 - to oHEX7_D[6]
set_location_assignment PIN_G2 - to oHEX7_DP
set_location_assignment PIN_U29 - to iKEY[3]
set_location_assignment PIN_AA23 - to iSW[0]
set_location_assignment PIN_AB26 - to iSW[1]
```

6.5.3　数字密码锁 EDA 设计

数字密码锁亦称电子密码锁,其锁内有若干位密码,所用密码可由用户自己选定。数字锁有两类:一类并行接收数据,称为并行锁;另一类串行接收数据,称为串行锁,本设计为串行锁。如果输入代码与锁内密码一致时,锁被打开;否则,应封闭开锁电路,并发出告警信号。随着数字技术的飞速发展,具有防盗报警功能的数字密码锁代替安全性差的机械锁已成为必然的趋势。数字密码锁不但可以用来保管物品,还可以防止越权操作,例如银行自动柜员机、自动售货机、门卡系统等。

本小节将设计一种数字密码锁,密码由 3 位十进制数字组成,初始设定为"000"。可由用户任意设置密码,密码输入正确时开锁,密码连续输入错误 3 次报警。其原理框图如图 6-43 所示。

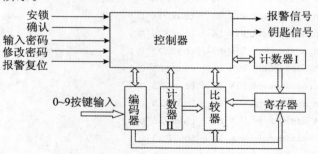

图 6-43　数字密码锁原理框图

控制器是整个系统的功能核心,接收按键和其他模块传来的信号,再根据系统功能产生相应的控制信号送到相关的模块,并控制钥匙信号(开锁/安锁)和报警信号。

编码器接收键盘的数字输入信号(用 0~9 号开关代替),编码后输出给比较器和寄存器,并提供密码脉冲信号给控制器;比较器用来比较编码器输出和寄存器输出数据是否相等,结果送给控制器;计数器 I 用来给寄存器提供地址信号并记录密码输入位数用于比较;计数器 II 记录错误次数,达到规定次数输出报警信号;寄存器在密码校验时,输出密码以供比较,在修改密码时,保存新密码。钥匙信号控制打开/关闭,报警信号可以接 LED 或其他安防设备。

按"安锁"键,将锁闭合;开锁时,先按"输入密码"键,输入密码,再按"确认"键;若输入密码内容或者长度有误,则计数器 II 累计一次,达到 3 次时报警;只有在开锁状态下才可以设置新密码,先按"修改密码"键,输入新密码,再按"确认"键。

1. 数字密码锁层次化设计方案

系统由 6 个模块组成:控制模块、计数器 I 模块、计数器 II 模块、寄存器模块、比较器模块以及编码器模块。

(1) 控制模块 VHDL 设计

控制模块采用有限状态机设计,将系统分为 7 个状态,即开锁状态(OUT-LOCK)、安锁状态(INLOCK)、输入密码状态(PS_INPUT)、密码初验正确状态(PS_RIGHT)、密码初验错误状态(PS_WRONG)、报警状态(ALARM)及修改密码状态(PS_CHANGE),状态转移如图 6-44 所示。

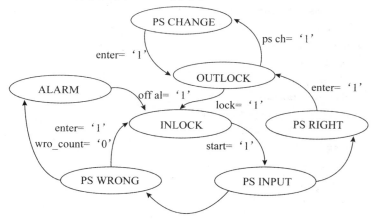

图 6-44 控制模块状态转移图

系统上电时,处于开锁状态(OUTLOCK)、当输入 ps_ch 信号时,系统进入修改密码状态(PS_CHANGE);若输入 lock 信号,进入安锁状态(INLOCK),锁闭合;在安锁状态,输入 start 信号,进入密码输入状态(PS_INPUT);在输入密码状态,由 ps_i 密码脉冲作为计数时钟,计数值输出作为寄存器地址,当计数器计到 3 时,返回计数满信号 cin,如果密码内容和长度均正确,进入密码初验正确状态(PS_RIGHT),如果密码错误,进入密码初验错误状态(PS_WRONG);在密码初验错误状态,输入确认信号 enter 时,进入开锁状态;在密码初验错误状态,输入确认信号 enter 时,如果错误次数没有达到 3 次,则进入安锁状态并输出错误信号(wro_count 加 1),如果错误次数达到 3 次,进入报警状态;在报警状态,warn 信号等于'1',如果输入清除警报信号 off_al,进入安锁状态。

```vhdl
library ieee;
use ieee.std_logic_1164.all;
use ieee.std_logic_unsigned.all;
use ieee.std_logic_arith.all;
entity dl_control is
  port( clk,lock,star t,off_al,enter,wro_count,ps_i,cmp_r,cin:in std_logic;
    code_en,cnt_clr,cnt_clr2,cnt_clk2,reg_wr,key,warn:out std_logic);
end dl_control;
architecture behave of dl_control is
CONSTANT KEY_ACTIVE:STD_LOGIC: = '1';
type state_type is (OUTLOCK,INLOCK,PS_INPUT,PS_RIGHT,PS_WRONG,ALARM,PS_CHANGE);
signal state:state_type;
begin
  process(clk)
  begin
    if rising_edge(clk) then
      case state is
        when OUTLOCK = >
          key< = '0';
          if lock = KEY_ACTIVE then
          state< = INLOCK;
          ELSIF ps_ch = KEY_ACTIVE then
          state< = PS_CHANGE;
          ELSE
          state< = OUTLOCK;
          end if;
        when INLOCK = >
          key< = '1';
          code_en< = '0';
          cnt_clr< = '1';
          reg_wr< = '0';
          warn< = '0';
          if start = KEY_ACTIVE then
            state< = PS_INPUT;
          else
            state< = INLOCK;
          end if;
        when PS_INPUT = >
          code_en< = '1';
          cnt_clr< = '0';
          reg_wr< = '0';
          if cin = '1' and ps_i = '1' and cmp_r = '1' then
```

306

```vhdl
            code_en< = '0';
            cnt_clr< = '1';
            cnt_clr2< = '1';
            state< = PS_RIGHT;
          elsif ps_i = '1' and cmp_r = '0' then
            code_en< = '0';
            cnt_clr< = '1';
            cnt_clr2< = '0';
            cnt_clk2< = '1';
            state< = PS_WRONG;
          elsif enter = KEY_ACTIVE and cin = '0' then
            code_en< = '0';
            cnt_clr< = '1';
            cnt_clr2< = '0';
            cnt_clk2< = '1';
            state< = ALARM;
          else
            state< = PS_INPUT;
          end if;
      when PS_RIGHT = >
        if enter = KEY_ACTIVE then
            state< = OUTLOCK;
        else
            state< = PS_RIGHT;
        end if;
      when PS_WRONG = >
        if enter = KEY_ACTIVE and wro_count = '1' then
            cnt_clk2< = '0';
            state< = ALARM;
        elsif enter = KEY_ACTIVE then
            cnt_clk2< = '0';
            state< = INLOCK;
        else
            state< = PS_WRONG;
        end if;
      when ALARM = >
        if off_al = KEY_ACTIVE then
            warn< = '0';
            state< = INLOCK;
        else
            cnt_clk2< = '0';
            warn< = '1';
```

```
                state< = ALARM;
            end if;
        when PS_CHANGE = >
            code_en< = '1';
            cnt_clr< = '0';
            reg_wr< = '1';
            if cin = '1' then
                code_en< = '0';
                cnt_clr< = '1';
                state< = OUTLOCK;
            end if;
        WHEN OTHERS = >
            state< = INLOCK;
        end case;
    end if;
  end process;
end behave;
```

（2）计数器 I 模块 VHDL 结构体 dl_counter

```
architecture behave of dl_counter is
constant RESET_ACTIVE:std_logic: = '1';
signal cnt:std_logic_vector(1 downto 0);
begin
  addr< = cnt;
  process(clk,clr)
  begin
    if clr = RESET_ACTIVE then
      cnt< = "00";
      cout< = '0';
    elsif rising_edge(clk) then
      if cnt = "10" then
        cnt< = "11";
        cout< = '1';
      else
        cnt< = cnt + '1';
      end if;
    end if;
  end process;
end behave;
```

（3）计数器 II 模块 VHDL 结构体 dl_counter2

```
architecture behave of dl_counter2 is
```

```vhdl
signal cnt:std_logic_vector(1 downto 0);
begin
  process(clk,clr)
  begin
    if clr = '1' then
    cnt< = "00";
    wro_count< = '0';
    elsif rising_edge(clk) then
      if cnt = "10" then
        cnt< = "11";
        wro_count< = '1';
      else
        cnt< = cnt + '1';
      end if;
    end if;
  end process;
end behave;
```

(4) 寄存器模块 VHDL 结构体

```vhdl
architecture behave of dl_reg is
signal m0:std_logic_vector(3 downto 0);
signal m1:std_logic_vector(3 downto 0);
signal m2:std_logic_vector(3 downto 0);
begin
  process(clk)
  begin
    if falling_edge(clk) then
      if en = '1' then
        case addr is
          when "01" = >
            if reg_wr = '1' then
              m0< = data_in;
            else
              data_out< = m0;
            end if;
          when "10" = >
            if reg_wr = '1' then
              m1< = data_in;
            else
              data_out< = m1;
            end if;
          when "11" = >
```

```
          if reg_wr = '1' then
            m2 < = data_in;
          else
            data_out < = m2;
          end if;
        when OTHERS = >
          NULL;
        end case;
      end if;
    end if;
  end process;
end behave;
```

（5）比较器模块 VHDL 结构体 dl_cmp

```
architecture behave of dl_cmp is
begin
  c < = '1' when a = b else
  '0';
end behave;
```

（6）编码器模块 VHDL 结构体 dl_coder

```
architecture behave of dl_coder is
signal key_in_1:std_logic_vector(9 downto 0);
signal key_in_2:std_logic_vector(9 downto 0);
begin
  U1:process(clk)
  begin
    if rising_edge(clk) then
      if en = '1' then
        if key_in = "0000000000" then
        key_in_1 < = key_in;
        key_in_2 < = key_in;
        ELSE
        key_in_2 < = key_in_1;
        key_in_1 < = key_in;
        end if;
      end if;
    end if;
  end process;
  ps_i < = '1' when key_in_2 / = key_in_1 else '0';
  U2:process(clk)
  begin
```

```
    if rising_edge(clk) then
        if en = '1' and key_in/ = "000000000" then
            case key_in is
            when "0000000001" = >code_out< = "0000";
            when "0000000010" = >code_out< = "0001";
            when "0000000100" = >code_out< = "0010";
            when "0000001000" = >code_out< = "0011";
            when "0000010000" = >code_out< = "0100";
            when "0000100000" = >code_out< = "0101";
            when "0001000000" = >code_out< = "0110";
            when "0010000000" = >code_out< = "0111";
            when "0100000000" = >code_out< = "1000";
            when "1000000000" = >code_out< = "1001";
            when OTHERS = >code_out< = "0000";
            end case;
            end if;
        end if;
    end process;
end behave;
```

2. 数字密码锁顶层设计方案

按已确立的层次化设计思路,根据图 6 - 45 所示的数字密码锁顶层设计图,可构建顶层 VHDL 代码如下。

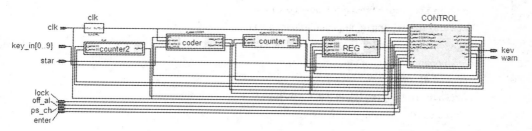

图 6 - 45 数字密码锁顶层设计图

```
library ieee;
use ieee. std_logic_1164. all;
use ieee. std_logic_unsigned. all;
use ieee. std_logic_arith. all;
entity dlock is
    port(
    clk:in std_logic;
    lock:in std_logic;
    start:in std_logic;
```

```vhdl
    off_al:in std_logic;
    ps_ch:in std_logic;
    enter:in std_logic;
    key_in:in std_logic_vector(9 downto 0);
    key:out std_logic;
    warn:out std_logic);
end dlock;
architecture behave of dlock is
component dl_control
    port( clk,lock,star t,off_al,enter,wro_count,ps_i,cmp_r,cin:in std_logic;
        code_en,cnt_clr,cnt_clr2,cnt_clk2,reg_wr,key,warn:out std_logic);
end component;
component dl_counter
    port(clr,clk:,:in std_logic;
    cout:out std_logic;
    addr:out std_logic_vector(1 downto 0) );
end component;
component dl_counter2
port(clk,clr:in std_logic?;
    wro_count:out std_logic);
end component;
component dl_reg
    port(clk, reg_wr, en:in std_logic;
    addr:in std_logic_vector(1 downto 0);
    data_in:in std_logic_vector(3 downto 0);
    data_out:out std_logic_vector(3 downto 0) );
end component;
component dl_cmp
    port(a,b:in std_logic_vector(3 downto 0);
        c:out std_logic);
end component;
component dl_coder
    port(clk,en,:in std_logic;
    key_in:in std_logic_vector(9 downto 0);
    ps_i:out std_logic;
    code_out:out std_logic_vector(3 downto 0) );
end component;
    signal code_en, cnt_clr, cnt_clr2, cnt_clk2, reg_wr, wro_count, cin, ps_i, cmp_r,
addr:std_logic;
    signal:std_logic_vector(1 downto 0);
    signal data_out, code_out:std_logic_vector(3 downto 0);
    begin
```

```
CONTROL:dl_control
    port map(clk = >clk,lock = >lock,start = >start,off_al = >off_al,ps_ch = >ps_ch,
enter = >enter,wro_count = >wro_count,
        ps_i = >ps_i,
    cmp_r = >cmp_r,cin = >cin,code_en = >code_en,cnt_clr = >cnt_clr,cnt_clr2 = >
cnt_clr2,cnt_clk2 = >cnt_clk2,
        reg_wr = >reg_wr,key = >key,warn = >warn);
    CONUTER:dl_counter
    port map(clr = >cnt_clr,clk = >ps_i,cout = >cin,addr = >addr);
    COUNTER2:dl_counter2
    port map(clr = >cnt_clr2,clk = >cnt_clk2,wro_count = >wro_count);
    REG:dl_reg
    port map(clk = >clk,reg_wr = >reg_wr,en = >ps_i,addr = >addr,data_in = >
code_out,data_out = >data_out);
    COMPARATOR:dl_cmp
    port map(a = >code_out,b = >data_out,c = >cmp_r);
    CODER:dl_coder
    port map(clk = >clk,en = >code_en,key_in = >key_in,ps_i = >ps_i,code_out = >
code_out);
    end behave;
```

本章小结

VHDL 语言是目前标准化程度最高的硬件描述语言,具有严格的数据类型。在用 VHDL 设计数字电路时,应当考虑各低层电路接口之间的数据类型是否一致,本章通过 35 个例题和 3 个综合设计实例详细介绍了 EDA 的设计与应用,并在 Quartus II 上编译通过。EDA 的设计与应用具有很强的实践性,必须通过工程实践才能够了解并掌握其中的技巧与实质。

思考与练习

6-1   用 VHDL 语言设计一个带控制信号的 4 位向量加法器/减法器,通过控制信号的高低电平来控制这个运算是加法器还是减法器,给出仿真波形。

6-2   用 VHDL 语言设计并实现一个 4 位的向量乘法器,给出仿真波形。

6-3   用 VHDL 语言设计并实现一个 16-4 优先编码器,给出仿真波形。

6-4   奇偶校验代码是在计算机中常用的一种可靠性代码。它由信息码和 1 位附加位(奇偶校验位)组成。这位校验位的取值(0 或 1)将使整个代码串中 1 的个数为奇数(奇校验代码)或为偶数(偶校验代码),用 VHDL 语言设计并实现一个 4 位代码奇偶校验器。

6－5　用 VHDL 语言设计并实现一个 4 位二进制码转换成 BCD 码的转换器。

6－6　用 VHDL 语言设计一个带使能输入及同步清 0 的并行加载通用(带有类属参数)增 1/减 1 计数器,包括文本输入、编译、综合和仿真。

6－7　用 VHDL 语言设计一个 4 位串入/并出移位寄存器。

6－8　用 VHDL 语言设计一个 8 位并入/串出移位寄存器。

6－9　用 VHDL 语言设计一个串入/串出移位寄存器。

6－10　在 Quartus II 中,用 VHDL 语言设计一个具有计数使能、清 0 控制和进位扩展输出的六十进制计数器,给出仿真波形。

6－11　在 Quartus II 中利用 8D 锁存器 74373、模 8 计数器和数据选择器 74151 设计一个 8 位的并/串转换器。

6－12　利用 VHDL 库元件 DFF 设计一个模 8 异步计数器,并给出仿真结果。

6－13　在 Quartus II 中利用 VHDL 的元件例化语句,设计一个有时钟使能和异步清 0 的两位十进制计数器,并给出仿真结果。

6－14　根据图 6－46 状态图,设计并实现一个 output＝state 类型的状态机,写出其 VHDL 源代码(包括 entity 和 architecture),当信号 RST＝'0'时,状态机应回到初始状态 S0。

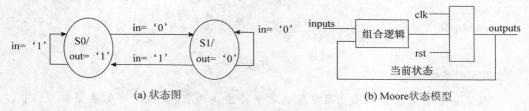

(a) 状态图　　　　　　　　　　　　　　(b) Moore状态模型

图 6－46　题 6－14 图

6－15　对于图 6－47 所示的状态图,将其实现为 Mealy 型状态机,输出信号是否存在"毛刺"没有要求,写出其 VHDL 源代码(包括 entity 和 architecture),并画出结果电路图。

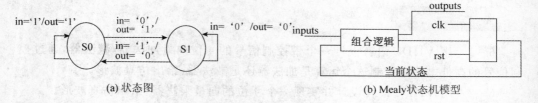

(a) 状态图　　　　　　　　　　　　　　(b) Mealy状态机模型

图 6－47　题 6－15 图

6－16　用 VHDL 设计一个简化的 8 位 ALU,具有基本算术运算(加、减、带进位加、减)功能和逻辑运算(与 AND、或 OR、异或 XOR、非 NOT 等)功能,给出仿真波形。

6-17　在 Quartus Ⅱ 中,用 VHDL 语言设计一个模 8 的自启动扭环形计数器,并给出仿真结果。

6-18　FIFO 是一种存储电路,用来存储、缓冲在两个异步时钟之间的数据传输。使用异步 FIFO 可以在两个不同时钟系统之间快速而方便地实时传输数据。在网络接口、图像处理、CPU 设计等方面,FIFO 具有广泛的应用。在 Quartus Ⅱ 中,利用宏功能模块设计向导 MegaWizard Plug-In Manager 完成 8 位数据输入 FIFO 模块的定制设计和验证,给出仿真波形图,通过波形仿真解释 FIFO 输出信号"空"、"未满"、"满"的标志信号是如何变化的。

6-19　采用数组或例化的方法设计并实现一个 8×8 位的 SRAM,要求有 8 条数据输入线;3 条地址输入线;nWR 为写控制线,低电平有效;nRD 为读控制线,低电平有效;nCS 为片选信号线,低电平有效;8 条数据输出线。

6-20　采用数组或例化的方法设计并实现一个 8×8 位双端口的 SDRAM,要求有 8 条数据输入线;Waddress 为写地址输入线;Raddress 为读地址输入线;nWR 为写控制线,低电平有效;nRD 为读控制线,低电平有效;nCS 为片选信号线,低电平有效;CLK 为同步时钟输入线;8 条数据输出线。

6-21　设计一个 4 位数字显示、量程可变的频率计。要求:能够测量频率范围为 1~9 999 kHz 方波信号;当被测信号的频率超出测量范围时,有溢出显示;测量值以 BCD 码形式输出;利用混合输入方式的层次化设计方法,顶层用原理图,底层用 VHDL 语言设计。

6-22　设计一个 4 层楼的电梯控制器,该控制器满足以下要求:每层电梯入口设有上下请求开关,电梯内设有乘客到达层次的停站请求开关;设有电梯所处位置指示装置及电梯运行模式(上升或下降)指示装置;电梯每秒升(降)一层楼;电梯到达有停站请求的楼层后,经过 1 s 电梯门打开,开门指示灯亮,开门 4 s 后,电梯门关闭(开门指示灯灭),电梯继续运行,直至执行完最后一个请求信号后停在当前层;能记忆电梯内外的所有请求信号,并按照电梯运行规则按顺序响应,每个请求信号保留执行后消除。电梯运行规则:当电梯处于上升模式时,只响应比电梯所在位置高的上楼请求信号,由下而上逐个执行,直到最后一个上楼请求执行完毕,如更高层有下楼请求,则直接升到有下楼请求的最高楼层接客,然后便进入下降模式。当电梯处于下降模式时则与上升模式相反。电梯初始状态为一层开门,到达各层时有音乐提示,有故障报警。

6-23　采用 EDA 层次化设计方法,基于 VHDL 设计一个自动售饮料控制器系统。具体要求为:该系统能完成货物信息存储、进程控制、硬币处理、余额计算、显示等功能;该系统可以销售 4 种货物,每种的数量和单价在初始化时输入,在存储器中存储。用户可以用硬币进行购物,按键进行选择;系统根据用户输入的货币,判断钱币是否够,钱币足够则根据顾客的要求自动售货,钱币不够则给出提示并退出;系统自动地计算出应找钱币余额、库存数量。

附录1

DE2-70实验板引脚配置信息

附录1-1 时钟信号引脚配置信息

```
set_location_assignment PIN_D27 - to oENET_CLK
set_location_assignment PIN_E16 - to iCLK_28
set_location_assignment PIN_AD15 - to iCLK_50
set_location_assignment PIN_D16 - to iCLK_50_2
set_location_assignment PIN_R28 - to iCLK_50_3
set_location_assignment PIN_R3 - to iCLK_50_4
```

附录1-2 拨动开关引脚配置信息(上位高电平,下位低电平)

```
set_location_assignment PIN_AA23 - to iSW[0]
set_location_assignment PIN_AB26 - to iSW[1]
set_location_assignment PIN_AB25 - to iSW[2]
set_location_assignment PIN_AC27 - to iSW[3]
set_location_assignment PIN_AC26 - to iSW[4]
set_location_assignment PIN_AC24 - to iSW[5]
set_location_assignment PIN_AC23 - to iSW[6]
set_location_assignment PIN_AD25 - to iSW[7]
set_location_assignment PIN_AD24 - to iSW[8]
set_location_assignment PIN_AE27 - to iSW[9]
set_location_assignment PIN_W5 - to iSW[10]
set_location_assignment PIN_V10 - to iSW[11]
set_location_assignment PIN_U9 - to iSW[12]
set_location_assignment PIN_T9 - to iSW[13]
set_location_assignment PIN_L5 - to iSW[14]
set_location_assignment PIN_L4 - to iSW[15]
set_location_assignment PIN_L7 - to iSW[16]
set_location_assignment PIN_L8 - to iSW[17]
```

附录1-3 按钮开关引脚配置(弹跳开关,可作手动时钟,按下为低电平)

```
set_location_assignment PIN_T29 - to iKEY[0]
```

set_location_assignment PIN_T28 - to iKEY[1]

set_location_assignment PIN_U30 - to iKEY[2]

set_location_assignment PIN_U29 - to iKEY[3]

附录 1-4   LED 引脚配置（LEDR 为红色，LEDG 为绿色）

set_location_assignment PIN_AJ6 - to oLEDR[0]

set_location_assignment PIN_AK5 - to oLEDR[1]

set_location_assignment PIN_AJ5 - to oLEDR[2]

set_location_assignment PIN_AJ4 - to oLEDR[3]

set_location_assignment PIN_AK3 - to oLEDR[4]

set_location_assignment PIN_AH4 - to oLEDR[5]

set_location_assignment PIN_AJ3 - to oLEDR[6]

set_location_assignment PIN_AJ2 - to oLEDR[7]

set_location_assignment PIN_AH3 - to oLEDR[8]

set_location_assignment PIN_AD14 - to oLEDR[9]

set_location_assignment PIN_AC13 - to oLEDR[10]

set_location_assignment PIN_AB13 - to oLEDR[11]

set_location_assignment PIN_AC12 - to oLEDR[12]

set_location_assignment PIN_AB12 - to oLEDR[13]

set_location_assignment PIN_AC11 - to oLEDR[14]

set_location_assignment PIN_AD9 - to oLEDR[15]

set_location_assignment PIN_AD8 - to oLEDR[16]

set_location_assignment PIN_AJ7 - to oLEDR[17]

set_location_assignment PIN_W27 - to oLEDG[0]

set_location_assignment PIN_W25 - to oLEDG[1]

set_location_assignment PIN_W23 - to oLEDG[2]

set_location_assignment PIN_Y27 - to oLEDG[3]

set_location_assignment PIN_Y24 - to oLEDG[4]

set_location_assignment PIN_Y23 - to oLEDG[5]

set_location_assignment PIN_AA27 - to oLEDG[6]

set_location_assignment PIN_AA24 - to oLEDG[7]

set_location_assignment PIN_AC14 - to oLEDG[8]

附录 1-5   7 段共阳极数码管引脚配置

set_location_assignment PIN_AE8 - to oHEX0_D[0]

set_location_assignment PIN_AF9 - to oHEX0_D[1]

set_location_assignment PIN_AH9 - to oHEX0_D[2]

set_location_assignment PIN_AD10 - to oHEX0_D[3]

set_location_assignment PIN_AF10 - to oHEX0_D[4]

set_location_assignment PIN_AD11 - to oHEX0_D[5]

set_location_assignment PIN_AD12 - to oHEX0_D[6]

```
set_location_assignment PIN_AF12 - to oHEX0_DP
set_location_assignment PIN_AG13 - to oHEX1_D[0]
set_location_assignment PIN_AE16 - to oHEX1_D[1]
set_location_assignment PIN_AF16 - to oHEX1_D[2]
set_location_assignment PIN_AG16 - to oHEX1_D[3]
set_location_assignment PIN_AE17 - to oHEX1_D[4]
set_location_assignment PIN_AF17 - to oHEX1_D[5]
set_location_assignment PIN_AD17 - to oHEX1_D[6]
set_location_assignment PIN_AC17 - to oHEX1_DP
set_location_assignment PIN_AE7 - to oHEX2_D[0]
set_location_assignment PIN_AF7 - to oHEX2_D[1]
set_location_assignment PIN_AH5 - to oHEX2_D[2]
set_location_assignment PIN_AG4 - to oHEX2_D[3]
set_location_assignment PIN_AB18 - to oHEX2_D[4]
set_location_assignment PIN_AB19 - to oHEX2_D[5]
set_location_assignment PIN_AE19 - to oHEX2_D[6]
set_location_assignment PIN_AC19 - to oHEX2_DP
set_location_assignment PIN_P6 - to oHEX3_D[0]
set_location_assignment PIN_P4 - to oHEX3_D[1]
set_location_assignment PIN_N10 - to oHEX3_D[2]
set_location_assignment PIN_N7 - to oHEX3_D[3]
set_location_assignment PIN_M8 - to oHEX3_D[4]
set_location_assignment PIN_M7 - to oHEX3_D[5]
set_location_assignment PIN_M6 - to oHEX3_D[6]
set_location_assignment PIN_M4 - to oHEX3_DP
set_location_assignment PIN_P1 - to oHEX4_D[0]
set_location_assignment PIN_P2 - to oHEX4_D[1]
set_location_assignment PIN_P3 - to oHEX4_D[2]
set_location_assignment PIN_N2 - to oHEX4_D[3]
set_location_assignment PIN_N3 - to oHEX4_D[4]
set_location_assignment PIN_M1 - to oHEX4_D[5]
set_location_assignment PIN_M2 - to oHEX4_D[6]
set_location_assignment PIN_L6 - to oHEX4_DP
set_location_assignment PIN_M3 - to oHEX5_D[0]
set_location_assignment PIN_L1 - to oHEX5_D[1]
set_location_assignment PIN_L2 - to oHEX5_D[2]
set_location_assignment PIN_L3 - to oHEX5_D[3]
set_location_assignment PIN_K1 - to oHEX5_D[4]
set_location_assignment PIN_K4 - to oHEX5_D[5]
set_location_assignment PIN_K5 - to oHEX5_D[6]
set_location_assignment PIN_K6 - to oHEX5_DP
set_location_assignment PIN_H6 - to oHEX6_D[0]
```

set_location_assignment PIN_H4 - to oHEX6_D[1]

set_location_assignment PIN_H7 - to oHEX6_D[2]

set_location_assignment PIN_H8 - to oHEX6_D[3]

set_location_assignment PIN_G4 - to oHEX6_D[4]

set_location_assignment PIN_F4 - to oHEX6_D[5]

set_location_assignment PIN_E4 - to oHEX6_D[6]

set_location_assignment PIN_K2 - to oHEX6_DP

set_location_assignment PIN_K3 - to oHEX7_D[0]

set_location_assignment PIN_J1 - to oHEX7_D[1]

set_location_assignment PIN_J2 - to oHEX7_D[2]

set_location_assignment PIN_H1 - to oHEX7_D[3]

set_location_assignment PIN_H2 - to oHEX7_D[4]

set_location_assignment PIN_H3 - to oHEX7_D[5]

set_location_assignment PIN_G1 - to oHEX7_D[6]

set_location_assignment PIN_G2 - to oHEX7_DP

附录 1-6　LCD 模块引脚配置

set_location_assignment PIN_E1 - to LCD_D[0]

set_location_assignment PIN_E3 - to LCD_D[1]

set_location_assignment PIN_D2 - to LCD_D[2]

set_location_assignment PIN_D3 - to LCD_D[3]

set_location_assignment PIN_C1 - to LCD_D[4]

set_location_assignment PIN_C2 - to LCD_D[5]

set_location_assignment PIN_C3 - to LCD_D[6]

set_location_assignment PIN_B2 - to LCD_D[7]

set_location_assignment PIN_E2 - to oLCD_EN

set_location_assignment PIN_F1 - to oLCD_ON(LCD Read/Write Select, 0 = Write,1 = Read)

set_location_assignment PIN_F2 - to oLCD_RS(LCD Command/Data Select, 0 = Command, 1 = Data)

set_location_assignment PIN_F3 - to oLCD_RW

set_location_assignment PIN_G3 - to oLCD_BLON

附录 1-7　ADV7123 引脚配置信息

set_location_assignment PIN_D23 - to oVGA_R[0]

set_location_assignment PIN_E23 - to oVGA_R[1]

set_location_assignment PIN_E22 - to oVGA_R[2]

set_location_assignment PIN_D22 - to oVGA_R[3]

set_location_assignment PIN_H21 - to oVGA_R[4]

set_location_assignment PIN_G21 - to oVGA_R[5]

set_location_assignment PIN_H20 - to oVGA_R[6]

set_location_assignment PIN_F20 - to oVGA_R[7]

```
set_location_assignment PIN_E20 - to oVGA_R[8]
set_location_assignment PIN_G20 - to oVGA_R[9]
set_location_assignment PIN_A10 - to oVGA_G[0]
set_location_assignment PIN_B11 - to oVGA_G[1]
set_location_assignment PIN_A11 - to oVGA_G[2]
set_location_assignment PIN_C12 - to oVGA_G[3]
set_location_assignment PIN_B12 - to oVGA_G[4]
set_location_assignment PIN_A12 - to oVGA_G[5]
set_location_assignment PIN_C13 - to oVGA_G[6]
set_location_assignment PIN_B13 - to oVGA_G[7]
set_location_assignment PIN_B14 - to oVGA_G[8]
set_location_assignment PIN_A14 - to oVGA_G[9]
set_location_assignment PIN_B16 - to oVGA_B[0]
set_location_assignment PIN_C16 - to oVGA_B[1]
set_location_assignment PIN_A17 - to oVGA_B[2]
set_location_assignment PIN_B17 - to oVGA_B[3]
set_location_assignment PIN_C18 - to oVGA_B[4]
set_location_assignment PIN_B18 - to oVGA_B[5]
set_location_assignment PIN_B19 - to oVGA_B[6]
set_location_assignment PIN_A19 - to oVGA_B[7]
set_location_assignment PIN_C19 - to oVGA_B[8]
set_location_assignment PIN_D19 - to oVGA_B[9]
set_location_assignment PIN_C15 - to oVGA_BLANK_N(消隐信号)
set_location_assignment PIN_D24 - to oVGA_CLOCK(VGA 时钟显示信号)
set_location_assignment PIN_J19 - to oVGA_HS(行同步信号)
set_location_assignment PIN_H19 - to oVGA_VS(场同步)
set_location_assignment PIN_B15 - to oVGA_SYNC_N
```

附录 1-8　音频编解码芯片引脚配置

```
set_location_assignment PIN_E19 - to iAUD_ADCDAT (Audio CODEC ADC Data)
set_location_assignment PIN_F19 - to AUD_ADCLRCK (Audio CODEC ADC LR Clock)
set_location_assignment PIN_E17 - to AUD_BCLK (Audio CODEC Bit - Stream Clock )
set_location_assignment PIN_F18 - to oAUD_DACDAT (Audio CODEC DAC Data)
set_location_assignment PIN_G18 - to AUD_DACLRCK (Audio CODEC DAC LR Clock)
set_location_assignment PIN_D17 - to oAUD_XCK (Audio CODEC Chip Clock)
```

附录 1-9　RS-232 引脚配置

```
set_location_assignment PIN_G22 - to oUART_CTS (UART Clear to Send)
set_location_assignment PIN_F23 - to iUART_RTS (UART Request to Send)
set_location_assignment PIN_D21 - to iUART_RXD (UART Receiver)
set_location_assignment PIN_E21 - to oUART_TXD (UART Transmitter)
```

附录 1－10　PS/2 引脚配置

set_location_assignment PIN_F24 － to PS2_KBCLK（PS/2 KB Clock ）

set_location_assignment PIN_E24 － to PS2_KBDAT(PS/2 KB Data)

set_location_assignment PIN_D26 － to PS2_MSCLK（PS/2 mouse Clock ）

set_location_assignment PIN_D25 － to PS2_MSDAT（PS/2 mouse Data）

附录 1－11　以太网芯片引脚配置

set_location_assignment PIN_B27 － to oENET_CMD（DM9000A Command/Data Select，0 = Command，1 = Data）

set_location_assignment PIN_C28 － to oENET_CS_N

set_location_assignment PIN_A23 － to ENET_D[0]（DM9000A DATA[0]）

set_location_assignment PIN_C22 － to ENET_D[1]

set_location_assignment PIN_B25 － to ENET_D[10]

set_location_assignment PIN_A25 － to ENET_D[11]

set_location_assignment PIN_C24 － to ENET_D[12]

set_location_assignment PIN_B24 － to ENET_D[13]

set_location_assignment PIN_A24 － to ENET_D[14]

set_location_assignment PIN_B23 － to ENET_D[15]

set_location_assignment PIN_B22 － to ENET_D[2]

set_location_assignment PIN_A22 － to ENET_D[3]

set_location_assignment PIN_B21 － to ENET_D[4]

set_location_assignment PIN_A21 － to ENET_D[5]

set_location_assignment PIN_B20 － to ENET_D[6]

set_location_assignment PIN_A20 － to ENET_D[7]

set_location_assignment PIN_B26 － to ENET_D[8]

set_location_assignment PIN_A26 － to ENET_D[9]

set_location_assignment PIN_C27 － to iENET_INT（DM9000A Interrupt）

set_location_assignment PIN_A28 － to oENET_IOR_N（DM9000A Read）

set_location_assignment PIN_B28 － to oENET_IOW_N（DM9000A Write）

set_location_assignment PIN_B29 － to oENET_RESET_N（Hardware reset signal）

set_location_assignment PIN_R29 － to iEXT_CLOCK（DM9000A Clock 25 MHz ）

附录 1－12　TV 解码芯片引脚配置

set_location_assignment PIN_G15 － to iTD1_CLK27

set_location_assignment PIN_E13 － to iTD1_HS

set_location_assignment PIN_D14 － to oTD1_RESET_N

set_location_assignment PIN_E14 － to iTD1_VS

set_location_assignment PIN_A6 － to iTD1_D[0]

set_location_assignment PIN_B6 － to iTD1_D[1]

set_location_assignment PIN_A5 － to iTD1_D[2]

```
set_location_assignment PIN_B5 − to iTD1_D[3]
set_location_assignment PIN_B4 − to iTD1_D[4]
set_location_assignment PIN_C4 − to iTD1_D[5]
set_location_assignment PIN_A3 − to iTD1_D[6]
set_location_assignment PIN_B3 − to iTD1_D[7]
set_location_assignment PIN_E15 − to iTD2_HS
set_location_assignment PIN_B10 − to oTD2_RESET_N
set_location_assignment PIN_D15 − to iTD2_VS
set_location_assignment PIN_H15 − to iTD2_CLK27
set_location_assignment PIN_C10 − to iTD2_D[0]
set_location_assignment PIN_A9 − to iTD2_D[1]
set_location_assignment PIN_B9 − to iTD2_D[2]
set_location_assignment PIN_C9 − to iTD2_D[3]
set_location_assignment PIN_A8 − to iTD2_D[4]
set_location_assignment PIN_B8 − to iTD2_D[5]
set_location_assignment PIN_A7 − to iTD2_D[6]
set_location_assignment PIN_B7 − to iTD2_D[7]
```

附录 1 – 13   I2C bus 引脚配置

```
set_location_assignment PIN_J18 − to oI2C_SCLK
set_location_assignment PIN_H18 − to I2C_SDAT
```

附录 1 – 14   红外线接收器 IR 引脚配置

```
set_location_assignment PIN_W22 − to iIRDA_RXD
set_location_assignment PIN_W21 − to oIRDA_TXD
```

附录 1 – 15   USB（ISP1362）引脚配置

```
set_location_assignment PIN_H10 − to OTG_D[0] (ISP1362 Data[0])
set_location_assignment PIN_G9 − to OTG_D[1]
set_location_assignment PIN_G11 − to OTG_D[2]
set_location_assignment PIN_F11 − to OTG_D[3]
set_location_assignment PIN_J12 − to OTG_D[4]
set_location_assignment PIN_H12 − to OTG_D[5]
set_location_assignment PIN_H13 − to OTG_D[6]
set_location_assignment PIN_G13 − to OTG_D[7]
set_location_assignment PIN_D4 − to OTG_D[8]
set_location_assignment PIN_D5 − to OTG_D[9]
set_location_assignment PIN_D6 − to OTG_D[10]
set_location_assignment PIN_E7 − to OTG_D[11]
set_location_assignment PIN_D7 − to OTG_D[12]
set_location_assignment PIN_E8 − to OTG_D[13]
```

set_location_assignment PIN_D9 - to OTG_D[14]

set_location_assignment PIN_G10 - to OTG_D[15]

set_location_assignment PIN_D12 - to oOTG_DACK0_N (ISP1362 DMA Acknowledge 0)

set_location_assignment PIN_E12 - to oOTG_DACK1_N (ISP1362 DMA Acknowledge 1)

set_location_assignment PIN_G12 - to iOTG_DREQ0 (ISP1362 DMA Request 0)

set_location_assignment PIN_F12 - to iOTG_DREQ1 (ISP1362 DMA Request 1)

set_location_assignment PIN_F7 - to OTG_FSPEED (USB Full Speed, 0 = Enable, Z = Disable)

set_location_assignment PIN_F8 - to OTG_LSPEED (USB Low Speed, 0 = Enable, Z = Disable)

set_location_assignment PIN_F13 - to iOTG_INT0 (ISP1362 Interrupt 0)

set_location_assignment PIN_J13 - to iOTG_INT1 (ISP1362 Interrupt 1)

set_location_assignment PIN_E10 - to oOTG_CS_N (ISP1362 Chip Select)

set_location_assignment PIN_D10 - to oOTG_OE_N

set_location_assignment PIN_H14 - to oOTG_RESET_N

set_location_assignment PIN_E11 - to oOTG_WE_N

附录 1-16 SRAM 引脚配置

set_location_assignment PIN_AG8 - to oSRAM_A[0] (SRAM Address[0])

set_location_assignment PIN_AF8 - to oSRAM_A[1]

set_location_assignment PIN_AH7 - to oSRAM_A[2]

set_location_assignment PIN_AG7 - to oSRAM_A[3]

set_location_assignment PIN_AG6 - to oSRAM_A[4]

set_location_assignment PIN_AG5 - to oSRAM_A[5]

set_location_assignment PIN_AE12 - to oSRAM_A[6]

set_location_assignment PIN_AG12 - to oSRAM_A[7]

set_location_assignment PIN_AD13 - to oSRAM_A[8]

set_location_assignment PIN_AE13 - to oSRAM_A[9]

set_location_assignment PIN_AF14 - to oSRAM_A[10]

set_location_assignment PIN_AG14 - to oSRAM_A[11]

set_location_assignment PIN_AE15 - to oSRAM_A[12]

set_location_assignment PIN_AF15 - to oSRAM_A[13]

set_location_assignment PIN_AC16 - to oSRAM_A[14]

set_location_assignment PIN_AF20 - to oSRAM_A[15]

set_location_assignment PIN_AG20 - to oSRAM_A[16]

set_location_assignment PIN_AE11 - to oSRAM_A[17]

set_location_assignment PIN_AF11 - to oSRAM_A[18]

set_location_assignment PIN_AH10 - to SRAM_DQ[0] (SRAM Data[0])

set_location_assignment PIN_AJ10 - to SRAM_DQ[1]

set_location_assignment PIN_AK10 - to SRAM_DQ[2]

set_location_assignment PIN_AJ11 - to SRAM_DQ[3]

set_location_assignment PIN_AK11 - to SRAM_DQ[4]

set_location_assignment PIN_AH12 - to SRAM_DQ[5]

set_location_assignment PIN_AJ12 - to SRAM_DQ[6]

set_location_assignment PIN_AH16 - to SRAM_DQ[7]

set_location_assignment PIN_AK17 - to SRAM_DQ[8]

set_location_assignment PIN_AJ17 - to SRAM_DQ[9]

set_location_assignment PIN_AH17 - to SRAM_DQ[10]

set_location_assignment PIN_AJ18 - to SRAM_DQ[11]

set_location_assignment PIN_AH18 - to SRAM_DQ[12]

set_location_assignment PIN_AK19 - to SRAM_DQ[13]

set_location_assignment PIN_AJ19 - to SRAM_DQ[14]

set_location_assignment PIN_AK23 - to SRAM_DQ[15]

set_location_assignment PIN_AJ20 - to SRAM_DQ[16]

set_location_assignment PIN_AK21 - to SRAM_DQ[17]

set_location_assignment PIN_AJ21 - to SRAM_DQ[18]

set_location_assignment PIN_AK22 - to SRAM_DQ[19]

set_location_assignment PIN_AK10 - to SRAM_DQ[2]

set_location_assignment PIN_AJ22 - to SRAM_DQ[20]

set_location_assignment PIN_AH15 - to SRAM_DQ[21]

set_location_assignment PIN_AJ15 - to SRAM_DQ[22]

set_location_assignment PIN_AJ16 - to SRAM_DQ[23]

set_location_assignment PIN_AK14 - to SRAM_DQ[24]

set_location_assignment PIN_AJ14 - to SRAM_DQ[25]

set_location_assignment PIN_AJ13 - to SRAM_DQ[26]

set_location_assignment PIN_AH13 - to SRAM_DQ[27]

set_location_assignment PIN_AK12 - to SRAM_DQ[28]

set_location_assignment PIN_AK7 - to SRAM_DQ[29]

set_location_assignment PIN_AJ8 - to SRAM_DQ[30]

set_location_assignment PIN_AK8 - to SRAM_DQ[31]

set_location_assignment PIN_AG17 - to oSRAM_ADSC_N (SRAM Controller Address Status)

set_location_assignment PIN_AC18 - to oSRAM_ADSP_N (SRAM Processor Address Status)

set_location_assignment PIN_AD16 - to oSRAM_ADV_N (SRAM Burst Address Advance)

set_location_assignment PIN_AC21 - to oSRAM_BE_N[0] (SRAM Byte Write Enable[0])

set_location_assignment PIN_AC20 - to oSRAM_BE_N[1] (SRAM Byte Write Enable[1])

set_location_assignment PIN_AD20 - to oSRAM_BE_N[2] (SRAM Byte Write Enable[2])

set_location_assignment PIN_AH20 - to oSRAM_BE_N[3] (SRAM Byte Write Enable[3])

set_location_assignment PIN_AH19 - to oSRAM_CE1_N (SRAM Chip Enable 1)

set_location_assignment PIN_AG19 - to oSRAM_CE2 (SRAM Chip Enable 2)

set_location_assignment PIN_AD22 - to oSRAM_CE3_N (SRAM Chip Enable 3)

set_location_assignment PIN_AD7 - to oSRAM_CLK (SRAM Clock)

set_location_assignment PIN_AK9 - to SRAM_DPA[0] (SRAM Parity Data[0])

set_location_assignment PIN_AJ23 - to SRAM_DPA[1] (SRAM Parity Data[1])

set_location_assignment PIN_AK20 - to SRAM_DPA[2] (SRAM Parity Data[2])

set_location_assignment PIN_AJ9 - to SRAM_DPA[3] (SRAM Parity Data[3]) set_location_assignment PIN_AG18 — to oSRAM_GW_N (SRAM Global Write Enable)

set_location_assignment PIN_AD18 — to oSRAM_OE_N (SRAM Output Enable)

set_location_assignment PIN_AF18 — to oSRAM_WE_N (SRAM Write Enable)

附录 1 - 17　DRAM 引脚配置

set_location_assignment PIN_AA4 — to oDRAM0_A[0] (SDRAM 1 Address)

set_location_assignment PIN_AA5 — to oDRAM0_A[1]

set_location_assignment PIN_AA6 — to oDRAM0_A[2]

set_location_assignment PIN_AB5 — to oDRAM0_A[3]

set_location_assignment PIN_AB7 — to oDRAM0_A[4]

set_location_assignment PIN_AC4 — to oDRAM0_A[5]

set_location_assignment PIN_AC5 — to oDRAM0_A[6]

set_location_assignment PIN_AC6 — to oDRAM0_A[7]

set_location_assignment PIN_AD4 — to oDRAM0_A[8]

set_location_assignment PIN_AC7 — to oDRAM0_A[9]

set_location_assignment PIN_Y8 — to oDRAM0_A[10]

set_location_assignment PIN_AE4 — to oDRAM0_A[11]

set_location_assignment PIN_AF4 — to oDRAM0_A[12]

set_location_assignment PIN_AC1 — to DRAM_DQ[0] (SDRAM 1 Data[0])

set_location_assignment PIN_AC2 — to DRAM_DQ[1]

set_location_assignment PIN_AC3 — to DRAM_DQ[2]

set_location_assignment PIN_AD1 — to DRAM_DQ[3]

set_location_assignment PIN_AD2 — to DRAM_DQ[4]

set_location_assignment PIN_AD3 — to DRAM_DQ[5]

set_location_assignment PIN_AE1 — to DRAM_DQ[6]

set_location_assignment PIN_AE2 — to DRAM_DQ[7]

set_location_assignment PIN_AE3 — to DRAM_DQ[8]

set_location_assignment PIN_AF1 — to DRAM_DQ[9]

set_location_assignment PIN_AF2 — to DRAM_DQ[10]

set_location_assignment PIN_AF3 — to DRAM_DQ[11]

set_location_assignment PIN_AG2 — to DRAM_DQ[12]

set_location_assignment PIN_AG3 — to DRAM_DQ[13]

set_location_assignment PIN_AH1 — to DRAM_DQ[14]

set_location_assignment PIN_AH2 — to DRAM_DQ[15]

set_location_assignment PIN_AA9 — to oDRAM0_BA[0] (SDRAM 1 Bank Address[0])

set_location_assignment PIN_AA10 — to oDRAM0_BA[1] (SDRAM 1 Bank Address[1])

set_location_assignment PIN_V9 — to oDRAM0_LDQM0 (SDRAM 1 Low - byte Data Mask)

set_location_assignment PIN_AB6 — to oDRAM0_UDQM1 (SDRAM 1 High - byte Data Mask)

set_location_assignment PIN_Y9 — to oDRAM0_RAS_N (SDRAM 1 Row Address Strobe)

set_location_assignment PIN_W10 — to oDRAM0_CAS_N (SDRAM 1 Column Address Strobe)

set_location_assignment PIN_AA8 — to oDRAM0_CKE (SDRAM 1 Clock Enable)

```
set_location_assignment PIN_AD6  - to oDRAM0_CLK (SDRAM 1 Clock )
set_location_assignment PIN_W9   - to oDRAM0_WE_N (SDRAM 1 Write Enable)
set_location_assignment PIN_Y10  - to oDRAM0_CS_N (SDRAM 1 Chip Select)
set_location_assignment PIN_T5   - to oDRAM1_A[0] (SDRAM 2 Address[0])
set_location_assignment PIN_T6   - to oDRAM1_A[1]
set_location_assignment PIN_U4   - to oDRAM1_A[2]
set_location_assignment PIN_U6   - to oDRAM1_A[3]
set_location_assignment PIN_U7   - to oDRAM1_A[4]
set_location_assignment PIN_V7   - to oDRAM1_A[5]
set_location_assignment PIN_V8   - to oDRAM1_A[6]
set_location_assignment PIN_W4   - to oDRAM1_A[7]
set_location_assignment PIN_W7   - to oDRAM1_A[8]
set_location_assignment PIN_W8   - to oDRAM1_A[9]
set_location_assignment PIN_T4   - to oDRAM1_A[10]
set_location_assignment PIN_Y4   - to oDRAM1_A[11]
set_location_assignment PIN_Y7   - to oDRAM1_A[12]
set_location_assignment PIN_U1   - to DRAM_DQ[16] (SDRAM 2 Data[0])
set_location_assignment PIN_U2   - to DRAM_DQ[17]
set_location_assignment PIN_U3   - to DRAM_DQ[18]
set_location_assignment PIN_V2   - to DRAM_DQ[19]
set_location_assignment PIN_AC3  - to DRAM_DQ[2]
set_location_assignment PIN_V3   - to DRAM_DQ[20]
set_location_assignment PIN_W1   - to DRAM_DQ[21]
set_location_assignment PIN_W2   - to DRAM_DQ[22]
set_location_assignment PIN_W3   - to DRAM_DQ[23]
set_location_assignment PIN_Y1   - to DRAM_DQ[24]
set_location_assignment PIN_Y2   - to DRAM_DQ[25]
set_location_assignment PIN_Y3   - to DRAM_DQ[26]
set_location_assignment PIN_AA1  - to DRAM_DQ[27]
set_location_assignment PIN_AA2  - to DRAM_DQ[28]
set_location_assignment PIN_AA3  - to DRAM_DQ[29]
set_location_assignment PIN_AD1  - to DRAM_DQ[3]
set_location_assignment PIN_AB1  - to DRAM_DQ[30]
set_location_assignment PIN_AB2  - to DRAM_DQ[31] (SDRAM 2 Data[15])
set_location_assignment PIN_T7   - to oDRAM1_BA[0] (SDRAM 2 Bank Address[0])
set_location_assignment PIN_T8   - to oDRAM1_BA[1] (SDRAM 2 Bank Address[1])
set_location_assignment PIN_M10  - to oDRAM1_LDQM0 (SDRAM 2 Low-byte Data Mask)
set_location_assignment PIN_U8   - to oDRAM1_UDQM1 (SDRAM 2 High-byte Data Mask)
set_location_assignment PIN_N9   - to oDRAM1_RAS_N
set_location_assignment PIN_N8   - to oDRAM1_CAS_N
set_location_assignment PIN_L10  - to oDRAM1_CKE
set_location_assignment PIN_G5   - to oDRAM1_CLK
```

```
set_location_assignment PIN_M9 - to oDRAM1_WE_N
set_location_assignment PIN_P9 - to oDRAM1_CS_N
```

附录 1-18　Flash 引脚配置

```
set_location_assignment PIN_AF24 - to oFLASH_A[0] (FLASH Address[0])
set_location_assignment PIN_AG24 - to oFLASH_A[1]
set_location_assignment PIN_AE23 - to oFLASH_A[2]
set_location_assignment PIN_AG23 - to oFLASH_A[3]
set_location_assignment PIN_AF23 - to oFLASH_A[4]
set_location_assignment PIN_AG22 - to oFLASH_A[5]
set_location_assignment PIN_AH22 - to oFLASH_A[6]
set_location_assignment PIN_AF22 - to oFLASH_A[7]
set_location_assignment PIN_AH27 - to oFLASH_A[8]
set_location_assignment PIN_AJ27 - to oFLASH_A[9]
set_location_assignment PIN_AH26 - to oFLASH_A[10]
set_location_assignment PIN_AJ26 - to oFLASH_A[11]
set_location_assignment PIN_AK26 - to oFLASH_A[12]
set_location_assignment PIN_AJ25 - to oFLASH_A[13]
set_location_assignment PIN_AK25 - to oFLASH_A[14]
set_location_assignment PIN_AH24 - to oFLASH_A[15]
set_location_assignment PIN_AG25 - to oFLASH_A[16]
set_location_assignment PIN_AF21 - to oFLASH_A[17]
set_location_assignment PIN_AD21 - to oFLASH_A[18]
set_location_assignment PIN_AK28 - to oFLASH_A[19]
set_location_assignment PIN_AJ28 - to oFLASH_A[20]
set_location_assignment PIN_AE20 - to oFLASH_A[21]
set_location_assignment PIN_AF29 - to FLASH_DQ[0] (FLASH Data[0])
set_location_assignment PIN_AE28 - to FLASH_DQ[1]
set_location_assignment PIN_AE30 - to FLASH_DQ[2]
set_location_assignment PIN_AD30 - to FLASH_DQ[3]
set_location_assignment PIN_AC29 - to FLASH_DQ[4]
set_location_assignment PIN_AB29 - to FLASH_DQ[5]
set_location_assignment PIN_AA29 - to FLASH_DQ[6]
set_location_assignment PIN_Y28 - to FLASH_DQ[7]
set_location_assignment PIN_AF30 - to FLASH_DQ[8]
set_location_assignment PIN_AE29 - to FLASH_DQ[9]
set_location_assignment PIN_AD29 - to FLASH_DQ[10]
set_location_assignment PIN_AC28 - to FLASH_DQ[11]
set_location_assignment PIN_AC30 - to FLASH_DQ[12]
set_location_assignment PIN_AB30 - to FLASH_DQ[13]
set_location_assignment PIN_AA30 - to FLASH_DQ[14] (FLASH Data[14])
set_location_assignment PIN_AE24 - to FLASH_DQ15_AM1 (FLASH Data[15])
set_location_assignment PIN_Y29 - to oFLASH_BYTE_N (FLASH Byte/Word Mode Configuration)
```

set_location_assignment PIN_AG28 — to oFLASH_CE_N (FLASH Chip Enable)

set_location_assignment PIN_AG29 — to oFLASH_OE_N (FLASH Output Enable)

set_location_assignment PIN_AH28 — to oFLASH_RST_N (FLASH Reset)

set_location_assignment PIN_AH30 — to iFLASH_RY_N (FLASH Ready/Busy output)

set_location_assignment PIN_AJ29 — to oFLASH_WE_N (FLASH Write Enable)

set_location_assignment PIN_AH29 — to oFLASH_WP_N (FLASH Write Protect /Programming Acceleration)

附录 1 – 19　SD 卡插槽引脚配置

set_location_assignment PIN_T26 — to oSD_CLK

set_location_assignment PIN_W28 — to SD_CMD (SD Command Line)

set_location_assignment PIN_W29 — to SD_DAT

set_location_assignment PIN_Y30 — to SD_DAT3

附录 1 – 20　GPIO 引脚配置信息

set_location_assignment PIN_T25 — to GPIO_CLKIN_N0 (GPIO Connection 0 PLL In)

set_location_assignment PIN_T24 — to GPIO_CLKIN_P0 (GPIO Connection 0 PLL In)

set_location_assignment PIN_AH14 — to GPIO_CLKIN_N1 (GPIO Connection 1 PLL In)

set_location_assignment PIN_AG15 — to GPIO_CLKIN_P1 (GPIO Connection 1 PLL In)

set_location_assignment PIN_H23 — to GPIO_CLKOUT_N0 (GPIO Connection 0 PLL Out)

set_location_assignment PIN_G24 — to GPIO_CLKOUT_P0 (GPIO Connection 0 PLL Out)

set_location_assignment PIN_AF27 — to GPIO_CLKOUT_N1 (GPIO Connection 1 PLL Out)

set_location_assignment PIN_AF28 — to GPIO_CLKOUT_P1 (GPIO Connection 1 PLL Out)

set_location_assignment PIN_C30 — to GPIO_0[0] (GPIO Connection 0 IO[0])

set_location_assignment PIN_C29 — to GPIO_0[1]

set_location_assignment PIN_E28 — to GPIO_0[2]

set_location_assignment PIN_D29 — to GPIO_0[3]

set_location_assignment PIN_E27 — to GPIO_0[4]

set_location_assignment PIN_D28 — to GPIO_0[5]

set_location_assignment PIN_G25 — to GPIO_0[7]

set_location_assignment PIN_E30 — to GPIO_0[8]

set_location_assignment PIN_G26 — to GPIO_0[9]

set_location_assignment PIN_F29 — to GPIO_0[10]

set_location_assignment PIN_G29 — to GPIO_0[11]

set_location_assignment PIN_F30 — to GPIO_0[12]

set_location_assignment PIN_G30 — to GPIO_0[13]

set_location_assignment PIN_H29 — to GPIO_0[14]

set_location_assignment PIN_H30 — to GPIO_0[15]

set_location_assignment PIN_J29 — to GPIO_0[16]

set_location_assignment PIN_H25 — to GPIO_0[17]

set_location_assignment PIN_J30 — to GPIO_0[18]

set_location_assignment PIN_H24 — to GPIO_0[19]

set_location_assignment PIN_J25 — to GPIO_0[20]

```
set_location_assignment PIN_K24 - to GPIO_0[21]
set_location_assignment PIN_J24 - to GPIO_0[22]
set_location_assignment PIN_K25 - to GPIO_0[23]
set_location_assignment PIN_L22 - to GPIO_0[24]
set_location_assignment PIN_M21 - to GPIO_0[25]
set_location_assignment PIN_L21 - to GPIO_0[26]
set_location_assignment PIN_M22 - to GPIO_0[27]
set_location_assignment PIN_N22 - to GPIO_0[28]
set_location_assignment PIN_N25 - to GPIO_0[29]
set_location_assignment PIN_N21 - to GPIO_0[30]
set_location_assignment PIN_N24 - to GPIO_0[31] (GPIO Connection 0 IO[31])
set_location_assignment PIN_G27 - to GPIO_1[0] (GPIO Connection 1 IO[0])
set_location_assignment PIN_G28 - to GPIO_1[1]
set_location_assignment PIN_H27 - to GPIO_1[2]
set_location_assignment PIN_L24 - to GPIO_1[3]
set_location_assignment PIN_H28 - to GPIO_1[4]
set_location_assignment PIN_L25 - to GPIO_1[5]
set_location_assignment PIN_K27 - to GPIO_1[6]
set_location_assignment PIN_L28 - to GPIO_1[7]
set_location_assignment PIN_K28 - to GPIO_1[8]
set_location_assignment PIN_L27 - to GPIO_1[9]
set_location_assignment PIN_K29 - to GPIO_1[10]
set_location_assignment PIN_M25 - to GPIO_1[11]
set_location_assignment PIN_K30 - to GPIO_1[12]
set_location_assignment PIN_M24 - to GPIO_1[13]
set_location_assignment PIN_L29 - to GPIO_1[14]
set_location_assignment PIN_L30 - to GPIO_1[15]
set_location_assignment PIN_P26 - to GPIO_1[16]
set_location_assignment PIN_P28 - to GPIO_1[17]
set_location_assignment PIN_P25 - to GPIO_1[18]
set_location_assignment PIN_P27 - to GPIO_1[19]
set_location_assignment PIN_M29 - to GPIO_1[20]
set_location_assignment PIN_R26 - to GPIO_1[21]
set_location_assignment PIN_M30 - to GPIO_1[22]
set_location_assignment PIN_R27 - to GPIO_1[23]
set_location_assignment PIN_P24 - to GPIO_1[24]
set_location_assignment PIN_N28 - to GPIO_1[25]
set_location_assignment PIN_P23 - to GPIO_1[26]
set_location_assignment PIN_N29 - to GPIO_1[27]
set_location_assignment PIN_E29 - to GPIO_0[6]
set_location_assignment PIN_R23 - to GPIO_1[28]
set_location_assignment PIN_P29 - to GPIO_1[29]
set_location_assignment PIN_R22 - to GPIO_1[30]
set_location_assignment PIN_P30 - to GPIO_1[31] (GPIO Connection 1 IO[31])
```

附录 2

GW48EDA 系统使用说明

　　GW48EDA 系统的实验电路结构是可控的,即可通过控制接口键,选择 12 种模式,使之改变连接方式以适应不同的实验需要。因而,从物理结构上看,实验板的电路结构是固定的,但其内部的信息流在主控器的控制下,电路结构将发生变化——重配置。这种"多任务重配置"的设计方案可以适应更多的实验与开发项目,适应更多的 PLD 公司的器件,适应更多的不同封装的 FPGA 和 CPLD 器件。

　　附图 2-1 是实验电路结构图 NO.0,其目标芯片的 PIO19~PIO47 共 8 组 4 位二进制码输出,经外部的 7 段译码器可显示于实验系统上的 8 个数码管。键 1 和键

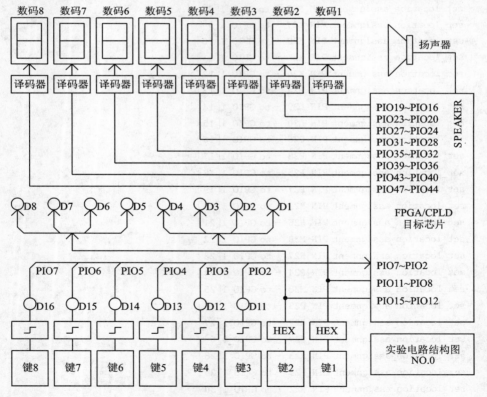

附图 2-1　实验电路结构图 NO.0

2 可分别输出 2 个 4 位二进制码。一方面这 4 位码输入目标芯片的 PIO11～PIO8 和 PIO15～PIO12,另一方面,可以观察发光管 D1～D8 来了解输入的数值。例如,当键 1 控制输入 PIO11～PIO8 的数为ˆHA 时,则发光管 D4 和 D2 亮,D3 和 D1 灭。电路的键 8～3 分别控制一个高低电平信号发生器向目标芯片的 PIO7～PIO2 输入高电平或低电平,扬声器接在 SPEAKER 上,具体接在哪一引脚要看目标芯片的类型,这需要查附表 2-1 的引脚对照表。如目标芯片为 FLEX10K10,则扬声器接在"3"引脚上。目标芯片的时钟输入未在图上标出,也需查阅引脚对照表。例如,目标芯片为 XC95108,则输入此芯片的时钟信号有 CLOCK0～CLOCK9,共 4 个可选的输入端,对应的引脚为 65～80。具体的输入频率,可参考主板频率选择模块。此电路可用于设计频率计、周期计、计数器等。

附表 2-1 GW48EDA 系统结构图信号与芯片引脚对照表

结构图上的信号名	GW48-CCP, GWAK100A EP1K100QC208		GW48-SOC+/ GW48-DSP EP20K200/ 300EQC240		GWAK30/50 EP1K30/ 20/50TQC144		GW48-SOPC/DSP EP1C6/1C12 Q240	
	引脚号	引脚名称	引脚号	引脚名称	引脚号	引脚名称	引脚号	引脚名称
PIO0	7	I/O	224	I/O0	8	I/O0	233	I/O0
PIO1	8	I/O	225	I/O1	9	I/O1	234	I/O1
PIO2	9	I/O	226	I/O2	10	I/O2	235	I/O2
PIO3	11	I/O	231	I/O3	12	I/O3	236	I/O3
PIO4	12	I/O	230	I/O4	13	I/O4	237	I/O4
PIO5	13	I/O	232	I/O5	17	I/O5	238	I/O5
PIO6	14	I/O	233	I/O6	18	I/O6	239	I/O6
PIO7	15	I/O	234	I/O7	19	I/O7	240	I/O7
PIO8	17	I/O	235	I/O8	20	I/O8	1	I/O8
PIO9	18	I/O	236	I/O9	21	I/O9	2	I/O9
PIO10	24	I/O	237	I/O10	22	I/O10	3	I/O10
PIO11	25	I/O	238	I/O11	26	I/O11	4	I/O11
PIO12	26	I/O	239	I/O12	26	I/O12	6	I/O12
PIO13	27	I/O	2	I/O13	27	I/O13	7	I/O13
PIO14	28	I/O	3	I/O14	28	I/O14	11	I/O14
PIO15	29	I/O	4	I/O15	29	I/O15	12	I/O15
PIO16	30	I/O	7	I/O16	30	I/O16	13	I/O16
PIO17	31	I/O	8	I/O17	31	I/O17	14	I/O17
PIO18	36	I/O	9	I/O18	32	I/O18	15	I/O18
PIO19	37	I/O	10	I/O19	33	I/O19	16	I/O19
PIO20	38	I/O	11	I/O20	36	I/O20	17	I/O20

结构图上的信号名	GW48 - CCP，GWAK100A EP1K100QC208		GW48 - SOC+/ GW48 - DSP EP20K200/ 300EQC240		GWAK30/50 EP1K30/ 20/50TQC144		GW48 - SOPC/DSP EP1C6/1C12 Q240	
	引脚号	引脚名称	引脚号	引脚名称	引脚号	引脚名称	引脚号	引脚名称
PIO21	39	I/O	13	I/O21	37	I/O21	18	I/O21
PIO22	40	I/O	16	I/O22	38	I/O22	19	I/O22
PIO23	41	I/O	17	I/O23	39	I/O23	20	I/O23
PIO24	44	I/O	18	I/O24	41	I/O24	21	I/O24
PIO25	45	I/O	20	I/O25	42	I/O25	41	I/O25
PIO26	113	I/O	131	I/O26	65	I/O26	128	I/O26
PIO27	114	I/O	133	I/O27	67	I/O27	132	I/O27
PIO28	115	I/O	134	I/O28	68	I/O28	133	I/O28
PIO29	116	I/O	135	I/O29	69	I/O29	134	I/O29
PIO30	119	I/O	136	I/O30	70	I/O30	135	I/O30
PIO31	120	I/O	138	I/O31	72	I/O31	136	I/O31
PIO32	121	I/O	143	I/O32	73	I/O32	137	I/O32
PIO33	122	I/O	156	I/O33	78	I/O33	138	I/O33
PIO34	125	I/O	157	I/O34	79	I/O34	139	I/O34
PIO35	126	I/O	160	I/O35	80	I/O35	140	I/O35
PIO36	127	I/O	161	I/O36	81	I/O36	141	I/O36
PIO37	128	I/O	163	I/O37	82	I/O37	158	I/O37
PIO38	131	I/O	164	I/O38	83	I/O38	159	I/O38
PIO39	132	I/O	166	I/O39	86	I/O39	160	I/O39
PIO40	133	I/O	169	I/O40	87	I/O40	161	I/O40
PIO41	134	I/O	170	I/O41	88	I/O41	162	I/O41
PIO42	135	I/O	171	I/O42	89	I/O42	163	I/O42
PIO43	136	I/O	172	I/O43	90	I/O43	164	I/O43
PIO44	139	I/O	173	I/O44	91	I/O44	165	I/O44
PIO45	140	I/O	174	I/O45	92	I/O45	166	I/O45
PIO46	141	I/O	178	I/O46	95	I/O46	167	I/O46
PIO47	142	I/O	180	I/O47	96	I/O47	168	I/O47
PIO48	143	I/O	182	I/O48	97	I/O48	169	I/O48
PIO49	144	I/O	183	I/O49	98	I/O49	173	I/O49
PIO60	202	PIO60	223	PIO60	137	PIO60	226	PIO60
PIO61	203	PIO61	222	PIO61	138	PIO61	225	PIO61
PIO62	204	PIO62	221	PIO62	140	PIO62	224	PIO62
PIO63	205	PIO63	220	PIO63	141	PIO63	223	PIO63

续附表 2-1

结构图上的信号名	GW48-CCP,GWAK100AEP1K100QC208		GW48-SOC+/GW48-DSPEP20K200/300EQC240		GWAK30/50EP1K30/20/50TQC144		GW48-SOPC/DSPEP1C6/1C12 Q240	
	引脚号	引脚名称	引脚号	引脚名称	引脚号	引脚名称	引脚号	引脚名称
PIO64	206	PIO64	219	PIO64	142	PIO64	222	PIO64
PIO65	207	PIO65	217	PIO65	143	PIO65	219	PIO65
PIO66	208	PIO66	216	PIO66	144	PIO66	218	PIO66
PIO67	10	PIO67	215	PIO67	7	PIO67	217	PIO67
PIO68	99	PIO68	197	PIO68	119	PIO68	180	PIO68
PIO69	100	PIO69	198	PIO69	118	PIO69	181	PIO69
PIO70	101	PIO70	200	PIO70	117	PIO70	182	PIO70
PIO71	102	PIO71	201	PIO71	116	PIO71	183	PIO71
PIO72	103	PIO72	202	PIO72	114	PIO72	184	PIO72
PIO73	104	PIO73	203	PIO73	113	PIO73	185	PIO73
PIO74	111	PIO74	204	PIO74	112	PIO74	186	PIO74
PIO75	112	PIO75	205	PIO75	111	PIO75	187	PIO75
PIO76	16	PIO76	212	PIO76	11	PIO76	216	PIO76
PIO77	19	PIO77	209	PIO77	14	PIO77	215	PIO77
PIO78	147	PIO78	206	PIO78	110	PIO78	188	PIO78
PIO79	149	PIO79	207	PIO79	109	PIO79	195	PIO79
SPEAKER	148	I/O	184	I/O	99	I/O50	174	I/O
CLOCK0	182	I/O	185	I/O	126	INPUT1	28	I/O
CLOCK2	184	I/O	181	I/O	54	INPUT3	153	I/O
CLOCK5	78	I/O	151	CLKIN	56	I/O53	152	I/O
CLOCK9	80	I/O	154	CLKIN	124	GCLOK2	29	I/O

参考文献

[1] 刘昌华,张希.数字逻辑 EDA 设计与实践[M].2 版.北京:国防工业出版社,2009.

[2] 刘昌华,管庶安.数字逻辑原理与 FPGA 设计[M].北京:北京航空航天大学出版社,2009.

[3] 刘昌华.EDA 技术综述[J].计算机与数字工程,2007.35(12).

[4] 刘昌华.论 VHDL 语言的程序结构和描述风格[J].计算机与数字工程,2010(12).

[5] 刘昌华.基于参数可设置 Altera 宏功能模块的 MAX+plus II 设计[J].舰船电子工程,2008.28(9).

[6] 刘昌华,李禹生,易逮,等.基于 EDA 技术的数字逻辑实践性教学环节的层次化教学设计方法[A].大学计算机课程报告论文集 2006[C].北京:高等教育出版社,2007.

[7] 刘昌华,莫培满.层次化设计方法在数字电路设计中的应用[J].武汉工业学院学报,2004.23(4).

[8] 曾繁态,等.EDA 工程概论[M].北京:清华大学出版社,2003.

[9] David R. coelho. The VHDL Handbook[M]. Boston:Vantage Analysis. inc,1993.

[10] 潘松,黄继业.EDA 技术实用教程[M].北京:科学出版社,2002.

[11] Ronald J. Tocci,Neal S. Widmer,Gregory L. Moss. Digital Systems Principles and Applicantions[M].北京:电子工业出版社,2005.

[12] Peter J. Ashenden. Digital Design:An Embeded System Approac Using VHDL[M],Elsevier Inc,2008.

[13] Altera Corportation. Alerta Introduction to Quartus II. http://www. altera. com. cn,2011.

[14] 张志刚.FPGA 与 SOPC 设计教程——DE2 实践[M].西安:西安电子科技大学出版社,2007.

[15] 杨春玲,朱敏.EDA 技术与实验[M].哈尔滨:哈尔滨工业大学出版社,2009.

[16] Altera Corporation . Nios II Software Developer's Handbook. 2010.